实验室意外事件
应急处置手册

主　审　蒋健敏

顾　问　夏时畅　江南艳

主　编　顾　华　翁景清

副主编　吕火烊　朱　炜　蒋征刚

编　委：

夏时畅	浙江省疾病预防控制中心	柯贤福	浙江省医学科学院
江南艳	浙江省卫生和计划生育委员会	吴平谷	浙江省疾病预防控制中心
蒋健敏	浙江省疾病预防控制中心	茅海燕	浙江省疾病预防控制中心
顾　华	浙江省疾病预防控制中心	宣志强	浙江省疾病预防控制中心
翁景清	浙江省疾病预防控制中心	俞　莎	浙江省疾病预防控制中心
吕火烊	浙江省人民医院	姚亚萍	浙江省疾病预防控制中心
朱　炜	浙江省卫生和计划生育委员会	李　婵	浙江省疾病预防控制中心
岑　斌	杭州市疾病预防控制中心	金　慧	杭州市疾病预防控制中心
陈树昶	杭州市疾病预防控制中心	倪晓平	杭州市疾病预防控制中心
吕时铭	浙江大学医学院附属妇产科医院	蒋征刚	浙江省疾病预防控制中心
应华忠	浙江省医学科学院	郑大伟	浙江省疾病预防控制中心

图片设计　吴　超　浙江省疾病预防控制中心

人民卫生出版社

图书在版编目(CIP)数据

实验室意外事件应急处置手册/顾华，翁景清主编. —北京：人民卫生出版社，2016

ISBN 978-7-117-23591-4

Ⅰ. ①实… Ⅱ. ①顾… ②翁… Ⅲ. ①实验室管理-手册 Ⅳ. ①G311-62

中国版本图书馆 CIP 数据核字(2016)第 253574 号

人卫智网	**www.ipmph.com**	**医学教育、学术、考试、健康，购书智慧智能综合服务平台**
人卫官网	**www.pmph.com**	**人卫官方资讯发布平台**

实验室意外事件应急处置手册

主　　编：顾　华　翁景清
出版发行：人民卫生出版社（中继线　010-59780011）
地　　址：北京市朝阳区潘家园南里 19 号
邮　　编：100021
E - mail：pmph @ pmph. com
购书热线：010-59787592　010-59787584　010-65264830
印　　刷：北京中科印刷有限公司
经　　销：新华书店
开　　本：787×1092　1/16　**印张**：14　**插页**：2
字　　数：314 千字
版　　次：2016 年 12 月第 1 版　2023 年 8 月第 1 版第 3 次印刷
标准书号：ISBN 978-7-117-23591-4
定　　价：52. 00 元
打击盗版举报电话：010-59787491　E-mail：WQ @ pmph. com
质量问题联系电话：010-59787234　E-mail：zhiliang @ pmph. com
数字融合服务电话：4001118166　E-mail：zengzhi @ pmph. com

前 言

实验室是从事实验教学、科学研究、社会服务的重要场所。实验室安全是实验室管理永恒的主题，按实验室专业分类，实验室安全包括实验室物理安全、实验室化学安全和实验室生物安全。实验室安全管理关系到实验教学和科学研究能否顺利进行，关系到公私财产能否免受损失，关系到实验人员的人身安全能否得到保障，对实验室所在单位乃至整个社会的安全和稳定都至关重要。实验室意外事件应急处置是实验室安全管理的重要内容，随着实验新设备、新技术和新方法的开发使用，实验工作量的加大以及参与实验人员的增多，使得实验室的安全面临众多新的问题，并由此引发不少意外事故。

多年来，我国实验室的安全防护问题一直未能得到足够的重视，为了加强实验室安全管理，防止安全事故的发生和加强实验室意外事件应急处置，我们总结经验，结合实际，编写了《实验室意外事件应急处置手册》一书。本书分为十二章，其中第一章主要介绍了实验室安全的基本概念、实验室意外事件分类、实验室意外事件发生的原因和特点及实验室意外事件管理的要求。第二章主要介绍了实验室意外事件应急处置的组织管理、应急储备、培训与演练和应急处置预案编制。第三章主要介绍了实验人员意外伤害和个体防护意外事件的应急处置。第四章主要介绍了安全防护设备意外事件的应急处置、实验检测设备意外事件的应急处置等实验室设施设备意外事件的应急处置。第五章主要介绍了感染性物质泄漏、感染性物质沾染皮肤与伤口、意外吸入感染性物质、感染性材料包装破裂、锐器（具）的伤害、未经有效灭活材料导致的污染等实验操作事件应急事件处置。第六章主要介绍了独立通风笼具（IVC）、负压隔离器故障、实验动物咬（抓）伤、动物感染实验的意外气溶胶暴露、感染动物逃逸、感染动物废弃物的意外暴露和感染动物的净化处理等动物实验相关事件应急处置。第七章主要介绍了强酸性化学品、强碱性化学品、易燃易爆化学品和有毒及剧毒化学品等实验室化学品意外事件应急处置。第八章主要介绍了烫伤、烧伤、冻伤、电磁辐射损伤、电离辐射损伤、噪声损伤和触电等实验室物理性事件应急处置。第九章主要介绍了感染性材料被盗、被抢、丢失，感染性材料运输过程发生泄漏，感染性材料被恶意使用和火灾等实验室安保事件应急处置。第十章主要介绍了地震、洪水、台风、雷击等自然灾害引起的事件应急处置。第十一章主要介绍了实验室消毒方法与技术，消毒的原则与程序、常用的消毒方法、感染性物质溢洒场所的消毒、污染设备的消毒、污染交通工具的消毒、实验人员的洗消和消毒效果的检测与评价等内容。第十二章实验室意外事件流行病学调查主要介绍了调查准备及原则、现场流行病学调查实施、实验室意外事件调查处置及报告撰写范例等内容。

本书适用于各级医院、疾病控制机构、血站、大专院校、科研院所及生产企业的实验室管理人员和实验操作人员。本书在体例编排上注重系统性，在内容编排上突出实用性，在阐明概念和理论的同时，对大量实验室意外事件的应急处置提出了处置方法、处置要点和处置流程图，使读者能一目了然，轻松掌握。

本书的编写得到了浙江省卫生和计划生育委员会和各编者所在单位的大力支持，在此表示诚挚的谢意，由于各类实验室的实际情况有所差异，还需结合所在实验室的实际情况酌情修改完善。由于编者水平有限，纰漏之处在所难免，望广大读者在使用中不吝赐教，以便今后改进提高。

顾　华　翁景清

2016年12月

目　录

第一章

概　　述

随着现代实验室技术的不断发展，人类对各种病原微生物的研究也在不断深入，实验室的生物安全问题亦日益突出。据统计，从事病原微生物研究的工作人员发生传染病的概率比普通人群高5～7倍。近年来，实验室意外感染事故时有发生，例如2004～2005年俄罗斯国家病毒学和生物工艺学研究中心实验室的1名女科学家意外被一根带有埃博拉病毒的针刺破手，感染患病后身亡。2004年新加坡、中国台湾及北京发生了多起SARS实验室感染事件。这些实验室感染事故不仅给实验室工作人员造成很大危害，而且易引发社会公众的恐慌，对社会安定、环境安全、国际形象，乃至国民经济的发展造成不良影响。实验室意外事件发生后及时有效应对和处置，是预防和减少实验室意外事件危害的有效途径，美国疾病预防控制中心(CDC)和美国公共卫生实验室协会(APHL)在2011年发布的《生物安全实验室能力指南》(*Guideline for Biosafety Laboratory Competency*)，以及欧洲标准化委员会(CEN)在同年发布的《生物安全专业人员能力》(Biosafety Professional Competence, CWA16335)两个文件中均将实验室意外事件应对能力作为核心能力，因此加强病原微生物实验室的意外事件应对能力培训，对预防和控制实验室生物安全事件的发生是十分重要的。

第一节　实验室安全基本概念

一、基本概念

生物安全从广义理解，包括安全(biosafety)和安保(biosecurity)两层含义。实验室生物安全(laboratory biosafety)要求实验室的生物安全条件和状态不低于容许水平，可避免实验室人员、来访人员、社区及环境受到不可接受的损害，符合相关法规、标准等对实验室生物安全责任的要求。

病原微生物实验室生物安全管理是指当操作具有潜在感染力的微生物时，为防止实验人员的感染和感染因子的外泄，采取恰当的操作程序，使用一定的安全装备，对病原微生物实验室的设施及结构提出特定要求，并将上述诸因素综合起来进行应用的过程。

根据病原微生物的传染性和感染后对个体或者群体的危害程度，我国将病原微生物分为4类：

第一类病原微生物，是指能够引起人类或者动物非常严重疾病的微生物，以及我国尚未发现或者已经宣布消灭的微生物（如埃博拉病毒、天花病毒、黄热病病毒、尼巴病毒、猴痘病毒及马尔堡病毒等）。

第二类病原微生物，是指能够引起人类或者动物严重疾病，比较容易直接或者间接在人与人、动物与人、动物与动物间传播的微生物（如艾滋病病毒、高致病性禽流感病毒、口蹄疫病毒、乙型脑炎病毒、狂犬病病毒及SARS冠状病毒等）。

第三类病原微生物，是指能够引起人类或者动物疾病，但一般情况下对人、动物或者环境不构成严重危害，传播风险有限，实验室感染后很少引起严重疾病，并且具备有效治疗和预防措施的微生物（如肝炎病毒、麻疹病毒、流行性腮腺炎病毒及风疹病毒等）。

第四类病原微生物，是指在通常情况下不会引起人类或者动物疾病的微生物（如金黄地鼠白血病病毒和小鼠白血病病毒等）。

其中，第一类、第二类病原微生物将其统称为高致病性病原微生物。根据对所操作生物因子采取的防护措施，将实验室生物安全防护水平分为一级、二级、三级和四级，一级防护水平最低，四级防护水平最高。

依据国家标准和相关法律规定将实验室防护级别分为四类，每个级别的实验室允许开展的病原微生物实验是不同的，具体要求如下：

1. 生物安全防护水平为一级的实验室适用于操作在通常情况下不会引起人类或者动物疾病的微生物。

2. 生物安全防护水平为二级的实验室适用于操作能够引起人类或者动物疾病，但一般情况下对人、动物或者环境不构成严重危害，传播风险有限，实验室感染后很少引起严重疾病，并且具备有效治疗和预防措施的微生物。

3. 生物安全防护水平为三级的实验室适用于操作能够引起人类或者动物严重疾病，比较容易直接或者间接在人与人、动物与人、动物与动物间传播的微生物。

4. 生物安全防护水平为四级的实验室适用于操作能够引起人类或者动物非常严重疾病的微生物，以及我国尚未发现或者已经宣布消灭的微生物。

Biosafety level（BSL）表示仅从事人体操作的实验室的相应生物安全防护水平，以BSL-1、BSL-2、BSL-3、BSL-4表示。Animal biosafety level（ABSL）表示从事动物操作的实验室的相应生物安全防护水平，以ABSL-1、ABSL-2、ABSL-3、ABSL-4表示。

二、实验室意外事件的主要危害

生物安全实验室存在各种危险，对危险的定义是可能导致人员死亡、伤害或疾病，财产损失，工作环境破坏或这些情况的组合的根源或状态。根据危害的大小一般将意外事件分为事件（incident）和事故（accident）两类。事件指的是导致或可能导致事故的情况；事故是造成死亡、疾病、伤害、损坏以及其他损失的意外情况。实验室意外事件除了病原微生物引起的感染事件外，还包括爆炸、中毒、火灾、辐射及伤害等多种类型。

历史上，国内外实验室发生过的意外事件数不胜数，轻的导致实验室人员感染，严重的导致人员死亡，甚至疾病在社会上传播流行，造成严重的社会影响。有记载的首例病原微生物实验室感染事件发生在1826年，听诊器发明者法国医生Laennec被感染了皮肤结核。从1981年发现首例艾滋病患者到1995年，至少有223个病例在工作中被感染，其中34例发生在临床实验室，5例发生在非临床实验室。痘苗病毒常被用作实验室研究工具，英国、巴西和美国等国曾先后发生因为操作意外而引起的痘苗病毒感染事件。1976年Harrington和Shannon的调查显示，在英国医学实验室工作的人员“获结核感染的危险比普通人群高5倍”。Skinhol报道丹麦一个临床化学实验室人员的肝炎发病率比普通人群高7倍。

2002年美国发生2例西尼罗河病毒实验室感染病例。2003年9月，即在全球控制严重急性呼吸综合征(SARS)流行的3个月后，新加坡1名实验室工作人员感染SARS冠状病毒(SARS CoV)，并被确诊为SARS。同年12月17日，中国台湾1名研究人员被确诊为SARS。2004年4月中国大陆某研究室采用未经证实的灭活方法处置SARS CoV后，将病毒从三级生物安全实验室(BSL-3)带至普通实验室内操作，从而引起2例SARS发病，其中1例又引起2人感染成为2代病例，继而又传染给5例3代病例，共9人发病，1人死亡。

实验室感染的病原菌种类繁多，Pike等在1976年公布的调查显示，在实验室获得性感染中细菌占大多数(43%)，其次为病毒(27%)和立克次体(15%)。20世纪90年代以后由病毒引起实验室感染的比例高于由细菌引起的实验室感染。最常见的10种病原菌依次是结核、Q热、汉坦病毒、虫媒病毒、乙型肝炎病毒(HBV)、布鲁氏杆菌、沙门菌、志贺菌、非甲非乙型肝炎病毒和隐孢子虫。近年来，新发现或再现病原微生物如甲型流感H1N1，H7N9禽流感，人类免疫缺陷病毒(HIV)，埃博拉病毒(Ebola)，以及多重耐药结核分枝杆菌等成为实验室获得性感染和生物安全关注的新重点。

实验室感染是一个过程，或者称之为感染链，该过程包括病原体从储器中逃逸，通过播散，借助于一定的途径进入人体。进入人体的病原体能否形成感染，决定于病原体的毒力、侵蚀力和病原体的数量及机体的免疫状态及易感性。实验室感染链中感染途径是重要的一环，了解可能的感染途径，就能够找到阻断感染的有效方法。引起实验室病原微生物感染的途径主要有经呼吸道感染、经口感染、创伤及黏膜接触感染、接触动物媒介感染等。造成这些病原微生物逃逸并导致相关的危害事故的因素主要有人为因素、设施和设备因素、环境条件因素、时间因素。

经呼吸道吸入含病原体的气溶胶引起感染是主要的感染途径，能够引起气溶胶的操作或事故包括离心、溢出或溅洒、混合、混旋、研磨、超声及开瓶时两个界面的分离等。经口摄入病原体引起的感染是重要的感染途径，能造成经口摄入病原体的操作或事故包括以口吸吸管，液体溅洒入口，在实验室吃东西、饮水和吸烟，将手指放入口腔中，如咬指甲等。

实验室创伤导致的意外事故也是主要感染途径(表1-1)，常见的有被污染的针尖刺伤、被刀片或碎玻璃片割伤、动物或昆虫咬伤或抓伤等。由皮下或黏膜透入引起的感染，见于含病原的液体溢出或溅洒在皮肤或黏膜上，皮肤或黏膜接触污染的表面或污染物，以及通过由手到脸的动作造成传播，如戴眼镜等。

表 1-1 实验室意外事故分类

事故类型	1930 年至 1950 年		1950 年至 1963 年	
	例数	构成比(%)	例数	构成比(%)
针尖刺伤	57	26.5	35	22.4
液体泼洒	46	21.4	57	36.5
破碎玻璃刺伤	34	15.8	7	4.5
吸管误吸入嘴	33	15.3	9	5.8
动物咬伤	32	14.9	14	9.0
离心管破损	6	2.8	0	0.0
原因不明	7	3.3	34	21.8
合计	215	100.0	156	100.0

来源：周乙华，庄辉. 实验室感染与生物安全. 中华预防医学杂志，2005，39(3)：215-217

实验室意外事件除了导致感染事件，还会导致化学、物理、机械等事件的发生。其中化学伤害是最常见的，在实验室内，由于人为或自然的原因，引起化学危险品泄漏、污染、爆炸造成损害的事故叫化学事故，实验室发生的化学事故占据整个化学事故的重要部分。

在具有化学药品、剧毒物品和毒气排放的实验室，因管理不善、操作不慎等原因都有可能造成剧毒化学品的流失和扩散，表现为对实验室人员呼吸道、消化道、皮肤造成伤害，人体呼吸道的鼻、喉、气管等很容易吸收实验室中挥发性液体的蒸汽和固体化学品粉尘，如果接触时间长，很容易引起呼吸中毒，如氢氰酸(HCN)，溴甲烷(CH_3Br)，苯胺($C_6H_5NH_2$)、三氧化二砷(As_2O_3)等蒸气和粉尘，都能经过人的呼吸道进入肺部，被肺泡表面所吸收，随着血液循环引起中毒。在进行实验室有毒化学品操作后未经漱口、洗手就饮食或在实验操作中误将有毒化学品服入消化道，进入肠胃也可引中毒，由于肝脏对一些毒物具有解毒功能，所以消化中毒较呼吸中毒缓慢，实验室中一些溶于水的剧毒化学品接触皮肤后，易侵入皮肤引起中毒，如芳香族硝基苯($C_6H_5NO_2$)、苯胺($C_6H_5NH_2$)、有机磷、有机汞等化学品能通过皮肤破裂的地方侵入人体，并随着血液循环而迅速扩散(特别是氰化物的血液中毒，能极其迅速地导致死亡)。

化学实验室还可能发生环境污染等其他化学事故。例如，2001 年，北京某大学两名同学在做实验时，违反有关规定将有强烈刺激性气味的 $TiCl_4$ 化学试剂倒入厕所中，烟雾弥散到周围房间，造成严重环境污染。此外，放射、辐射及机械伤害也会造成伤害。火焰高温对人员的伤害主要是对人体的烧灼伤害。爆炸事故对人员的伤害主要是物理机械性伤害。实验室针刺伤、切割伤等也是常见的机械伤害。总之，实验室意外事件一旦发生往往会造成严重的不良后果，需要实验室管理人员和实验人员共同加强管理，做好预防工作，一旦发生要及时正确处置，以尽可能避免或减少危害。

第二节 实验室意外事件分类

到目前为止，国内还缺乏比较统一的实验室意外事件分类方法，按照我国突发公共卫生事件的分类方法，目前国内一般先分为事件和事故两类，然后再将事故分为一般事故、较大事故、重大事故、特大事故四级。感染性事件主要参考突发公共卫生事件条例定义进行分级，其他意外事件目前主要由各单位根据具体情况决定级别。为了便于实验室管理和提高预防处置能力，本书按照意外事件危害的来源进行分类，主要包括下面七个大类。

一、设施设备类事件

导致实验室意外事件的原因很多，早期主要是由于实验室缺乏安全防护、消毒灭菌、消防等安全设施设备引起的（如缺乏生物安全柜）。1949 年，Sulkin 和 Pike 对 5000 名实验人员进行问卷调查，结果发现在 1342 个病例中，只有 1/3 的感染事件曾被报道，这些事件大部分与用口吸移液管以及针头和注射器使用不当有关，而 80％以上的报道病例可能是由于感染性气溶胶暴露引起。如果实验室内没有装备生物安全柜，高压灭菌器等生物安全设备，极易引起气溶胶暴露，即便装备了这些实验室安全设施和设备，也存在设备失效或发生故障的风险。因此，实验室安全设施设备缺乏、失效、故障引起的意外事件仍然占有较大的比例，需要引起高度重视。

二、实验操作类事件

1941 年，美国 Meyer 和 Eddie 的调查报告描述了在美国所发生的 74 例实验室相关的布鲁氏杆菌感染事件，并得出结论：处置微生物培养物或标本，以及吸入含有布鲁氏杆菌的灰尘等对实验室人员有明显的危险性。很多实验室感染病例都是由于处置传染性物质时疏忽大意或操作不当引起的。现在大部分实验室制定了实验操作的标准操作程序（SOP），但很多实验人员由于主观不重视、麻痹大意，或没有经过严格的培训和训练，往往容易导致操作失误，引起实验室意外事件的发生。

三、动物实验类事件

虽然大部分二级生物安全实验室不从事动物实验，但仍然有很多实验会涉及到动物，一方面由于防护不当，实验人员容易被动物抓咬，另外由于实验动物检验检疫不严格或防护不到位，一旦动物本身感染某些疾病或试验中被人为感染某些病原微生物，都会存在发生实验室感染的风险。1949 年，Sulkin 和 Pike 发表了第一篇实验室相关感染的调查报告，总结了 222 例病毒性感染病例，其中 21 例（9.4％）是致死的，至少 1/3 病例的感染与操作传染性动物组织有关。2010 年，中国东北某大学师生在实验中使用了未经检疫的山羊，导致 27 名学生和 1 名教师陆续诊断感染布鲁氏菌病。

四、化学品类事件

生物安全实验室内保存有大量的化学品。特别是教学实验室，经常发生化学品引起的意外事件。化学药品使用、储存不当或化学实验操作失误等易引起火灾，例如易燃易爆品氢气(H_2)、乙醚($C_2H_5OC_2H_5$)、金属钾(K)、金属钠(Na)、镁粉(Mg)、铝粉(Al)、硫磺(S)等储存或使用不当很容易引起火灾。又如，在实验操作中很多氧化反应需要加热，特别是一些催化反应温度一般在200～600℃的高温下进行，反应过程又是放热反应，这些反应热如不及时移去，将会使温度迅速升高，引起火灾。根据教育部2008～2009年统计数据显示，我国1129所高校共有实验室26 479个，发生不少意外事件，如2009年，浙江某大学化学系教师误将本应该通入307实验室的CO气体通入到211室的输气管，导致女博士于某中毒死亡。2013年，上海某大学剧毒化学危险品投毒事件，造成一名研究生中毒死亡。我国2001～2013年全国高等院校、科研院所及部分企业实验室共发生100起事件，其中高等院校发生71起，科研院所11起，企业18起。这些事件共造成8人死亡，593人受伤或中毒。100起事件中有80起是危险化学品引起的燃烧、爆炸事故，6起是中毒事件，造成人员伤亡最多。这与实验室使用种类繁多的易燃、易爆、有毒有害物品，以及实验需要在高温、高压、低温、微波等特殊条件下进行密切相关，一旦操作不慎或疏忽就可能发生意外事件。

五、物理性事件

物理性事件既包括烫伤、烧伤、冻伤、噪声损伤及触电等事件，还包括放射、辐射等原因导致的意外事件。一旦发生放射源丢失、人员的意外放射性照射、放射性核素污染、放射性实验室火灾等事件，往往后果严重，危害巨大，影响恶劣，需要引起高度重视。其他实验常见的紫外线等也会对实验室人员造成伤害。

六、生物安保事件

实验室生物安全保障(biosecurity)是指单位和个人为防止病原体或毒素丢失、被窃、滥用、转移或有意释放而采取的安全措施。美国“911”事件发生后，将实验室生物安保工作提高到非常重要的地位。在目前复杂的国际和国内形势下，需要格外加强关注，及时对现有的生物实验室的安全制度和标准进行调整修订以杜绝上述生物危险事件的发生。实验室生物安保需要包括实验室人员在内的所有相关人员提高警惕，加强安保意识，共同杜绝生物病原体或生物毒素从进行微生物研究或生物医学研究的实验室中泄漏、被窃取或滥用等。生物安保事件可以发生在菌(毒)种和生物样本采集、保藏、运输和使用等各个阶段，一些高致病性病原微生物一旦发生被盗、被抢或丢失，极易造成社会恐慌。我国某省曾发生过邮寄结核分枝杆菌标本失窃的生物安全安保事件，虽然在政府和公安部门的高度重视下，查明了标本去向，没有造成严重后果，但是我们也要从中汲取教训。

七、灾害类等其他事件

火灾、爆炸等会造成人员伤亡和严重的财产损失。火灾是比较常见的实验室安全事故，随着对科研工作的重视，科研院所等单位投入了大量资金装备、各种先进仪器设备，有机化学实验室通常会涉及蒸馏、加热等设备，且室内通常会存放着易燃物（如红磷、乙醇、氧化剂等），如果稍有不慎，就会发生火灾。爆炸事故多发生在存放易燃易爆化学品的实验室，常见的有可燃气体爆炸、化学药品爆炸、活泼金属爆炸等，主要原因是易燃易爆物品泄漏，遇火花引起爆炸等，这类化学品在外界能量（如受热、撞击、摩擦等）作用下，能以极快的速度发生猛烈化学反应，产生的大量气体和热量在短时间内无法散去，致使周围的温度迅速升高并产生巨大的压力而引起爆炸，无机类易爆危险化学品通常含有不稳定的强氧化性基团，如硝酸根（NO_3^-）、氯酸根（ClO_3^-）、高锰酸根（MnO_4^-）等；有机类易爆危险化学品通常包括用以有机物芳烃类、酚类、酯类为原料，通过硝化、酯化或重氮化反应制取得到的产物，如苦味酸（2,4,6-三硝基苯酚）、硝化甘油[$C_3H_5(ONO_2)_3$]等。

有些实验室可能会用到装有易燃易爆气体的高压气瓶，如果因人为或设备原因造成易燃易爆气体的外泄，在遇到明火或热源的情况下就有可能出现爆炸的危险。2008年，云南大学一名博士生在实验室做实验时发生化学爆炸，面部被严重炸伤，左手手掌只剩拇指。2009年，北京一药品公司实验室存放有大量的甲醇、乙醇等易燃易爆品和化学品的柜子着火，引发火灾，造成巨大财产损失。2009年，中科院兰州化学物理研究所一实验室因实验室人员白天做完实验后未及时关闭实验仪器，实验材料持续反应发生火灾，这些事故告诫我们，必须高度重视实验室的安全问题，着力避免实验室安全事故的发生。

第三节　实验室意外事件发生的原因和特点

一、实验室意外事件发生的原因

现代安全管理理念中的事故致因理论提出了引发事故的4个基本要素：人的不安全行为，物的不安全状态，环境的不安全条件和管理缺陷。发生实验室意外事件的原因是多方面的，一起安全事故的发生是人的不安全行为和物的不安全状态相互复杂关联、共同作用的结果。通过对以往实验室事故的分析发现，明确导致病原微生物实验室生物安全事故的因素，有助于我们预防意外事件发生，提高意外事件发生后的处置效果，从而尽可能减少意外事件导致的危害及财产损失。

（一）管理组织和体系不健全

我国实验室生物安全管理工作起步较晚，从2004年以后才逐步开始重视与关注，很多单位的实验室建设管理制度还不完善，生物安全管理体系不健全，预防和处置意外事件的能力不足。目前，虽然大部分实验室成立了实验室生物安全委员会，并制定了一系列规章制度，但多数管理机构运行效率不高，制度的针对性不强，执行力度也不够。

（二）人员培训不到位

有些实验室人员对实验室意外事件防护意识和安全意识不强，甚至麻痹大意，应对能力不足；有些实验人员未经生物安全防护知识和专业操作技能的培训考核，无证上岗；有的虽然举办了培训，但主要是理论培训，缺乏实战训练，特别是对突发事件的演练比较缺乏。一旦实验室发生意外事件，往往茫然不知所措，不能快速有效应对。

(三) 设施设备和用品装备不全

虽然目前大部分实验室配备有防护服、眼罩、口罩等防护用品，但还有很多实验室没有装备淋浴水龙头、洗眼器、急救箱、强酸强碱应急处置包等紧急情况下的急救设备。廖萍泰等在甘肃省开展的疾病预防控制机构实验室对化学危害的应急处置能力现状调查显示，29.5％的实验室未配备通风橱/排气罩，71.1％的实验室没有配备洗眼器，89.5％的实验室缺少应急冲淋装置，90％的实验室没有配备应急药箱，应急救援知识方面的培训相对较少。

(四) 报告体系不完善

实验室工作人员因职业的原因经常暴露于有病原微生物的环境下，而这些病原微生物可引起致死的感染。所有通过实验室活动而获得的感染，都定义为实验室获得性感染(laboratory-acquired infections)，不管其表现为临床症状还是亚临床症状。由于没有建立地区性或国家性的实验室感染报告系统，或因为害怕受到处分和影响单位声誉，大部分实验室意外事件都没有报告，我国的实验室意外事件监测系统也没有建立起来，对实验室意外事件现况不掌握、原因不清楚，影响了实验室安全管理的持续改进。

(五) 监督检查缺乏

实验室的安全管理主要靠实验室工作人员自觉的安全防范，而安全监管人员因多数是兼职，且是自己同事，监管往往不能及时到位，使管理上的缺陷成为安全事故的隐患。

纵观实验室意外事件历史，实验室生物安全管理不善，制度执行不严，技术人员违规操作及防范措施不力是导致病原微生物实验室污染和工作人员感染的重要原因。意外事件发生后及时有效的应对和处置可以将事件危害尽可能降低到最低的程度。

二、实验室意外事件的特点

(一) 危害大

实验室意外事件极有可能伤害实验室人员的身体，甚至使实验室人员对实验产生心理恐惧，影响实验室人员的生活和工作。同时，实验室意外事件可导致单位财产的重大损失和声誉影响，如果菌(毒)种和生物样本引起疾病传播，还会造成社会恐慌。一些实验室中有毒、易燃、易爆等危险化学品引起的突发事件往往会导致毒物或毒气在短时间内快速播散到较大范围，导致严重后果。

(二) 突发性

实验室意外事件往往是突然发生的，一些事故往往在意想不到的时间或地点突然发生，具有不可预见性，且往往时间短暂，这决定了实验室意外事件管理要求非常高，要求做好充分的准备工作，事故发生后要能够第一时间内迅速准确地处置。

(三) 偶然性

实验室意外事件有可能发生，也有可能不发生，这种随机性就是事件发生的偶然性。事件的偶然性决定了不可能杜绝一切事件的发生，虽然不可能掌握所有事件的发展规律，但是在一定范畴内能从外部或表面的联系找到内部决定性的主要关系，即能从偶然性中找出必然性，把事故消除在萌芽状态。这也是防患未然、预防为主的科学意义。

（四）隐蔽性

有些引起实验室意外事件的隐患早就存在，只是没有发现或受到重视，这就是事故的隐蔽性。这些隐患，一旦条件成熟，即引发意外事件。事件发生之前一般都是有征兆的，所以实验或教学安全管理中的检测、监控，就是找出隐蔽的事故征兆，防患于未然。事实上，我们很难估计实验室获得性感染的实际发生情况，实验室感染的临床症状可能不典型，可能是处于亚临床症状，可能是实验室工作人员害怕不体面而故意隐瞒实情等，所以有关实验室感染的统计数据可能不能够完全反映真实的情况。

（五）专业性

实验室意外事件防护与处置与实验项目和实验室级别密切相关，高端实验项目和高级别防护实验室具有更高的专业性，实验室设施设备和实验内容都具有科技含量高的特点，管理难度比较大。对这些实验室意外事件的认识与处置往往与特定的专业知识和专门技能相联系，需要专业人士。由于实验室意外事件原因复杂，实验室涉及专业多，缺乏专业的安全管理人员，一般也未建立专业的应急救援队伍，导致处置、救援难度大，一旦事件发生后，很难及时有效地展开处置、救援，如处置、救援不及时，极易造成严重的后果。

第四节 实验室意外事件管理的要求

实验室意外事件会造成严重后果，因此加强管理，做好预防措施，提高应对能力显得尤为重要，主要应从以下几个方面做好预防工作。

一、加强组织管理体系建设

应成立实验室安全管理领导小组，一般由单位领导和相关职能部门负责人组成。领导小组下面要落实具体管理部门，主要职责是指挥和协调实验室安全事件/事故的应急处置工作，组织制定和完善应急预案，决定应急预案的启动和终止，组织分析、研究实验室安全事件/事故有关信息，对处置过程中的重要举措做出决策，组建应急救援队伍，配备应急救援设施、器材，审批重大事件应急救援费用，向地方政府有关部门和应急机构等社会力量寻求援助，请示并落实上级指令，审定并签发向上级机关的报告，审定对外发布的信息等工作。每个实验室还需要落实专门的人员负责安全管理工作。

二、完善管理制度，明确安全职责

完善的实验室管理制度是实现生物安全的重要保障，在实际工作中要严格按照《病原微生物实验室生物安全管理条例》和《微生物和生物医学实验室生物安全通用准则》等文件的相关要求，结合实验室的实际情况制定相应规章制度，如实验室准入管理制度，人员培训及健康监测制度，菌（毒）种及生物样本的管理制度，仪器设备的管理制度，医疗废弃物的管理制度,意外事故的报告、处置与评估制度等,实现对生物安全实验室规范化、程序化、科学化的管理。实验室设立单位应建立生物安全委员会,制定科学、严格的管理制度,要定岗定责,指导和监督实验室安全工作的落实。建立完善的预防预警体系,及时发现安全隐患和管理漏洞,并对相关工作提供咨询和危险性评估,切实做到防微杜渐。

三、规范实验室操作

实验室应制定良好的实验操作的标准操作程序(SOP),规范操作程序,并严格要求实验人员在实验过程中遵守。在实验前,每个实验人员都要仔细了解和研究实验的程序和步骤,对所需用到实验试剂的特性清楚,严格按照操作守则和操作流程进行操作,在没有把握和仔细分析研究的情况下,不得随意更换实验流程。对易挥发、有毒化学品进行实验操作时,应注意个人防护,禁止一人做危险系数较高的实验,若需进行,至少两人在场。对于反应时间较长的实验(如需昼夜进行的实验),在无人值守的情况下,要提前安排好防火、防爆和防水灾措施。

规范仪器操作程序,使用实验室仪器设备前,必须仔细阅读使用说明和注意事项,严格按照操作步骤及说明进行操作,降低因操作不规范而引起的安全事故的发生率。

要严格按规定储存、使用化学药品和处置废弃物,化学药品的储存量应根据使用量的多少来决定,尤其是易燃、易爆品,储存原则是分类存放,液体和固体化学药品、酸碱化合物等均需分开存放,挥发性化学药品最好放置于具有排气装置的专用箱柜中,易氧化化学药品必须存放于冰箱或冰柜之中,遇潮能引起化学反应的药品不应存放在潮湿的环境中,尤其不得与水直接接触,如电石、金属氢化物等,凡日光照射能引起燃烧、爆炸、分解等化学反应的药品的包装和储存均应采取避光措施。易燃液体和固体不得与氧化剂混合储存,禁止把氧化剂与可燃化学药品一起研磨,禁止氧化剂和还原剂混合存放。爆炸物品必须单独限量储存,有毒化学品应储存在阴凉、通风的药品柜中,并禁止接触酸类物质。腐蚀性化学药品包装必须严密。

注意废弃物的处置,在实验过程中如果反应产生少量毒性气体,可以通过通风橱直接排到室外,如果毒气量比较大则实验装置中需接吸收处置装置,禁止直接排入室外造成环境污染,对于实验过程中产生的酸、碱性废液经中和后可以排入下水道;有机溶剂回收利用;剧毒废液消除毒性后再进行处置。对实验室产生的有害废弃物如果不具备处置条件时,可将废弃物储存于专门容器内,并标明主要成分和危害性,交环保部门或相关专业部门进行处置。

四、改善实验设施,加强设备管理

配备安全的防护设施设备是保障实验室生物安全的基本条件,实验室应配备相应级别的生物安全柜,并保证其负压、过滤系统的正常运行,为邻近的办公区和公共空间提供安全的空气环境。涉及高致病性病原微生物实验活动的实验室应明确划分为清洁区、半污染区和污染区,区与区之间设缓冲间。

实验室的每一个出/入口都应贴上国际通用的危险标志,如生物危险标志、火险标志和放射性标志及其他有关的规定标记。此外,实验室还要加强设备管理,尽量避免因仪器故障造成的生物安全事故，具体措施包括：建立设备档案，即将设备的采购合同、仪器使用说明书、标准操作规程、合格证、注册证、仪器检测报告、使用记录、维护记录、维修记录等装订成册，以方便学习和查阅；定期对高压灭菌器、培养箱、冰箱等设备进行检查，采用有效的方式定期对实验室及设备进行消毒和灭菌处置，如根据设备特征选择紫外线照射的含氯消毒剂、过氧乙酸消毒剂、乙醇等方式。

五、加强安全培训，强化安全意识

近年来生物实验室发生的感染事故中人为事故占较大的比例。实验人员未能严格执行生物安全管理制度与实验操作规程，因麻痹大意导致的操作失误和不安全的操作行为是造成实验室生物感染事故的主要原因。海恩法则指出：每一起严重事故的背后，必然有29次轻微事故和300起未遂先兆及1000起事故隐患，它不仅说明任何一起事故的发生都是有原因并且有征兆的，而且警示人们无论拥有多么先进的技术和完美的规章，在实际操作层面也无法取代人自身的素质和责任心。因此，加强实验室人员培训，强化生物安全意识，有效控制实验人员的不安全行为，消除事故隐患，是防止实验室生物安全事故的关键环节。

每年应定期组织实验室工作人员进行培训，培训内容应包括生物安全相关制度、实验室操作规程、个人防护用品的使用、安全设备设施使用方法、清洁及消毒技术、意外事故处置程序等。培训工作应持续有效，工作人员应通过培训知晓本实验室内所从事实验活动的危险性，阅读并熟练掌握安全操作手册，在开展工作时要严格遵循标准操作程序，针对实验室内可能发生的意外事件，应组织工作人员按照应急预案开展演练，从而提高实验室意外事件的应急处置能力。目前实验室安全培训往往停留在理论培训阶段，而实践训练和演练组织开展比较少，一旦发生意外事件往往不能快速有效应对。

六、建立完善监测和监督制度

分析原因，吸取教训，应对以往的安全隐患或事故原因进行持续有效地监测和分析，为以后避免此类事件发生提供依据。可以建立实验室意外事件登记报告制度、实验室人员健康登记制度、实验室人员缺勤登记制度等监测体系，及时掌握实验室发生的意外事件情况。此外，实验室所在单位还要建立完善监督管理制度，定期或不定期对实验室安全制度执行情况、安全防护、设施设备使用情况、人员培训情况等进行监督检查，及时发现问题并进行持续改进。

七、制定完善的实验室意外事件应急预案

应急预案是做好实验室管理的重要的基础性工作，实验室需要形成完整的预案管理文件体系，针对各类可能发生的生物安全意外事件和所有危险源制定应急预案和现场处置方案，并明确事前、事中、事后的各个过程中相关部门和人员的职责。应急预案是针对具体的设施、装置、场所或岗位所制定的应急处置措施，应具体、简单、针对性强。要做到

生物安全意外事件相关人员应知应会，熟练掌握，并通过应急演练，能够做到迅速反应、正确处置。

此外，我国还应该加强实验室安全的法制建设和文化建设。美国早在20世纪70年代就制定了《有毒物质控制法》《资源保护和恢复法案》等一系列相关法律，并建立了世界上最早的化学品名录制度，而美国的高校则根据这些法律法规建立了自己的实验室化学品安全管理体系，同时还引入了从“摇篮到坟墓”的概念，对化学品的购买、储存、使用和废弃等各个环节进行严格监管。2002年12月3日，国家卫生部(现国家卫生和计划生育委员会)发布了卫生行业标准《微生物和生物医学实验室生物安全通用准则》(WS233—2002)，该准则于2003年8月1日开始实施。2004年11月12日，国务院总理温家宝签署国务院令，颁布《病原微生物实验室生物安全管理条例》(国务院令第424号)，这一条例是目前我国生物安全实验室建设与管理的主要法律依据。2008年12月26日，新的国家标准《实验室生物安全通用要求》(GB19489—2008)颁布，于2009年7月1日开始实施。《实验室生物安全通用要求》(GB19489—2008)由8个部分组成，包括范围、术语和定义、风险评估及风险控制、实验室生物安全防护水平分级、实验室设计原则及基本要求、实验室设施设备要求、管理要求、附录。该标准重点明确了管理内容。此外，国内涉及生物安全管理的法律法规和文件还包括《人间传染的病原微生物名录》、《可感染人类的高致病性病原微生物菌(毒)种或样本运输管理规定》、《医疗废物管理条例》、《中华人民共和国传染病防治法》、《突发公共卫生事件应急条例》等，上述法律法规和文件共同构成生物安全实验室管理依据。

总体看，我国关于实验室意外事件预防和处置的法律体系建设、应急设施设备研发、应急处置培训等方面还存在很多不足，还有待进一步加强。实验室生物安全管理是在不断总结实验室意外事件的基础上逐步发展起来的。实验室发生意外事件并不可怕，可怕的是对实验室安全工作不重视，缺乏有效的管理、恰当的防护和处置设备及高质量的培训和演练等，发生事故后又不能查找和分析原因，而抱着侥幸的心理。

实验室的安全建设必须常抓不懈，只有真正把“安全第一”放在首位，才能很好地落实各项管理制度和技术规范。做到生物安全实验室的真正安全，要运用科学的安全管理理论、方法、技术，以及安全管理法制、行政、经济、文化等各种措施，提倡安全管理科学化、常态化、规范化，预先对人的不安全行为和物的不安全状态的危险性进行预防和控制，变“事后处置”为“事先控制”，保证生物安全实验室安全运行和实验室人员的健康平安。

(顾 华 蒋健敏)

参考文献

[1] 许钟麟，王清勤. 生物安全实验室与生物安全柜[M]. 北京，中国建造工业出版社，2004.

[2] 李彦. 病原微生物实验室生物安全事故的危险因素及预防措施[J]. 实用医药杂志，2010，27(11)：1023-1024.

[3] 周乙华，庄辉. 实验室感染与生物安全[J]. 中华预防医学杂志，2005，39(3)：215-217.

[4] 黄炳辉，李勇，卜建. 安全准入制度是提高高校实验室安全的重要举措[J]. 实验技术与管理，2009，26(4)：150-152.

[5] 廖萍泰，何玉红，陈永青，等. 甘肃省疾病预防控制机构实验室化学危害应急处置能力分析及对策研究[J]. 卫生职业教育，2009，27(20)：126-128.
[6] 罗民超. 高校实验室安全事故应急管理体系研究[J]. 实验室技术与管理，2012，29(7)：193-197.
[7] 徐建国. 病原微生物实验室感染分析[J]. 中华流行病学杂志，2005，26(1)：65-67.
[8] Prevention and Control of Laboratory-acquired Infections, Manual of Clinical Microbiology, 7th, ed. ASM press, US

第二章 应急处置的管理

我国于 2006 年 1 月 8 日颁布了《国家突发公共事件总体应急预案》，同时还编制了若干专项预案和部门预案，以及若干法律法规。制定应急能力及防灾减灾应急预案，标志着社会、企业、社区、家庭安全文化的基本素质的程度。作为公众中的一员，我们每个人都应具备一定的安全减灾文化素养、良好的心理素质和应急管理知识。

在本书第一章，已经阐述了实验室生物安全的概念及意外事件的分类，分析了各种意外事件发生的原因和特点。实验室意外事件的应急处置是实验室意外事件发生后及时采取有效应对和处置的一种通用手段。各单位应具有针对意外事件的应急处置措施，在实验室意外事件发生时，减少甚至避免人员伤害及环境污染等情况的发生。

实验室所在单位应明确实验室意外事件应急处置的流程，包括事件发生后的报告程序、报告对象、报告内容(时间、地点、人员、开展的活动、发生的事件等)；接到报告的部门或人员应进行判断，告知报告人自行处置还是外接处置，是否继续向上级报告；自行处置需要技术支持时，获得技术咨询的途径应明确；人员需要救治时应联系医院；处置完毕后，应判断是否需要继续跟踪，并形成结论；对事后人员是否需要持续治疗进行判断。

实验室意外事件的应急处置需要把应急处置的管理做在事前，而不是等意外事件发生了再手忙脚乱地开展应急处置工作。首先应建立健全应急处置的组织架构，包括决策机构(单位应急处置领导小组)、执行机构(执行的办公室和部门)和咨询机构(生物安全委员会)3 大部分，还应针对不同类型的意外事件制定不同的应急处置政策和程序，并告知相关人员，在发生意外状况时使得各个部门、各类人员都能明确自身的职责，知道事故前、事故过程中和事故后何人做何事、何时做，如何做。其次应做好日常应急储备工作，意外事件种类主要包括 4 类：自然灾害、事故灾难、公共卫生事件和社会安全事件。意外事件等级主要分为 4 级：Ⅰ级(特别重大)、Ⅱ级(重大)、Ⅲ级(较大)和Ⅳ级(一般)。考虑到意外事件的性质、严重程度、可控性和影响范围等因素，应做好各种技术能力的储备和各类应急物资的储备。再次是定期或不定期开展应急培训和演练以保证在意外事件发生时能顺利开展应急处置工作。最后具有二级生物安全实验室的各个单位都应制定符合自身情况的应急处置预案。只有做好了以上工作，我们才能更好地开展实验室意外事件应急处置工作，在意外事件发生时才能更有效地保护人员健康和环境安全。

第一节　组织管理

一、应急处置政策和程序的建立

实验室意外事件是指危险材料(病原微生物感染性材料或危险化学品)在实验室操作、运送、储存等活动中,因违反操作规程或因自然灾害、意外事故、意外丢失等造成人员感染、暴露或伤害,或造成危险材料向实验室外扩散的事件;实验室人员恶意利用实验室危险材料进行反社会或恐怖活动,或实验室被恶意攻击、实验材料被盗抢等事件。

《实验室生物安全通用要求》(GB19489-2008)7.21.1款明确要求各单位"应制定应急措施的政策和程序",建立生物安全实验室的应急处置预案,并应在不同领域(包括病原微生物、化学、物理、自然灾害及环境设施等方面)制定应急处置的技术方案,确定预案的指导原则(如统一领导、分级负责;预防为主、常备不懈;专业处置、专群结合;依法办事、科学规范原则等)。

应急预案又称应急计划,是针对可能发生的重大事故(件)或灾害,为能够迅速、有序、有效地开展应急与救援行动,降低事故损失而预先制定的有关计划或方案。计划或方案的制定应建立在辨识和评估潜在的重大危险、事故类型和发生可能性等基础上。

应急处置技术方案是在不同领域的技术层面上制定的具体措施(包括应采取的技术手段、方式、方法),以保证及时、有效地完成应急处置。应急处置预案中应包含应急处置技术方案。应急处置技术方案必须通过相关专业领域专家的审核。

在人员、组织结构、环境布局以及法律法规和国家标准等发生改变时,应定期审核应急处置预案和技术方案的适用性,并及时修改发布。

二、组织结构

《实验室生物安全通用要求》(GB19489-2008)7.21.2条款具体要求"应急程序应至少包括负责人、组织、应急通讯、报告内容、个体防护和应对程序、应急设备、撤离计划和路线、污染源隔离和消毒灭菌、人员隔离和救治、现场隔离和控制、风险沟通等内容",这就要求具有二级生物安全实验室(BSL-2)的单位应针对应急处置的管理确立明确的组织结构,理顺各层级间的关系,界定各个部门和各个岗位人员的职责。

(一) 基本结构

应急处置的最终目的是有效预防、快速应对和及时处置病原微生物实验室生物安全事件,最大限度地减轻其危害和损失,以保障人民身体健康与生命安全,维护社会经济稳定,因此,应急处置的组织结构通常由以下3类机构组成,相互关系见图2-1。

1. 决策机构——单位生物安全事件应急领导小组　单位法人对所在单位的生物安全负总责,负责建立生物安全应急领导小组(决策机构),在应急状态下对事件做出决策性指令,从人、财、物各个方面保障应急处置的及时实施。同时应委派最高管理层中的一名人员

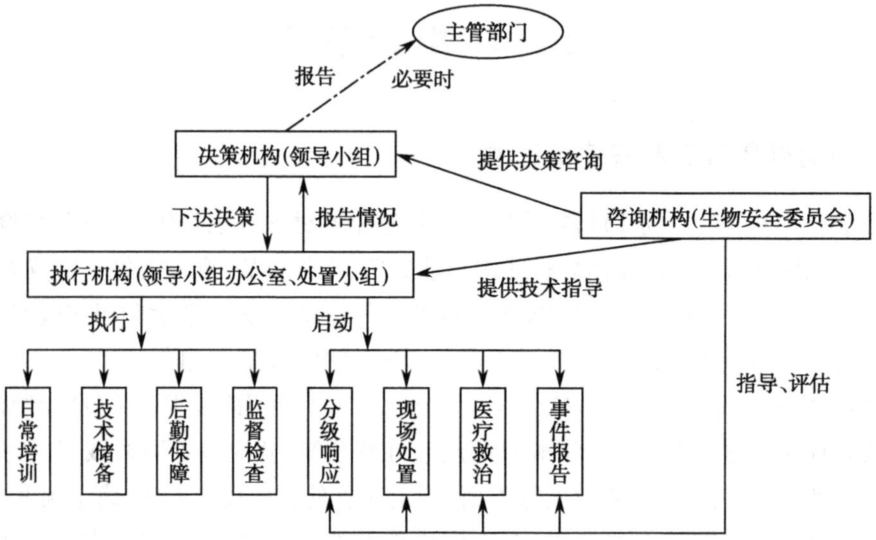

图 2-1 应急处置组织结构图

具体负责日常生物安全事务。

示例:组长:×××(单位法人或最高管理者)

组员:××××××(管理层成员及各部门主管)

生物安全负责人:×××(法人委派管理层中的人员)

2. 执行机构——单位生物安全应急处置小组、领导小组办公室等日常工作机构(挂靠在常设机构) 按照以预防为主,常备不懈的工作原则,设立单位生物安全应急处置小组(执行机构),负责实验室应急处置相关方案的启动和实施,并具体实施突发安全事故的应急处置工作。相关部门负责人应对所辖实验室的生物安全工作承担相应领的导责任。各个实验室负责人为实验室生物安全第一责任人,负责本实验室的生物安全管理工作。管理部门对责任范围内的生物安全工作进行监督检查;其他相关职能部门对生物安全体系的运行提供必要的保障。

示例:组长:×××(生物安全负责人)

副组长:×××(具体执行主管)

组员:××××××(相关部门主管或责任人)

3. 咨询机构——生物安全委员会或专家组 单位法人组建生物安全委员会(咨询机构),为全单位的生物安全工作提供技术支撑和咨询。生物安全委员会负责实验室差错或事故的判定及制度的制定,意外事件的专家咨询、技术指导、事故认定后的指导和评估等工作。

示例:主任:×××总技术管理者

委员:××××××(各领域技术专家)

(二) 职责

1. 决策机构——生物安全应急处置领导小组的职责 决策机构全面负责规范本单位的生物安全工作,建立健全安全管理制度,执行预防控制技术方案,尽量减少实验室感染事故的发生；负责领导安全防护实验室的建设、管理、使用、维护；督导生物安全制度的执行和措施的落实；负责在重大实验室生物安全事故发生时的紧急决策，组织事故的认定、危害评估和处置方案的制定；负责事故发生时，保障必要的人、财、物并合理调配；必要时负责向上级主管部门报告。

2. 执行机构——领导小组办公室、处置小组的职责

(1)日常状态：领导小组办公室负责组织进行实验室生物安全管理工作的调查、监督及检查；组织制定实验室生物安全技术方案；组织进行人员培训和演练；负责制定生物安全管理工作规范、操作技术指南及规范性技术文件并定期进行评价和更新；负责接收各种生物安全事件报告。

(2)应急状态：应急处置小组应有明确的责任划分(图 2-2)，在实验室生物安全事件发生时，应急处置小组组长负责启动应急响应、紧急处置、总协调指挥，同时为事件责任报告人，负责报告应急领导小组。指定人员负责小组内部及与其他部门之间的协调沟通；指定小组内人员做好现场秩序维护工作；指定小组内相关专业领域人员负责应急处置工作，包括及时向组长通报情况；指定小组内人员做好紧急救治安排工作；指定小组内人员做好后期保障工作；指定小组内后期处置人员负责事件结束后的总结报告工作，包括及时向组长通告情况。

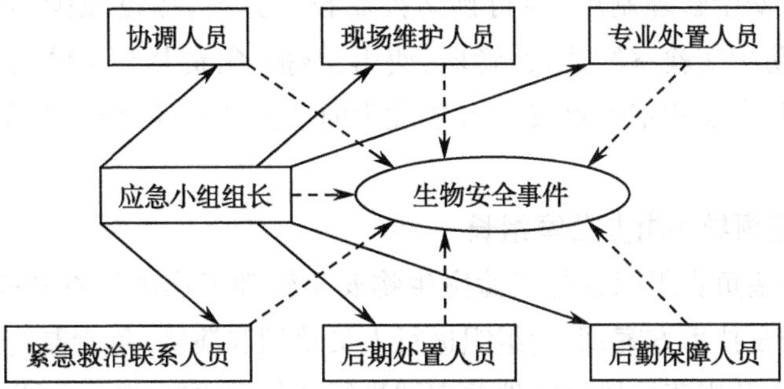

图 2-2　应急小组职责分工

3. 咨询机构——生物安全委员会的职责　生物安全委员会负责向领导小组提供生物安全的情报信息、技术、装备、资料库建设等决策的咨询意见；在事故发生时承担应急调查的责任，组织开展对所发生的实验室差错或事故的严重程度与可能产生的危害进行分析评估，以确定实验室差错或事故性质和后果；负责提供现场快速控制的技术支持，包括污染源控制，被感染人员控制以及环境控制技术；负责针对现场紧急处置、救援、检疫鉴定、区域划分、洗消防护、危害评估和事后恢复等问题进行研究，提出指导和评估意见；负责对受暴露的实验人员采取医学观察或隔离治疗等措施，最后根据所造成后果的危害大小和严重程度进行感染事件等级认定；负责对实验室生物安全相关科学研究进行指导和评估。

4. 相关部门的职责(执行机构分支)

(1)后勤保障部门：负责实验室感染预防，设施、设备及车辆等后勤保障。包括：感染现场(实验室)消毒药品、设备(喷雾器等)；现场工作人员防护措施，个人防护设施，根据发生事件的级别适用相应的个人防护设施，如普通防护衣，正压服，眼镜、手套、帽子、靴子、洗眼

器等。

(2)宣传教育部门:负责感染预防宣传,做好感染预防及生物安全培训,负责组织应急预案的学习。

(3)人事部门:负责实验室感染(伤害)人员的健康监测与应急救治。负责实验室内所有人员(含辅助人员)的健康体检,并建立健康档案。

(4)安保部门:负责相关实验室基础数据库维护;负责实验室日常安保巡查,排除隐患;负责完成实验室的监督检查。

三、人员管理

各类人员应有明确的职责:

(一)最高管理者的职责

最高管理者对单位生物安全管理负总责;负责建立单位生物安全事件应急领导小组以形成决策;负责建立生物安全委员会以提供技术咨询;负责应急处置中人、财、物的整体调配;必要时负责向上级部门报告意外事件。

(二)应急处置决策机构成员

负责建立健全安全管理制度,执行预防控制技术方案,尽量减少实验室意外事件的发生;负责领导安全防护实验室的建设、管理、使用、维护;负责督导生物安全制度的执行和措施的落实;负责在重大实验室生物安全事故发生时的紧急决策,组织事故的认定、危害评估和处置方案的制定。

(三)应急处置领导小组办公室组长

领导小组办公室负责组织进行实验室生物安全管理工作的调查和监督检查;负责组织制定实验室生物安全技术方案;负责组织进行人员培训和演练;负责制定生物安全管理工作规范、操作技术指南及规范性技术文件并定期进行评价和更新;负责接收各种生物安全事件报告。负责启动应急响应、紧急处置、总协调指挥,同时为事件责任报告人,负责报告应急领导小组。

(四)应急处置小组成员

1. 协调人员 负责小组内部及与其他部门之间的协调沟通。

2. 现场维护人员 负责做好现场秩序维护工作。

3. 专业处置人员 负责专业领域的应急处置工作并及时向组长通报情况。

4. 紧急救治联系人员 负责做好紧急救治安排工作。

5. 后勤保障人员 负责做好后期保障工作。

6. 后期处置人员 负责事件结束后的总结报告工作并及时向组长通报。

(五)生物安全委员会成员

各专业领域的成员包括微生物、化学、放射等在事件发生时负责提供相应领域的事件危害评估、现场快速控制技术支持、感染事件等级认定、事后恢复、科学研究指导和评估等技术支持。

(六) 各部门负责人职责

负责本部门应急处置时的指挥、协调、控制、处置等工作。负责接收本部门的应急事件报告,并向上级汇报。负责保障本部门人员及环境的生物安全。

(七) 实验室人员

负责在实验室意外事件发生时的正确处置;负责对事件的及时报告;负责危险区域的应急划分及提示;负责做好本岗位日常生物安全工作。

第二节　应急储备

一、技术能力储备

技术能力的储备是实验室在发生意外事件时,能及时有效处置的基础。为准确、有效地做好应急处置工作,相关实验室应做好可能出现的应急情况中各领域、各环节的技术能力储备。实验室所在单位的生物安全委员会应对各种技术能力进行评估和确认,以保证技术能力具有可操作性。最后将评估过可行的技术能力以文字描述形式在应急处置的预案或者相关技术方案中体现。应急处置的要求是快速而有效,可以将现场快速控制技术分为:污染源控制、被感染人员控制和环境控制技术 3 类。

(一) 污染源控制技术

污染源控制是指在实验室意外事件中对造成人员感染或环境污染的污染物发生源的控制,通常指向实验室环境中产生的有毒、有害物质或对环境产生有害影响的场所、设备、装置或人体。污染源控制的主要技术保障有消毒和灭菌技术、物理隔离技术、环境消毒技术、污染物的快速检测技术等。

(二) 被感染人员控制技术

被感染人员控制技术是指在实验室意外事件发生时及时采取有效的手段,对被感染人员进行应急救治,同时采取隔离观察以减少对被感染人员和周边人员的伤害。被感染人员控制的主要技术保障有污染物的快速检测技术、现场被感染人员应急救治技术、被感染人员或疑似感染人员隔离技术、流行病学诊断技术等。

(三) 环境控制技术

环境控制技术是指对实验室内的空气、台面、设备表面等环境因素通过物理的或化学的处置方法达到环境控制的目的,以消除环境对人员的危害。环境控制的主要技术保障有污染物的快速检测技术、日常维护的常规检测分析技术、环境表面的消毒和灭菌技术及环境表面微生物的检测技术等。

快速检测技术的建立和应用,特别是分子生物学和免疫学的应用,对实验室感染的诊断和患者的治疗有重要意义。应开发和建立多方面的快速检测方法,保证良好的技术储备,以应对实验室感染的诊断。

现有的实验室安全应急技术能力储备,不仅局限于病原微生物、化学、放射、物理因数、仪器设备、自然灾害等引起的 BSL-2 实验室事故的应急处置，也应该形成文件形式的技术方案，为 BSL-2 实验室事故提供技术支撑。这些技术能力包括相关化学试剂的中和技术，仪器设备的正确使用和维护技术，放射防护技术，温度、光照引起的实验条件改变预防技术，水、电、火引起的意外事件的应急处置技术等。

风险评估是做好针对性技术储备的一项重要活动，目前国内外对实验室的管理都强调要做好风险评估工作。风险评估是生物安全实验室开展活动的重要前提条件，当实验室活动涉及致病性生物因子时，实验室均应进行生物安全风险评估。风险评估的内容应参照国家卫生和计划生育委员会制定的《人间传染的病原微生物名录》，结合具体风险因素进行确定，主要包括拟操作的生物因子的致病性、危害程度级别、传播途径、一般生物学特性、环境中的稳定性、实验动物研究、实验感染、有效的预防和治疗措施、应急预案的有效性等。

对应急处置的风险评估内容则应包括事故地点及涉及区域、处于危险的个体和人群、暴露和受伤人员的紧急医疗处置、人员的紧急撤离、应急装备（如防护服、消毒剂、化学和生物学溢出处置盒、消毒污染的器材物品等）的供应、现场控制及清除污染、暴露人员的医疗临床处置、特殊仪器物资（免疫血清、疫苗、药品）的来源及使用、最新流行病学调查信息、既往风险评估内容及风险评估报告等。

完善的技术能力储备是应急处置中的核心要素。各个单位应将上述所提到的内容形成纸质化文件，以便所有人员阅读和操作。

二、应急物资储备

技术能力的储备是应急处置的基础，应急物资的储备是实验室应急处置的前提。只有具备了合格的、有效的、适用的、充足的应急物资，才能保证实验室发生生物安全事件时能得到迅速、有效地处置。

实验室所在单位的最高管理层应给实验室配置充足的应急物资，以便在事件发生时迅速选用正确的处置方案。应急物资应由专人采购、发放、保管、维护，应合理放置在易于取用的地方，同时应保证有效性和适宜性，防止过期、失效及损坏。

主要应急物资可以分为以下六类。

（一）个人防护设备

根据可能发生事件的级别选用相应的个人防护设备。

1. 躯体防护　围裙、实验服、连体衣、正压服、放射防护衣等。
2. 面部防护装备　护目镜、呼吸防护装备、防毒面罩、各类口罩（例如 N95 口罩）等。
3. 手部　一次性乳胶手套、一次性塑料手套、棉布手套。
4. 耳部　耳栓等。
5. 足部　一次性鞋套、防穿刺靴子、普通靴子、防滑鞋等。
6. 其他　一次性帽子等。

（二）现场消毒试剂、消毒设备

根据不同情况选用不同的消毒剂、消毒设备。

1. 消毒剂 乙醇、戊二醛、过氧化氢、过氧乙酸、有效氯消毒液等。

2. 消毒设备 喷雾消毒器、过氧化氢发生器、移动式紫外消毒器、甲醛熏蒸器等。

(三) 现场应急处置药品、物品

根据不同事件选用不同的处置药品、物品。

1. 药品 碘附、创可贴、止血药、烫伤药等

2. 物品 棉花签、纱布、绷带、吸水布、止血带、各类酸碱中和剂、氧气瓶等。

(四) 实验室感染预防设施

生物安全柜、生物安全转运箱、洗眼器、移动物理隔离屏障。

(五) 消防安保设施

灭火器、灭火沙、防爆灯、防爆玻璃、防漏电器等。

(六) 后勤保障车辆

应急处置车辆,运输车辆等。

BSL-2 实验室根据操作内容的不同应配备的应急物资也应不同,下面主要列举空气传播和体液传播的应急处置物资。

空气传播的 BSL-2 实验室应配备:倒背衣、一次性手套、一次性帽子、一次性鞋套、N95 口罩、呼吸防护装备(必要时);B2 型生物安全柜、洗眼器、移动物理隔离屏障、紫外消毒器;乙醇、过氧化氢、有效氯消毒液;急救箱、灭火器等。

体液传播的 BSL-2 实验室应配备:普通防护衣、倒背衣、一次性手套、一次性帽子、一次性口罩、防穿刺鞋子;A2 型生物安全柜、洗眼器、移动物理隔离屏障、紫外消毒器、利器盒;乙醇、戊二醛、过氧乙酸、有效氯消毒液等;急救箱(必须包括伤口处置的物资和药品)、灭火器等。

第三节 培训与演练

一、培训

实验室所在单位的培训部门应定期组织单位相关人员学习应急处置预案和相关技术方案,主要是为了让每位员工明确自己在应急处置中的责任,掌握应急处置的基本技能,清晰处置流程和报告流程。

应急培训的形式包括政府主管部门的相关培训;单位全员的培训;实验室专业应急处置队伍的培训;专业应急救援队伍的培训;实验室人员的岗前培训;进修实习人员的培训等。

应急培训的基本内容主要包括专业理论学习;单位政策和规定的学习;应急报告、处置、疏散、救治程序的学习。必要时可以对培训内容进行书面考核。

在具体培训中,可以根据不同水平、领域的应急者分别开展培训。通常将应急者分为 5 种水平,即初级意识水平应急者;初级操作水平应急者;危险物质专业水平应急者;危险物质专家水平应急者;事故指挥者水平应急者。

培训效果的评估是培训可持续改进的重要手段，在应急处置的培训中应对内容的接受度、指导意义、人员的操作性开展评估，应有具体的评估方法，对无法达到评估要求的人员应进行再次培训，以使其能按要求开展应急处置操作。

二、演练

实验室意外事件应急处置的执行机构或部门可以根据应急预案定期组织单位人员开展应急处置演练。应急处置演练以加强基础、突出重点、边练边战、逐步提高为原则，切实保证演练的可操作性和适用性。

通过演练，可以对突发事件发生前、中、后等各个阶段的应急处置是否科学合理进行判断。同时可以锻炼应急处置队伍，使参加人员不断积累经验，提高其应急管理、沟通协调、现场处置等各个方面的业务水平。

根据演练的组织形式和规模分为讨论型演练和实战型演练。讨论型演练又可以分为研讨式演练和桌面演练。讨论型演练可以通过讲解或讨论的形式使有关人员熟悉应急处置的各项内容、注意事项及各自的职责；桌面演练是指由应急组织的代表或关键岗位人员参加，按照应急预案及其标准工作程序，讨论紧急情况时应采取行动的演练活动。桌面演练是将参与决策和处置的各部门相关人员聚集在一起，模拟各自在应急处置中的角色，针对提出的各种问题进行评估、分析与讨论，并形成决策的一种练习。演练内容主要包括各有关部门在应急处置中如何应变，如何决策，相关人员针对各种可能发生的状况采取何种应对措施等。实战型演练又可以分为操练、功能演练和全方位演练。操练是针对某一项单一应急响应的应急处置技能进行的演练，比如正确处置洒溢物质等；功能演练是桌面演练的进阶演练，是针对某项应急响应功能或其中某些应急响应行动举行的演练活动，采取“状况-反应”模式，如感染动物逃逸时如何应急响应等；全方位演练是指针对应急处置预案中全部或大部分功能，将演练规模放到最大，全面动员所有相关的应急人员，对物资的使用、调度等进行的全方面演练，以及检验、评价应急处置小组的应急运行能力的演练活动，如实验室人员感染应急处置等。

单位的执行机构负责设计演练方案，演练项目可以为：出现生物样本的泄漏，如何进行消毒处置；如出现人员感染，如何应急处置、监测、治疗、观察、评估；如何处置现场；如何执行事故报告制度；实验室负责人员如何响应等。

所有演练人员应持有一份演练实施方案，该方案包括：演练日期、时间、地点、持续时间、参与人员、目的、演练的类型、范围、假设前提与设定状态、模拟情景叙述、评估流程及其他协作规则。

演练的过程中应有控制计划，包括对演练组织管理人员的指导。该计划的主要内容包含时间、推进方式、各个场景的情景模拟和演练，以何种形式进入下一环节，以及控制参与人员之间的预定。演练应有专人进行相应记录。

最后针对演练是否及时、得当，是否取得相应控制效果等演练结果进行总结和评价。通过演练发现问题、解决问题，进一步提高实验室意外事件应急处置能力。

三、案例

（一）演练方案

1. 目的 为进一步做好病原微生物实验室生物安全防护工作，保障实验安全、人员安全和环境安全，防范各类安全事故，堵塞安全漏洞，确保实验室在应对重大传染病疫情以及开展检测工作时能安全、有效和高质量运作，进一步提升实验室工作人员的专业技术素养和生物安全防护水平，医院检验科于××月××日举行一次生物安全事故处置应急演练。

2. 演练内容 病原微生物意外事故处置。

3. 演练地点 ××实验室×区。

4. 演练组织机构以及职责分工

(1)指挥部：负责本次演练的组织领导，制定演练方案，指挥协调各参加科室，指挥整个演练活动，对演练活动进行评估。

(2)总指挥：×××，副总指挥：×××，主任：×××。

(3)演练办公室：负责落实指挥部的有关指令以及演练的具体事务。

(4)参加科室及人员：检验科全体人员，后勤科主任以及负责垃圾焚烧安全保卫人员，院感科主任以及负责消毒杀菌人员。

5. 演练物资及保障 由后勤科负责消毒杀菌物品及设备的准备。

6. 演练规则 参加演练的科室和人员必须按照真实事件对待，服从指挥部现场指挥与协调；参加演练的科室和人员必须做好安全防范，防止意外发生；认真做好相关报告记录的填写。

7. 演练情景设计及演练程序

(1)意外事故情景：在××实验室×区，一名工作人员不慎将正在培养霍乱弧菌的碱性蛋白胨增菌液汤溢洒于地面上，造成了一个约40cm×40cm的放射状的污染面，但并未造成工作人员人体本身直接污染。

(2)事故报告：事发后，当事人员立即向检验科主任汇报事发经过并请示处置方式；检验科主任立即将事故情况报医院办公室；医院办公室立即启动《医院实验室意外事故应急预案》，将事故情况报告实验室生物安全应急领导小组，并由组长成立指挥部。

(3)现场处置：医院领导及相关人员马上赶赴现场，并立即指派办公室填写实验室意外事故报告单，向上一级主管部门上报现场情况；关闭所有对外门窗，现场相关人员立即疏散撤离，及时设立警戒区域，后勤科人员在警戒区域外戒备，禁止其他人员进入；划定隔离区域，对现场所有污染人员进行隔离；全副防护装备的清洁消毒人员迅速进入污染现场，在污染区域设立“生物危害，禁止进入”的标识，使用有效氯含量0.5%～1.0%的含氯消毒液将污染区覆盖，并将消毒面积扩大至2倍或以上面积，消毒作用时间60分钟以上；清洁消毒人员清理完毕，立即沿安全通道撤离至指定区域，将每种在污染区域用过的用品进行彻底清洁消毒，并将其放置于双层塑胶袋中严密包装封闭，装载于有明确标识的全封闭的坚硬不外露的感染性废物桶内，立即通知后勤科派遣专门人员对物品进行焚烧或妥善处置，清洁消毒人员还要在指定场所洗手、淋浴、消毒；依照应急预案程序进行周围环境污染控制，生物危害风险评估，相关人员进行医学观察，事故记录和总结报告。

8. 终止演练　演练办公室主任向总指挥报告，演练已经按照预定计划完成，请示总指挥宣布演练终止。

9. 考核评估与总结　演练办公室主任在演练1周内写出评价总结报告，并在其后主办相关人员的学习培训。

（二）全方位演练

在前一个方案中我们针对的是洒溢物质处置和事件报告的演练，下面再举例讲解一个涉及应急处置中全部应急响应功能的演练。

1. 目的　为保障实验室人员和环境安全，在出现重大事件时，能有效按照应急预案进行应对，进一步提升实验室人员及应急处置小组的专业能力。医院检验科于××月××日举行一次生物安全事故处置应急演练。

2. 演练内容　艾滋病刺伤应急事件处置。

3. 演练地点　××实验区。

4. 演练组织机构以及职责分工

(1)指挥部：负责本次演练的组织领导、方案制定、各科室之间的协调、演练活动的指挥、后期的演练评估。

(2)总指挥：×××。

(3)应急处置领导小组：负责在接到报告后发出各项指令。

(4)应急处置小组：负责落实各项指令及演练的具体事务。

(5)生物安全委员会：负责提供技术及政策服务。

(6)参加科室及人员：×××　×××　×××……。

(7)检验室人员：负责事件发生后的报告及现场应急处置。

(8)院感科：负责对现场的调查。

(9)后勤科：负责准备相关物资。

(10)安全保卫人员：负责对事件的记录。

5. 演练物资及保障　由后勤科负责本次演练所需的消毒杀菌物品及相关设备，由院感科负责本次演练所需的药物及应急救治物资的准备。

6. 演练规则　全部参加人员必须按照真实事件对待，服从指挥部现场指挥与协调；参加演练的科室和人员必须注意安全；认真做好相关报告记录的填写。

7. 演练情景设计及演练程序

(1)意外事件场景：实验室的操作人员正确穿戴后进入实验室，模拟在操作艾滋病患者样本时，不慎用含有艾滋病患者血液的利器将皮肤刺破。

(2)应急处置：该实验操作人员对自身进行紧急救治(挤血、自来水冲洗、伤口消毒处置等环节。

(3)事件报告：该实验操作人员在紧急救治完备后，向实验室负责人报告。实验室负责人向单位应急处置领导小组报告。

(4)应急响应：单位应急处置领导小组启动应急处置预案并形成决策。应急处置小组根据决策，对现场进行处置，包括：综合协调、人员救治、现场控制、专业处置、后勤保障等。

(5)事件调查评估：院感科主任对事件整体情况进行流行病学调查，生物安全委员会根据调查结果对事件进行评估并报告应急处置领导小组。

8. 响应终止　应急处置领导小组根据生物安全委员会的技术评估及实际事件进度情况，终止应急响应。

9. 后期处置及评估总结　对感染人员进行模拟后期流行病学观察(服药)、心理疏导和慰问；安全保卫人员形成最终处置情况报告给生物安全委员会以作评估，形成最终事件处置评估结果，并以书面形式告知应急处置领导小组。

10. 演练评估

(1)对实验室人员的自行救治操作流程及实际操作情况进行评估。

(2)对现行自行救治作业指导书进行评估。

(3)对报告流程进行评估。

(4)对形成的决策和应急响应进行评估。

(5)对应急处置小组的现场应急处置进行评估。

(6)对响应终止后的后期处置进行评估。

(7)对事件最终形成的评估报告是否合适进行评估。

现场演练最终的目的是使各类人员都能熟悉应急处置，并对现有应急处置的程序进行评估，以保证在真实事件发生时能采取正确、迅速、有效的应急处置措施。

第四节　应急处置预案编制

一、预案编制

应急预案的编制一般可以分为 5 个步骤，即组建应急预案编制队伍、开展危险与应急能力分析、预案编制、预案评审与发布和预案的实施。

(一) 组建编制队伍

预案从编制、维护到实施都应由单位的各部门广泛参与，在预案实际编制中或编制工作完成之后，应征求各部门的意见，包括最高管理层，中层管理人员，人事部门，后勤保障部门，安全保卫部门，财务部门以及法律顾问等。

(二) 危险与应急能力分析

1. 法律法规分析　分析国家和地方性法律法规(如安全生产与职业卫生法律法规，环境保护法律法规，消防法律法规，应急管理规定，生物安全相关法律法规等)；调研本单位现有预案(如疏散预案、消防预案、员工手册、危险品管理预案、风险评价程序等)。

2. 风险分析　通常应考虑下列因素。

(1)历史因素：本单位及其他兄弟单位所在区域以往发生过的紧急情况，包括火灾、危险物质泄漏、极端天气、交通事故、地震、飓风、龙卷风等。

(2)地理因素：单位所处地理位置，如是否邻近洪水区域，地震断裂带和大坝；是否邻近危险化学品的生产、贮存、使用和运输企业；是否邻近重大交通干线和机场，邻近核电厂等。

(3)技术问题：分析实验活动出现故障可能产生的后果，包括实验室感染、泄漏、火灾、爆炸和其他危险品事故、安全系统失灵等。

(4)人的因素：人员操作失误的原因，如培训不足，工作没有连续性，粗心大意，错误操作，疲劳等。

(5)物理因素：设施设备的物理条件，如易燃品贮存条件，设备、照明与紧急通道布局，避难场所邻近区域物理条件等。

(6)管制因素：紧急情况下应考虑的管制处置，如空气或水污染，电力故障，水害，烟害，爆炸，建筑物倒塌，化学品泄漏，出入感染性区域等情况下的管制处置。

3. 应急能力分析　分析紧急情况下的应急能力，如所需要的资源是否配备齐全，外部资源能否及时到位，是否还有其他可以优先利用的资源等。

(三) 预案编制

应急处置预案的编制应该具有一定的格式，最常见的应该包括以下内容：

1. 总则　工作目的、编制依据、适用范围、工作原则、事故分级(可单列)。

2. 应急处置指挥机构　各级指挥机构、日常工作机构、咨询机构等。

3. 监测与预警、报告。

4. 分级响应与应急处置　分级响应、指挥协调、紧急处置、响应终止、信息发布等。

5. 后期处置　善后处置(奖惩、补偿、抚恤、重建)、责任追究、总结报告等。

6. 应急保障　技术保障、信息保障、物资保障、经费保障、人员保障、演习演练、宣传培训等。

7. 附则　名词解释、制定与修订等。

(四) 应急处置预案提纲范例

1. 总则

(1)工作目的：为了加强病原微生物实验室生物安全管理，有效预防、及时控制和消除实验室生物安全事故的危害，保护实验人员和公众安全与健康，确保环境不受污染，结合各个单位的实际情况，制订应急处置预案。

(2)编制依据：依据国家、主管部门和地方的法律法规、标准等。例如：《中华人民共和国传染病防治法》《中华人民共和国国境卫生检疫法》《中华人民共和国突发事件应对法》《突发公共卫生事件应急条例》《国内交通卫生检疫条例》《国家突发公共卫生应急预案》《病原微生物实验室生物安全管理条例》《生物安全实验室建筑技术规范》(GB50346)《可感染人类的高致病性病原微生物菌(毒)种或样本运输管理规定》《人间传染的高致病性病原微生物实验室和实验活动生物安全审批管理办法》《人间传染的病原微生物名录》《实验室生物安全通用要求》(GB19489-2008)等。

(3)适用范围:适用于单位处置涉及实验室生物安全事件处置的各项工作。主要是发生实验室意外暴露事件,菌(毒)种遗失、丢失及其他相关的实验室生物安全事件的处置。

(4)工作原则:各单位应该健全制度、规范管理、充分准备、随时待命、有效处置,一旦应急预警开始响应,根据事件发生过程,确定级别、分类,立即实施应急处置预案。

(5)事故分级:实验室生物安全事件根据所操作的病原微生物致病性及其对周围人群和环境危害的严重程度,可划分为几种不同等级。将实验室生物安全事件分为差错和事故两类,其中差错分两个等级,即一般差错和重大差错;实验室生物安全事故分为3个等级,为一般性实验室安全事故、严重的实验室安全事故和重大的实验室安全事故。

2. 应急处置指挥机构　应急处置指挥机构包括各级指挥机构、日常工作机构、咨询机构等,一般来说分别为:应急处置领导小组、生物安全应急处置小组、单位生物安全委员会。

3. 监测与预警、报告

(1)监测与预警:由单位执行机构定期对实验室生物安全情况进行检查,发现问题及时提出改进要求,各相关实验室负责组织安全措施的落实。监测的内容包括制度执行,实验记录,实验操作,仪器使用维护,高致病性病原微生物菌(毒)种和生物样本的保存、运输及使用,生物因子废弃物处置情况等;感染监测中的感染原因、途径、方式、技术事故或责任事故情况等;实验室工作人员健康监测包括个人防护、建立健康档案,免疫接种及实验后续的健康状况等;实验室设施和设备运行情况。

监测与预警是通过对收集的各类监测资料、数据进行整理、汇总,定期分析实验室安全方面的动态变化趋势并向单位生物安全委员会提供预测、预警背景资料,以便及时对病原微生物实验室感染作出预警。

(2)报告:任何部门和个人均有义务向单位报告实验室生物安全事件情况,不得隐瞒、缓报、谎报或者授意他人隐瞒、缓报、谎报。报告内容可根据事件的类型不同而不同,在预案中应明确分类,一般情况下包括时间、地点、原因、危害性、事件性质、人员、临时消毒处置、发病与健康状况及后果情况等。

报告的方式和流程,一般执行"先处置、治疗,后报告"原则,各科室发现实验室意外事件后应立即以电话、口头方式报告所长或科室主任;如实填写《事故报告表》;科室主任将事件报告至生物安全负责人;生物安全负责人接报感染事件后立即报告单位生物安全工作领导小组组长,组长召集领导小组对感染事件进行评估,决定是否上报卫生计生行政部门。

4. 分级响应与应急处置

(1)分级响应:预案中有明确的实验室意外事件应急响应启动的条件,如病原微生物洒溢、自然灾害等。还应对实验室意外事件进行初步判定,一般可分为一般事件、较大实验室事故、重大实验室事故。对三类事件事故均应在预案中规定处置的流程。

(2)指挥协调:在事件发生,应急响应启动后,根据事件的类型、级别,执行机构(处置小组)根据决策机构(领导小组)的意见,采取不同的指挥协调方式。指挥协调内容通常包括:先期处置、事件报告、人员流行病学调查、人员消毒隔离、病例救治和隔离,必要时还应有接触者的判断和医学观察、特殊现场的处置等。

(3)紧急处置：明确先期处置的原则，如发生实验室意外事件，应立即停止实验活动等。然后根据对事件的不同类型，明确处置的流程和技术方案。还应有明确的现场调查措施、消毒措施、病例救治措施、接触者判定措施等。

(4)响应终止：应急预案应明确响应终止的条件，例如受污染区域得到有效消毒；生物安全事件造成的感染者已妥善治疗、安置；在最长的潜伏期内未出现新的患者；明确丢失病原微生物菌(毒)种或样本得到控制；最后需要经专家组评估确认后，应急处置工作方可结束。

(5)信息发布：事件信息由应急处置领导小组上报属地主管部门后，由属地主管部门负责沟通和对外发布。

5. 后期处置

(1)善后处置(奖惩、补偿、抚恤、重建)：在预案中，根据事件引起后果的不同，应明确各类人员的奖惩措施，对危害到人员和环境而引起补偿和抚恤的，应列出依据的法律法规；需重建实验室的，应有相关的政策支持。

(2)责任追究：事故引起刑事责任或对人员和环境造成重度危害的，按照法律要求对相关人员进行责任追究。

(3)总结报告：生物安全事件结束后，生物安全委员会应组织有关人员对事件的处置情况进行评估。评估内容主要包括事件概况、现场调查处置、感染危险度、人员救治等情况和所采取措施的效果评价、应急处置过程中存在的问题和取得的经验及改进建议。评估报告需上报给上一级地方行政主管部门。

6. 应急保障　应急保障包括技术保障、信息保障、物资保障、经费保障、人员保障、演习演练及宣传培训等。预案中还应明确单位管理层经费保障、信息保障的政策、措施。

7. 附则　附则包括名词解释、制定与修订等内容。名词解释是对应急预案中出现的概念性词汇进行解释说明，使阅读人员易于理解。制定与修订是对应急预案状态的描述，表明预案是适用于现状的。

(五) 预案的评审与发布

预案应定期由咨询机构对其进行适用性评审，在保障其适用性后，由最高管理者发布。

(六) 预案的实施

预案应传达到单位的各级，并通过培训和演练方式保障预案的顺利实施。

二、应急事件的报告流程

(一) 报告程序

实验室意外事件的报告流程应该符合《病原微生物实验室生物安全管理条例》的要求，实验人员发现实验室生物安全事件后应立即报告所在实验室负责人，实验室外人员发现意外事件可以直接报告生物安全应急处置小组(执行机构)；所在实验负责人接报生物安全事件，在了解基本情况后立即报告生物安全应急处置小组；生物安全应急处置小组接到报告后进行核实，将情况立即报告单位应急处置领导小组(决策机构)。应急处置领导小组接报生物安全事件后，应及时组织人员形成决策，必要时向上级行政主管部门报告（图 2-3）。

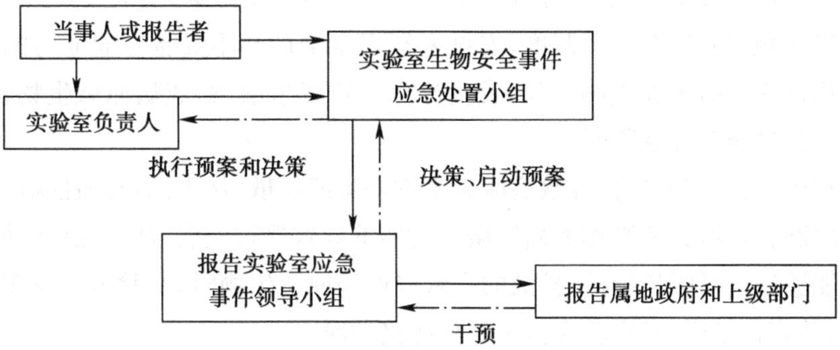

图 2-3　事件报告流程图

（二）报告方式

发生实验室感染或泄漏事件后由责任报告人和义务报告人以最快的方式（2 小时内）向上级部门与领导报告。所在科（所、室）有关人员应认真填报《实验室意外事件报告表》，由报告人负责报送（传真）至生物安全应急处置小组。生物安全应急处置小组接报后必须尽快核实，在 2 小时内向生物安全负责人报告，同时向最高管理者报告。生物安全负责人接报实验室感染事件后，应在 1 小时内报告最高管理者。

（三）报告内容

1. 事件信息　实验室单位名称、实验室名称、涉及病原体类别、发生时间、地点、涉及的地域范围、感染或暴露人数、主要症状与体征、可能的原因、已经采取的措施、事件的发展趋势、下一步工作计划等。

2. 事件发生、发展、控制过程信息

（1）初次报告：事件名称、发生地点、发生时间、患者数、死亡人数、密切接触者人数、主要的临床症状、涉及病原体、可能原因、已采取的措施、初步判定的事件级别、报告单位、报告人员及通讯方式等。

（2）进程报告：报告事件的发展与变化、处置进程、势态评估、控制措施等内容。同时，对初次报告内容进行补充和修正。重大实验室生物安全事件至少需要按日进行进程报告。

（3）结案报告：事件处置结束后，应进行结案信息报告。在领导小组确认事件终止后 2 周内，对事件的发生和处置情况进行总结，分析其原因和影响因素，并提出今后对类似事件的防范和处置建议。

三、应急预案的响应与启动

（一）应急预案启动的条件（满足下列条件之一）

实验人员在检测高致病性病原微生物过程中，发生严重差错或事故，导致病原微生物外溢，且数量较多或样本中病原体浓度较高时，并有实验人员防护不到位，造成直接暴露，极有可能导致感染时。

在高致病性病原微生物的实验室操作时，遇突发事件，如突然断电，导致送排风系统无法正常运转，或遇到火灾等自然灾害，导致病原体外泄，造成严重污染，使实验人员直接暴露时。

因违反操作规程和安全管理制度，安排未经安全培训和不具备专业能力的进修实习人员从事高致病性病原微生物检测工作，发生严重差错或事故，造成病原微生物扩散，实验操作人员个体防护措施存在缺陷时。

实验过程中，发生容器破损导致病原微生物外溢或扩散，从事高致病性病原微生物检测的人员，未经预防接种，且所操作的病原微生物能够导致严重疾病，甚至死亡的情况时。

在操作能够通过呼吸道传播、扩散的高致病性病原微生物时，实验人员发现个体防护措施存在缺陷，并直接暴露，且实验人员未经预防接种时。

在运输途中发生高致病性病原微生物菌（毒）种或样本丢失、泄漏、盗窃等情况时，引起人员和环境污染的。

化学试剂和放射物质引起的人员和环境生物安全事件。

（二）分级响应

1. 一般生物安全事故　发生一般生物安全事故时应做好以下工作。

（1）生物安全应急处置小组立即组织有关部门，全面了解事故发生的情况，督促各有关实验室履行各自的职责，落实各项防控措施，及时对生物安全事故予以处置和纠正。

（2）发生感染或事故的实验室应暂停相关的实验活动。

（3）立即组织专家组进入实验室进行调查。

（4）对污染区域开展消毒，并对污染和事故可能带来的危害情况进行评估。

2. 较大的实验室事故　在一般实验室事故措施的基础上，应该做好以下工作。

（1）停止发生事故的实验室所有工作，组织专家进行调查、评估。

（2）感染人员立即送定点医院隔离观察或治疗。

（3）对发生感染或泄漏事件的实验室的所有相关人员进行医学观察。

（4）事件判定后的 2 小时内报地方行政主管部门。

3. 重大实验室事故　在较大实验室事故措施的基础上，应该做好以下工作。

（1）对发生感染或泄漏事件的实验室进行封锁，组织专家进入进行调查、评估。

（2）事件判定后立即报地方行政主管部门。

（3）调查处置后，对实验室进行全面彻底消毒。

四、应急处置措施

（一）先期处置

发生感染或泄漏事件的实验室应停止实验活动，并按照相关程序做好现场应急处置，生物安全应急处置小组接到报告后应该对感染事件的基本情况和信息进行核实，并负责召集单位生物安全委员会成员，对所发生的实验室差错或事故的严重程度与可能产生的危害进行分析评估，以确定实验室差错或事故性质及可能造成的后果，并对暴露的实验人员采取医学观察或隔离治疗等措施，最后根据所造成的后果的危害大小和严重程度进行感染事件等级认定。

（二）处置措施

1. 流行病学调查　发生生物安全事故时，生物安全应急处置小组召集生物安全委员会相关人员组成调查组，开展现场调查。调查组成员包括实验室管理人员、流行病学专家、实验技术人员和职能部门相关人员，必要时应有临床医务人员参加。调查内容包括患者、疑似患者及其密切接触者与可疑暴露实验人员情况；个人防护装备情况；实验室设施设备运行情况；实验室安全管理情况；生物安全危害制剂存储管理情况；实验人员安全/规范操作情况；动物实验与实验动物规范管理情况；参加实验室工作人员基本情况；菌（毒）种、实验样本泄漏情况；临时停电、雷击、实验室意外坍塌、水灾、失窃等其他实验室意外情况。

流行病学调查是采用以现场调查方法为主，针对出现的感染或泄漏等情况及可能的感染来源、泄漏原因、途径、方式等立即开展相关调查，直至感染或事故原因调查清楚为止。现场调查必须同时由两名以上人员记录和签名，各种记录、书面资料按照要求整理归档保存，相关人员应签字确认。根据流行病学调查获得的信息，及时进行必要的追踪调查。同时，做好必要的样品采集鉴定与分析工作。全部调查结束后，应提出现场流行病学调查报告，相关人员签字确认。

2. 实验室隔离消毒措施　在完成现场调查工作后，实验室负责人应按照“早、小、严、实”的原则负责组织划分和处置现场，对查明或可能存在的污染场所及时进行消毒处置。应根据生物因子特性有针对性地选择和使用消毒剂，确保消毒效果。

发生一般实验室感染或污染的场所，由发现的实验室人员立即进行消毒处置；对事后才发现有污染可疑的，由发现人员立即进行消毒并报告实验室负责人。发生重大实验室感染或污染的，由单位生物安全委员会组织指定专职消毒人员负责实施消毒与处置，并做好实验室消毒处置记录。

3. 病例的救治与隔离治疗　按照“及时转运，首诊负责，分类诊治，设置规范，措施适当”的原则实施医疗救治，做到早预防、早发现、早报告、早隔离、早治疗及防治实验室感染。一旦发现实验室感染或可能出现感染病例的情况，应按照规定要求组织安排专人专车将实验室感染或可能出现感染的病例送至定点医院隔离治疗和医学观察，转运过程中相关人员应做好个人防护工作。

单位生物安全委员会根据情况可向行政主管部门建议医疗机构采取严格的防护措施，使用有效的防护用品，防止医务人员感染。单位相关部门应及时保持与医院方面的联系，掌握病例进展情况。必要时，应每天向单位领导报告患者动态情况，患者病情发生明显变化时，要及时报告。

4. 接触者的判定和医学观察　凡处于同一实验室感染暴露危险因素下的所有接触人群均为接触者。根据接触时间、程度、感染度大小分为密切接触者与一般接触者。

密切接触者一般视生物因子的种类及致病力大小采取留验站集中隔离医学观察，或家庭隔离，隔离场所实施随时消毒和终末消毒。

一般接触者实行自我医学观察，或家庭隔离。每天测体温 1 次，若有异常应立即到就近相应医院隔离诊治。

5. 特殊场所的现场处置

(1)生物安全实验室现场处置：被一、二类病原微生物污染的场所，应选择能有效杀灭相应病原微生物的消毒剂进行消毒，并实施严密的消毒效果监测，达到完全合格后方可再次投入使用。

(2)放射性制剂污染场所的现场处置：按照该放射性元素的危害特性及污染时间状况，在收集、转移污染物后，选定处置现场。

(3)实验生物意外逃离实验环境的现场处置：依据生物的行为能力立即采取紧急封锁与杀灭措施，必要时需对封锁区域进行消毒。

(4)高致病性病原微生物运输途中意外污染场所的现场处置：负责运输的专业人员必须立即报告事发当地疾病预防控制机构，同时报告本单位领导以及当地公安部门。在当地疾病预防控制机构的协助下进行现场消毒与处置，在当地疾病控制机构人员到达现场处置前，应负责保护好现场，防止事态进一步扩大。

五、应急处置的评估

应急处置预案是持续改进的科学决策(图 2-4)。实验室感染或泄漏事件结束后，生物安全委员会应组织有关人员对事件的处置情况进行评估。评估内容主要包括事件概况、现场调查处置概况、感染危险度、人员救治情况、所采取措施的效果评价、应急处置过程中存在的问题和取得的经验及改进建议。通过评估反过来对应急处置预案进行修订，达到持续改进的目的。评估报告必要时上报地方卫生计生行政主管部门。

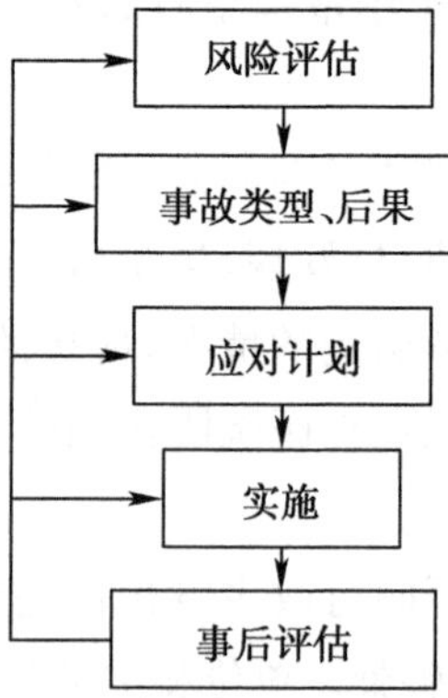

图 2-4 应急处置风险评估的持续改进

(岑 斌 陈树昶)

参考文献

[1] 曹杰，朱莉. 现代应急管理[M]. 北京：科学出版社，2011.

[2] 陈安，陈宁，倪慧荟. 现代应急管理理论与方法[M]. 北京：科学出版社，2009.

[3] GB 19489-2008. 实验室生物安全通用要求[S]. 北京：中国标准出版社，2008.

[4]《国务院有关部门和单位制定和修订突发公共事件应急预案框架指南》国办函[2004]33 号 国务院办公室，2004.

[5] 曹启峰，蒋健敏. 二级生物安全实验室管理体系文件编制实用手册[M]. 杭州：浙江人民出版社，2013.

[6] 蒋健敏，顾华. 疾病预防控制培训管理理论与实务[M]. 杭州：浙江人民出版社，2015.

第三章 实验人员意外事件应急处置

实验室是一个相对独立的区间，在此区间里常存放有大量的实验仪器、化学制剂、生物制剂、微生物和实验动物等。某些实验室，特别是生物安全实验室，为了与外界环境隔绝，实验室通常处于负压状态，造成室内氧气浓度下降。工作人员在此类实验室进行实验时，常面临许多危险。这些危险一方面来自于实验室内的设备与设施，如仪器漏电、实验室缺氧、化学品的泄漏和生物危险因子的暴露等；另一方面来自于实验操作人员自身，如防护意识淡薄，生活习惯不良和体质虚弱等。本章中所指的实验人员意外事件是指工作人员在实验室内意外昏迷或晕倒、意外滑倒、机械性损伤及个人防护意外事件 4 类。为了让实验人员在实验中出现应急事件时能及时应对，本章节对实验人员意外昏迷或晕倒、意外滑倒、机械性损伤及个人防护意外事件的处置进行了描述。

第一节 实验人员意外伤害

实验人员在实验过程中，可能会碰到某些意外情况而出现意外昏迷或晕倒、意外滑倒和机械性损伤等，本节中所及内容主要与人员自身的原因和实验环境因素造成的伤害有关，如低血糖、缺氧、过敏或心、脑血管意外等，在这些意外事件中比较常见的是低血糖或缺氧。在实验室中当出现意外昏迷或晕倒时可按以下的流程进行紧急处置。

一、因低血糖导致的昏迷

低血糖是指人体血浆中葡萄糖浓度低于 2.8mmol/L(500mg/L)的状态，低血糖昏迷是指由于血液中血糖浓度过低而引起的昏迷状态。低血糖昏迷机制主要是低血糖影响了神经系统，尤其是自主神经和脑组织，初期表现为自主神经症状，如心悸、烦躁、饥饿、无力等，严重者大脑皮质受到抑制，从而出现昏迷。低血糖昏迷出现局灶性神经症状、体征的理论基础目前认为是对神经系统产生抑制作用所致，临床上表现相应的局灶性症状和体征，当低血糖纠正后，受抑制的神经功能迅速恢复正常，相应的局灶性神经症状和体征也随之消失，神经系统的选择性易损是发生低血糖偏瘫的重要因素。低血糖反复发作或持续时间较长时，中枢神经系统的神经元可变性与坏死，产生脑水肿伴弥散性出血灶和节段性脱髓鞘，可导致永久性脑功能障碍或死亡。因此早期识别低血糖症，及时采取措施是保护机体内环境稳定的重要因素。

实验室人员低血糖的原因较多，但以连续工作时间过长而未能及时进食，或工作人员身体存在的某些糖代谢紊乱综合征为多见。对明确低血糖昏迷的工作人员，在采取相应的应急处置后，如其意识清晰，可在120急救人员来临前给予口服葡萄糖10～20g；如神志不清者静脉注射葡萄糖20～50g。对静脉注射葡萄糖后仍不见效者，可给予高血糖素1.0mg肌肉注射或皮下注射，然后等待120急救相关人员到场，做后续处置。

（一）处置方法

1. 让昏迷者平卧、头侧向一边，去除口罩保持呼吸道通畅，清除呕吐物，防止误吸引起窒息。

2. 迅速拨打120急救电话，将患者迅速送往医院急救。

3. 在等待120到来前，细心观察病情变化，一旦发现呼吸停止，立即进行人工呼吸。

4. 由于糖尿病引起的昏迷，除了低血糖的原因外，血糖显著升高也可引起高渗性昏迷，所以在昏迷原因不清楚时不要随便给患者喂食糖水，以免加重病情。对明确为低血糖昏迷的，而且意识清晰的工作人员才可喂糖水，且不可给意识不清者喂糖水以免造成呛咳甚至窒息。

（二）处置要点

1. 以人为本，救人为先。尽快将昏迷者移至通风良好的场所并保证其气道通畅。

2. 第一时间向实验室负责人报告、呼叫有处置经验人员或120急救人员对症处置。

3. 处置完成后要及时对实验进行评估并对实验室进行处置与相关情况记录。

（三）处置流程（图3-1）

二、实验室人员缺氧性晕倒

正常的氧代谢是从呼吸系统的通气、气体交换开始的。呼吸过程的任何一个环节发生障碍，都会造成气体交换不充分。这时，人体先将作出代偿性的保护反应。由于神经反射作用或血气的直接作用，可以使呼吸深度增加，继而呼吸频率加快。如果代偿性的反应不能满足机体的需要，就会出现缺氧。于是，动脉血氧分压低于正常水平，同时由于二氧化碳积聚造成的二氧化碳分压高于正常水平，这种现象总称为呼吸功能不全。如果动脉血氧分压低于60mmHg（1mmHg＝0.133kPa），或二氧化碳分压高于50mmHg，就称为呼吸功能衰竭。无论什么原因造成的缺氧，都会改变机体的功能和代谢状态。神经系统对于缺氧最为敏感，即便轻度缺氧也有可能出现智力和视觉的功能紊乱。脑的耗氧量占人体总耗氧量的20％～30％。心脏输出血量的15％都供给了脑。但是，脑组织本身没有供能物质储备，全部依靠脑循环带来新鲜血液里面的氧气来维持生存和执行正常的生理功能。所以，脑组织对缺氧（缺血）的耐受能力最低。脑的慢性轻度缺氧即可引发困倦、注意力分散、记忆力降低等症状，随之出现意识障碍、惊厥、昏睡或昏迷，以至死亡。如果脑的供血供氧完全中断，在8～15秒就会丧失知觉，6～10分钟就会造成不可逆转的损伤。心脏也是耗氧量大、代谢率高和氧储备少的器官，所以对于缺氧也很敏感，最容易受到损伤。严重缺氧和持续缺氧，可使心肌收缩

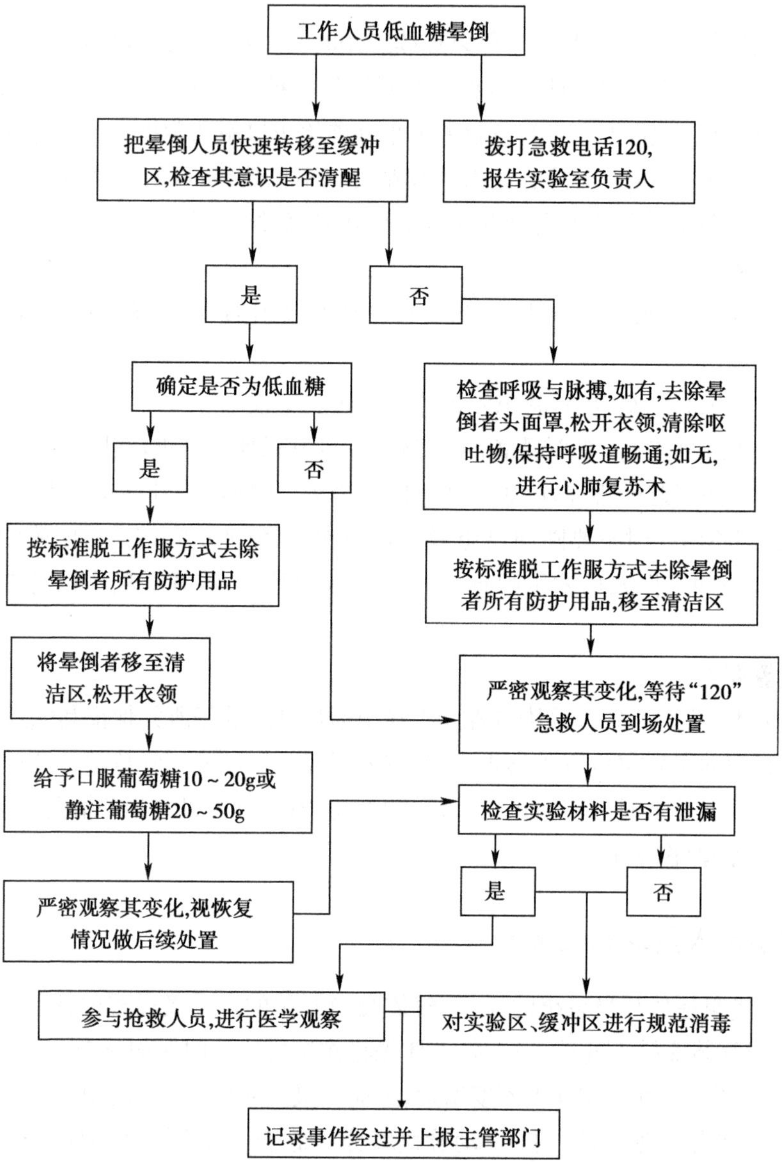

图3-1　低血糖晕倒处置流程图

力降低、心率缓慢、心脏的血液输出量减少,与缺氧症状形成恶性循环,甚至导致心肌细胞变性、坏死。持续的慢性缺氧容易导致发生心力衰竭。严重缺氧直接抑制呼吸中枢,使呼吸减弱,或出现潮式呼吸,甚至呼吸停止。

(一) 实验室工作人员造成身体缺氧的原因

实验室工作人员造成身体缺氧的原因大致可以分为下列几种:

1. 精神压力过大　实验室工作人员因为每天要面对感染的风险及应急的工作任务,心情长时间处于高度紧张状态。根据研究显示,心理因素会影响生理现象。精神压力过大时,耗氧量增加是静止时的2～3倍,如果供氧情况不足,就会影响生理功能的正常运作。

2. 不好的饮食偏好　有些实验室的工作人员由于工作时间紧迫，常常不能准时正常的饮食，养成了吃速食的习惯，而不知节制地过食速食，会造成内脏过量的负担，使体内产生各种有害物质。这一类食物在消化及代谢过程中，会增加身体的耗氧量，如果摄取过量食物会造成身体缺氧。

3. 工作环境因素　实验室工作人员常在环境污染程度较高或长时间在封闭的空调空间里工作，通风不良，氧的供给量自然不足。加上竞争激烈，工作时数及压力较大，影响了多数人正常生理功能，进而造成身体缺氧。

4. 缺少运动　实验室工作人员由于工作负担重常缺少运动。长期缺少运动，心肺功能会慢慢下降，使得人体内的氧气吸收减少，而造成缺氧。

5. 自然环境因素　因森林生态被严重破坏大气中的含氧量减少，破坏氧气来源，供氧机制不足。

6. 工作人员身体的因素　生病、创伤和感染，正常的生理功能受到阻碍，进而使氧气的供应受到影响。

7. 工作人员年龄因素　随着人体的年龄增长可造成体内含氧量下降，人体老化后，吸收氧气的功能也会跟着退化，造成氧的吸收效率下降。

（二）处置方法

1. 让昏迷者平卧、头侧向一边，去除口罩、松开衣领，保持呼吸道通畅，清除呕吐物，防止误吸引起窒息。

2. 迅速呼叫“120”急救电话，将患者迅速送往医院急救。

3. 在等待“120”到来前，将昏迷者移到通风良好的地方，细心观察病情变化，一旦发现呼吸停止，立即进行人工呼吸（附件1）。

（三）处置要点

1. 以人为本，救人为先。尽快将昏迷者移至通风良好的场所并保证其气道通畅。

2. 第一时间向实验室负责人报告、呼叫有处置经验人员或“120”急救人员对症处置。

3. 处置完成后要及时对实验进行评估并对实验室进行处置与记录。

（四）处置流程

处置流程见图3-2。

心肺复苏（CRP）是一个连贯、系统的急救术，各个环节应紧密结合，不间断进行。现场心肺复苏术的步骤如下：

1. 证实　迅速用各种方法刺激患者，确定是否意识丧失，心脏搏动、呼吸停止。主要采取“一看”：看形态、面色、瞳孔；“二摸”：摸股动脉、颈动脉搏动；“三听”：听心音。证实患者心脏停搏后应立即进行抢救。

2. 体位　一般要去枕平卧，将患者安置在平硬的地面上或在患者的背后垫上一块硬板，尽量避免搬动患者。

3. 保证呼吸道畅通　其操作方法是仰额举颌法：一手置于前额使头部后仰，另一手的

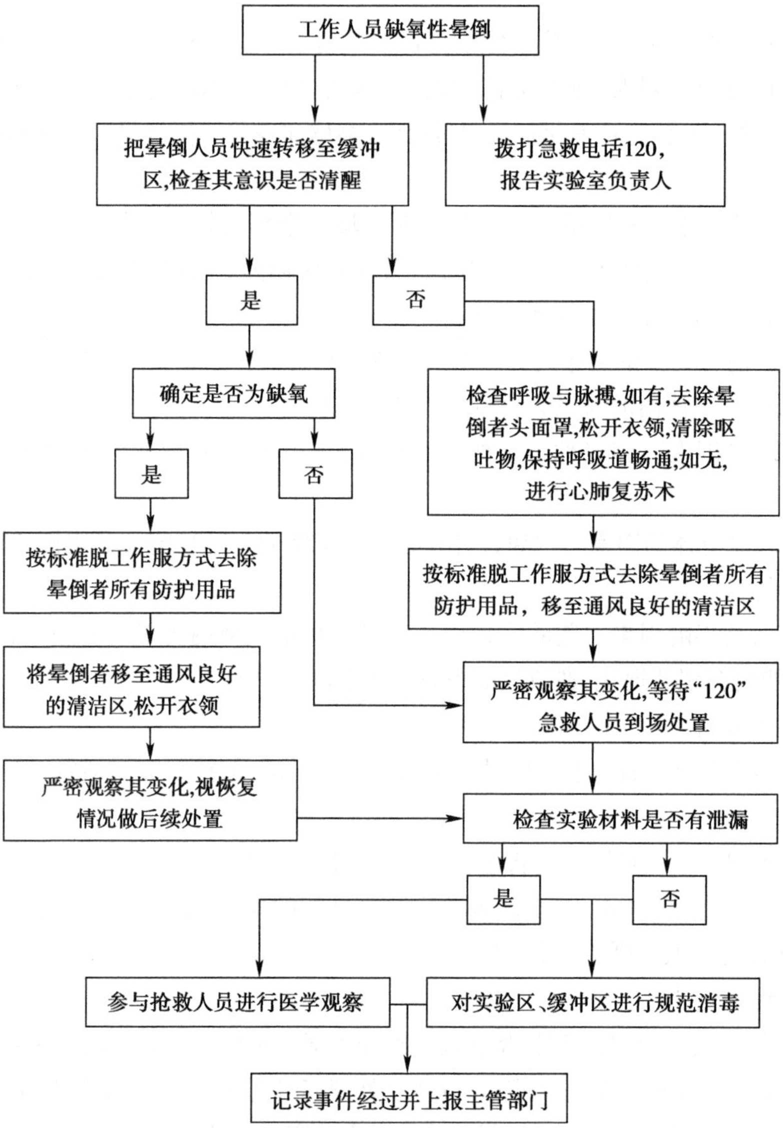

图 3-2 缺氧性晕倒处置流程图

示指与中指置于下颌骨近下或下颌角处,抬起下颌。有义齿托者应取出。

4. 人工呼吸 一般可采用口对口呼吸、口对鼻呼吸、口对口鼻呼吸(婴幼儿)。具体操作方法:①在保持呼吸道通畅的位置下进行;②用按于前额之手的拇指和示指,捏住患者的鼻翼下端;③术者深吸一口气后,张开口贴紧患者的嘴,把患者的口部完全包住;④深而快地向患者口内用力吹气,直至患者胸廓向上抬起为止;⑤一次吹气完毕后,立即与患者口部脱离,轻轻抬起头部,面向患者胸部,吸入新鲜空气,以便作下一次人工呼吸。同时使患者的口张开,捏鼻的手也应放松,以便患者从鼻孔通气,观察患者胸廓向下恢复,并有气流从患者口内排出;⑥吹气频率:12～20 次/分钟,但应与心脏按压成比例,单人操作,心脏按压 15 次,吹气 2 次(15∶2),双人操作按 5∶1 进行,吹气时应停止胸外按压；⑦吹气量：一般正常人的潮气量 500～600ml，目前比较公认的是800～1200 毫升/次，以免引起肺泡破裂。

5. 胸外心脏按压　在人工呼吸的同时，进行人工心脏按压。

(1)按压部位：胸骨中、下 1/3 交界处的正中线上或剑突上 2.5～5.0cm 处。

(2)按压方法：①抢救者一手掌根部紧放在按压部位，另一手掌放在此手背上，两手平行重叠且手指交叉互握抬起，使手指脱离胸壁。②抢救者双臂应绷直，双肩中点垂直于按压部位，利用上半身体重和肩、臂部肌肉力量垂直向下按压，使胸骨下陷 4～5cm(5～13 岁 3cm，婴、幼儿 2cm)。③按压应平稳、有规律地进行，不能间断，下压与向上放松时间相等，按压至最低点处，应有一明显的停顿，不能冲击式的猛压或跳跃式按压，放松时定位的手掌根部不要离开胸骨定位点，但应尽量放松，务使胸骨不受任何压力。④按压频率：传统用 80～100 次/分钟。小儿 90～100 次/分钟，按压与放松时间比例以 0.6∶0.4 为恰当。与呼吸的比例同上述。

(3)按压有效的主要指标：①按压时能扪及大动脉搏动，收缩压＞8.0kPa；②患者面色、口唇、指甲及皮肤等色泽再度转红；③扩大的瞳孔再度缩小；④出现自主呼吸；⑤神志逐渐恢复，可有眼球活动、睫毛反射与对光反射出现，甚至手脚抽动，肌张力增加。

(4)在胸外按压的同时要进行人工呼吸，更不要为了观察脉搏和心率而频频中断心肺复苏，按压停歇时间一般不要超过 10 秒，以免干扰复苏。

三、实验人员意外滑倒

意外滑倒是威胁实验室人员身体健康的一个重要因素。意外滑倒会引起肢体受伤、活动性降低及自理能力和社交能力的下降。导致意外滑倒的因素主要有两方面：一是实验室环境因素，如地面湿滑、实验台及工作椅等放置不合理等；二是工作人员自身的因素，如在从长时间的坐位工作中突然站起时，由于体位的快速改变引起的一过性低血压，引起身体失衡，两腿发软等。对实验室工作人员在实验室内意外滑倒的处置，应视滑倒所致的后果及时准确的进行评估与处置。

(一) 处置方法

1. 工作人员意外滑倒未造成人身损伤，也未引起实验材料泄漏的，工作人员应检查滑倒的原因。如因地面湿滑或设备设施放置不合理等实验室环境因素引起的，应及时报告实验室负责人，消除危险因素。如因自身身体不适的原因，报告实验室负责人，暂停相关的实验工作，检查身体状况，待身体适合实验活动后再进行工作。做好相应事件的记录。

2. 工作人员意外滑倒未造成人身损伤，但引起实验材料泄漏的，工作人员应第一时间报告实验室负责人，并按照意外泄漏材料处置的标准流程进行处置，同时检查滑倒的原因，评估事件对实验室造成污染的风险，然后对实验室进行严格的消毒处置。其他方面的处置方法同上。

3. 工作人员意外滑倒造成人身损伤，但未引起实验材料泄漏的，工作人员如能自行处置的，可自行预处置后，及时报告实验室负责人，按退出实验室程序退出实验室进行医疗救护。如工作人员无法进行自行处置，实验室其他工作人员检查伤者伤情，报告实验室负责人，视严重程度进行处置。如可以就地处置的，实验室其他工作人员先帮助伤者进行处置，如无法处置的，呼叫医疗救护，并按退出实验室的相关程序，将伤者移出实验室，密切观察伤者变化、等待医疗救护。做好相应事件的记录。

4. 工作人员意外滑倒造成人身损伤，并引起实验材料泄漏的，工作人员如能自行处置的，可自行预处置后，及时报告实验室负责人，对泄漏部位及身体可能被污染的部位进行严格消毒处置，按退出实验室程序退出实验室并进行医疗救护。如工作人员无法进行自行处置，同一实验室其他工作人员先检查伤者伤情，报告实验室负责人，对泄漏及伤者身体可能被污染的部位进行严格消毒处置，视严重程度进行处置。如可以就地处置的，同一实验室其他工作人员帮助伤者进行处置，如无法处置的，呼叫医疗救护，并按退出实验室的相关程序，将伤者移出实验室，密切观察伤者变化、等待医疗救护。查找事件发生的原因，评估事件对实验室造成污染的风险，然后对实验室进行严格的消毒处置，做好相应事件的记录。

(二) 处置要点

1. 以人为本，救人为先。工作人员意外滑倒未造成人身损伤，也未引起实验材料泄漏的，工作人员应检查滑倒的原因。

2. 工作人员意外滑倒未造成人身损伤，但引起实验材料的泄漏的，第一时间通知实验室负责人，找准原因，对事件进行评估并做相应的消毒处置，以防再犯。

3. 工作人员意外滑倒造成人身损伤，但未引起实验材料泄漏的，及时报告实验室负责人，按退出实验室程序退出实验室进行医疗救护。

4. 工作人员意外滑倒造成人身损伤，并引起实验材料泄漏的，及时报告实验室负责人，对泄漏部位及身体可能被污染的部位进行严格消毒处置，按退出实验室程序退出实验室进行医疗救护。处置完成后要及时对实验进行评估并对实验室进行处置与记录。

(三) 处置流程

处置流程见图 3-3 和图 3-4。

四、机械性损伤

二级生物安全实验室发生机械性损伤的常见原因包括被污染的针尖刺伤、被锐器或玻璃割伤等。据报道，因针刺伤而感染免疫缺陷病毒(HIV)至少需要 0.1ml 血液，其感染比例为 0.3%。乙型肝炎病毒(HBV)较 HIV 的致病性强，针刺发生时一般只需要 0.004ml 血液就足以使受伤者感染 HBV。另外针刺伤还可以传播一些其他疾病，如疟疾、梅毒、败血症和伤口感染等。实验室如果使用玻璃器皿，玻璃仪器的使用和操作不当，如切割玻璃管或玻璃棒，将玻璃管插入橡皮管或橡皮塞，装配或拆玻璃仪器不规范等，都可能使玻璃仪器破损，致使玻璃碎片割伤手指。

针刺伤或锐器玻璃割伤主要表现为皮肤不同程度的破损和出血，根据锐器的种类、伤口的深浅程度不同、严重程度不一则表现不同。如果被病原体污染的锐器刺伤或割伤，则可能

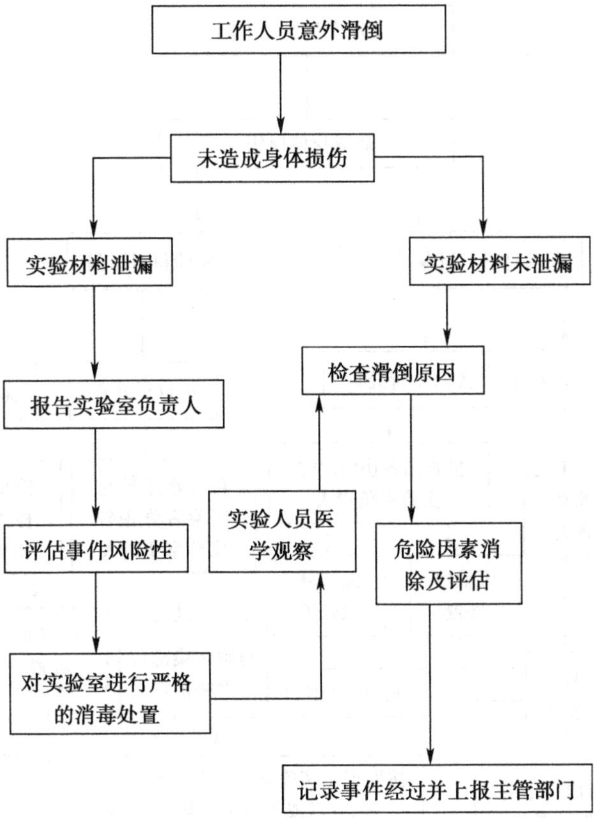

图 3-3　意外滑倒未造成损伤的处置流程图

出现相应的感染症状。

(一) 处置方法

实验人员发生机械性损伤事故时，应立即报告实验室负责人，并按照严重程度进行快速处置。报告时应简要说明发生机械损伤的原因、程度，有无重大危险，以便做好处置方案的实施。接到现场报告后，实验室负责人视事故严重程度立即做出指示或赶赴现场，按照实验室机械性损伤应急处置预案，组织应急处置。

1. 发生事故时实验人员应保持镇静，并立即停止工作，用 70％乙醇进行必要的消毒处置。

2. 脱掉手套，在洗手池处，在同伴的配合下用清水和肥皂水清洗受伤部位。

3. 尽量挤出损伤处的血液，取出急救箱的急救物品，对污染的皮肤和伤口用碘酒或70％乙醇多次擦洗消毒。一般伤口比较浅，没有血管神经损伤，容易止血。伤口周围皮肤用70％乙醇消毒，然后用创可贴或无菌敷料包扎，注意使用创可贴时不要环形缠绕，这样容易造成手指缺血。正确的做法是应螺旋形缠在手指上。另外创可贴也不要包得太紧，过紧压迫手指静脉反而不易止血。

4. 对伤口进行适当的包扎，在同伴的配合下按退出实验室程序退出实验室。

5. 及时送定点医院救治，告知医生受伤的原因及污染的微生物，在具有潜在感染性危

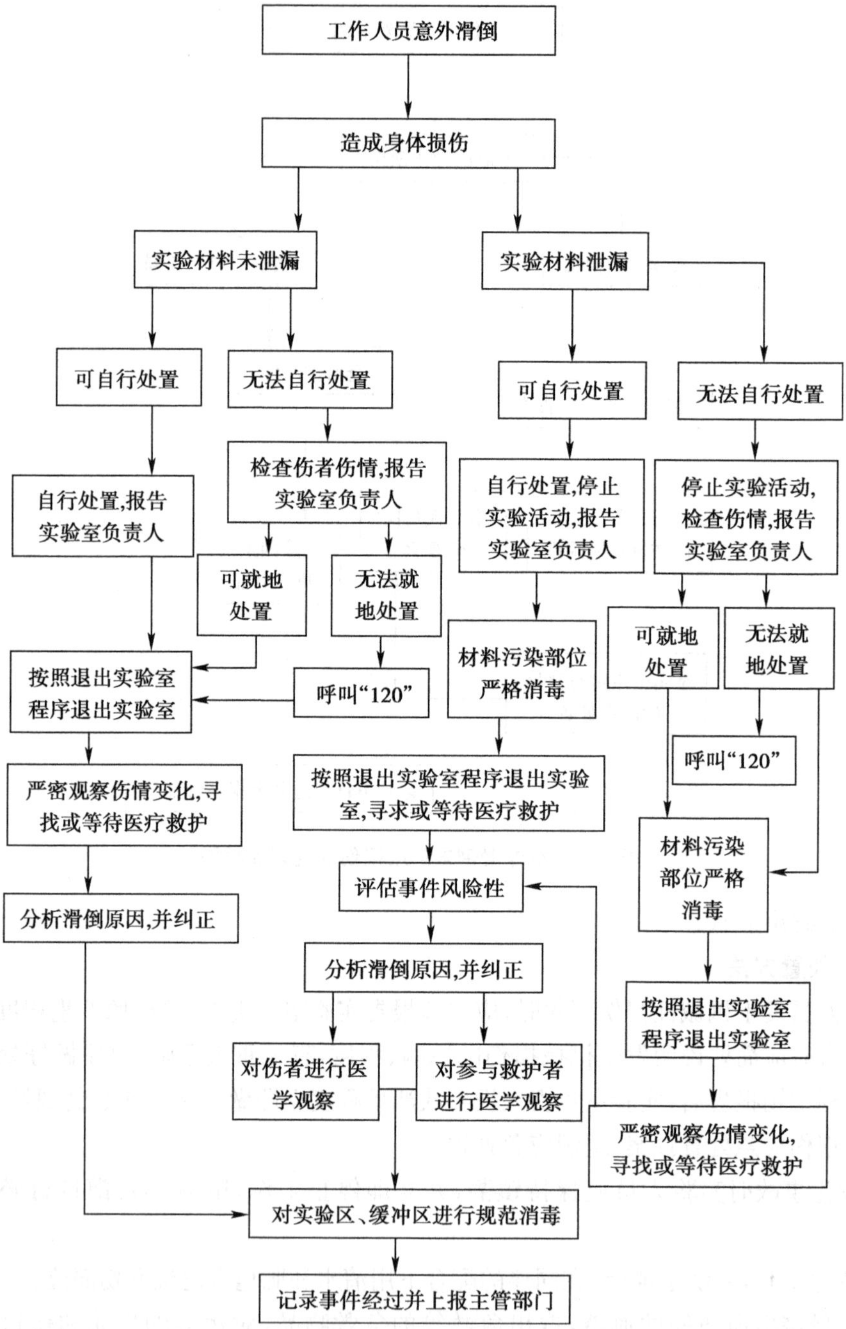

图 3-4　意外滑倒造成损伤的处置流程图

险时,应进行医学观察和处置。

6. 事后记录受伤原因、从事的病原微生物,并应保留完整适当的医疗记录。

(二) 处置要点

1. 建立生物安全实验室机械性损伤的意外事故处置程序和急救方案,确保每位实验人员都能熟悉报告流程和处置程序。

2. 实验室工作人员，包括实验人员、辅助人员、后勤保障人员上岗前均须接受严格的生物安全以及相关操作的技术培训，包括实验室设施、设备、个体防护、操作等培训。同时必须熟悉和严格遵守实验室的管理要求。

3. 尽量避免使用尖锐物品和利器，必须使用时应倒放在耐扎的容器内，使用后收集在特定的带盖的容器内保存至最后消毒处置或毁掉。尽量使用塑料材质的实验物品。禁止将使用后的一次性针头重新套上针头套。禁止用手直接接触使用后的针头、刀片等锐器。

4. 工作人员在进行实验操作过程中，要保证充足的光线，并特别注意防止被针头、刀片等锐器刺伤或者划伤。

5. 实验室应配备专用的工作鞋，鞋面覆盖足背，鞋底防滑。

6. 实验室配备急救箱，箱内需备有下列药剂和用品，以备事故发生时采取急救。消毒剂：碘酒、70％乙醇棉球、甲紫药水、消炎粉和止血粉、创可贴等。

（三）处置流程

处置流程见图 3-5。

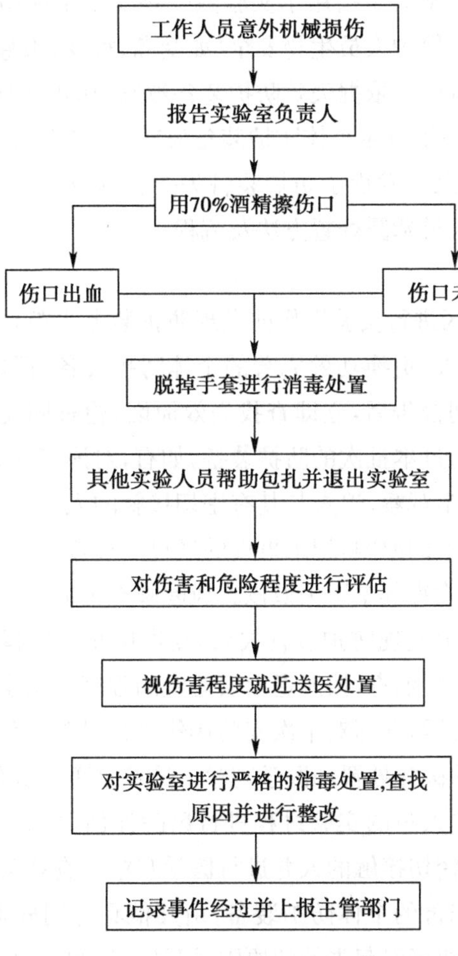

图 3-5　机械损伤的处置流程图

第二节　个体防护意外事件

个体防护意外事件是指实验室内工作人员的个体防护装备（personal protective equipment，PPE）出现效能的缺失而使工作人员处于被伤害状态的危险事件。PPE是指从业人员为防御物理、化学、生物等外界因素伤害所穿戴、配备和使用的各种护品的总称。个体防护可分成3个级别：一般防护（工作服、手套）、严格防护（专用防护服，尽量遮盖暴露皮肤、口鼻等部位）、严密防护（在不妨碍操作和行动的前提下遮盖所有暴露皮肤和面部器官的防护用品）。个体防护装备包括用于头面部保护的防护帽、眼罩和脸罩等，用于呼吸防护的口罩和防毒面具等，用于躯体保护的手套、鞋套、工作服（包括隔离衣、正压工作服、负压工作服和输气工作服等）。本节在对个体防护意外事件应急处置基本流程外，就口罩、手套及工作服的意外事件的处置方法作具体描述。

一、防护装备失效导致的人员暴露

防护装备失效导致的人员暴露是指用于实验室生物安全个体防护的装备过了效期，或因存贮不当造成在效期内失去保护人员生物安全（如受潮、霉变、虫蛀和破损等）而引起的可能造成工作人员个体伤害的事件。依据失效防护装备被发现的时间可将人员暴露分为以下3种：一是在进行工作区前发现了所用个体防护装备失效；二是在实验操作过程中发现防护装备失效；三是在实验操作结束后发现了防护装备失效。本节所述内容为二级生物安全实验室内防护装备失效导致的人员暴露处置方法及流程。

（一）处置方法

1. 工作人员在进入工作区进行实验操作前发现防护装备失效，按照退出实验室的程序退出实验室，报告实验室负责人，更换功效完善的个体防护装备，再进入实验操作区进行实验操作。实验室负责人在接到报告后，立即查找失效原因，检查同类型同批次的防护装备，追踪是否有其他工作人员使用过本批次的防护装备，如有，对该工作人员的实验过程进行风险评估，并对其进行严格的医学观察，追查与其有密切接触的人并对其进行医学观察。更换失效的防护装备，纠正引起失效的原因，记录事件的经过。负责组织本实验室所有工作人员学习，在穿戴防护装备前如何检查其是否失效以将风险降至最低。

2. 工作人员在实验操作中发现防护装备失效，立即中止实验操作密封感染性材料，对失效防护装备所防护的部位进行消毒，按照退出实验室的程序退出实验室，报告实验室负责人。实验室负责人在接到报告后，立即对本次实验操作进行风险评估，依据评估结果决定实验操作者是否需要进行紧急的医疗处置和医学观察。追踪是否有其他工作人员使用过本批次的防护装备，如有，对该工作人员的实验过程进行风险评估，并对其进行紧急医疗处置和严格的医学观察，追查与其有密切接触的人并进行医学观察。查找失效原因，检查同类型同批次的防护装备。更换功效完善的个体防护装备，由其他具有同样资质的工作人员再进入实验操作区，完成实验操作。纠正引起失效的原因，记录事件的经过。负责组织本实验室所有工作人员学习，在穿戴防护装备前如何检查其是否失效以将风险降至最低。

3. 工作人员在完成实验操作后发现防护装备失效，立即对失效防护装备所防护的部位进行消毒，按照退出实验室的程序退出实验室，报告实验室负责人。实验室负责人在接到报告后，立即对本次实验操作进行风险评估，依据评估结果决定实验操作者是否需要进行紧急的医疗处置和医学观察。追踪是否有其他工作人员使用过本批次的防护装备，如有，对该工作人员的实验过程进行风险评估，并对其进行严格的医疗救治及医学观察，追查与其有密切接触的人并对其进行医学观察。查找失效原因，检查同类型同批次的防护装备。更换功效完善的个体防护装备，由其他具有同样资质的工作人员再进入实验操作区，完成实验操作。纠正引起失效的原因，记录事件的经过。负责组织本实验室所有工作人员学习，在穿戴防护装备前如何检查其是否失效以将风险降至最低。

(二) 处置要点

1. 工作人员在进入工作区进行实验操作前发现防护装备失效，按照退出实验室的程序退出实验室，报告实验室负责人，更换功效完善的个体防护装备，再进入实验操作区进行实验操作。

2. 工作人员在实验操作中发现防护装备失效，立即中止实验操作，对失效防护装备所防护的部位进行消毒，按照退出实验室的程序退出实验室，报告实验室负责人。

3. 工作人员在完成实验操作后发现防护装备失效，立即对失效防护装备所防护的部位进行消毒，按照退出实验室的程序退出实验室，报告实验室负责人。

(三) 处置流程

处置流程见图 3-6、图 3-7 和图 3-8。

二、防护装备功能缺陷导致的人员暴露

个体防护装备依据所从事实验活动的风险程度不同分成一般防护、严格防护和严密防护。当工作人员误用低风险实验操作的防护装备来从事高风险实验操作时，由于防护装备本身存在的功能缺陷(如 N95 口罩型号使用不当)可导致人员暴露，其处置方案与流程与防护装备失效引起的人员暴露基本一致。

(一) 处置方法

1. 工作人员在进入工作区进行实验操作前发现防护装备功能缺陷，按照退出实验室的程序退出实验室，报告实验室负责人，更换功能完善、符合实验活动要求的个体防护装备，再进入实验操作区进行实验操作。实验室负责人在接到报告后，立即查找原因，更换功能符合要求的防护装备，追踪是否有其他工作人员使用过功能缺陷的防护装备，如有，对该工作人员的实验过程进行风险评估，并对其进行严格的医学观察，追查与其有密切接触的人并对其进行医学观察。更换功能完善的防护装备，纠正误用的原因，记录事件的经过并上报主管部门。负责组织本实验室所有工作人员学习，在穿戴防护装备前如何检查其功能是否完善以将风险降至最低。

2. 工作人员在实验操作中发现防护装备功能缺陷，立即中止实验操作，对感染性材料

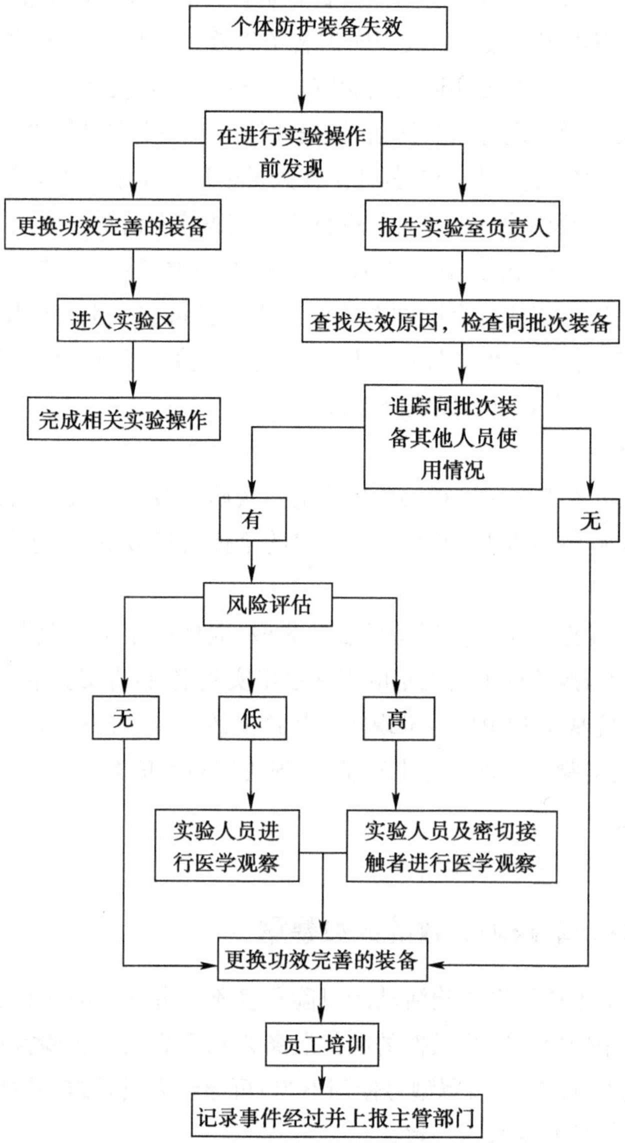

图 3-6　实验操作前发现防护装备失效处置流程图

作密封处理，对缺陷防护装备所防护的部位进行消毒，按照退出实验室的程序退出实验室，报告实验室负责人。实验室负责人在接到报告后，立即对本次实验操作进行风险评估，依据评估结果决定实验操作者是否需要进行紧急的医疗处置和医学观察。追踪是否有其他工作人员也误用了同类型的防护装备，如有，对该工作人员的实验过程进行风险评估，并对其进行紧急医疗处置和严格的医学观察，追查与其有密切接触的人并对其进行医学观察。更换功能完善的防护装备，纠正误用的原因，记录事件的经过并上报主管部门。负责组织本实验室所有工作人员学习，在穿戴防护装备前如何检查其功能是否完善以将风险降至最低。

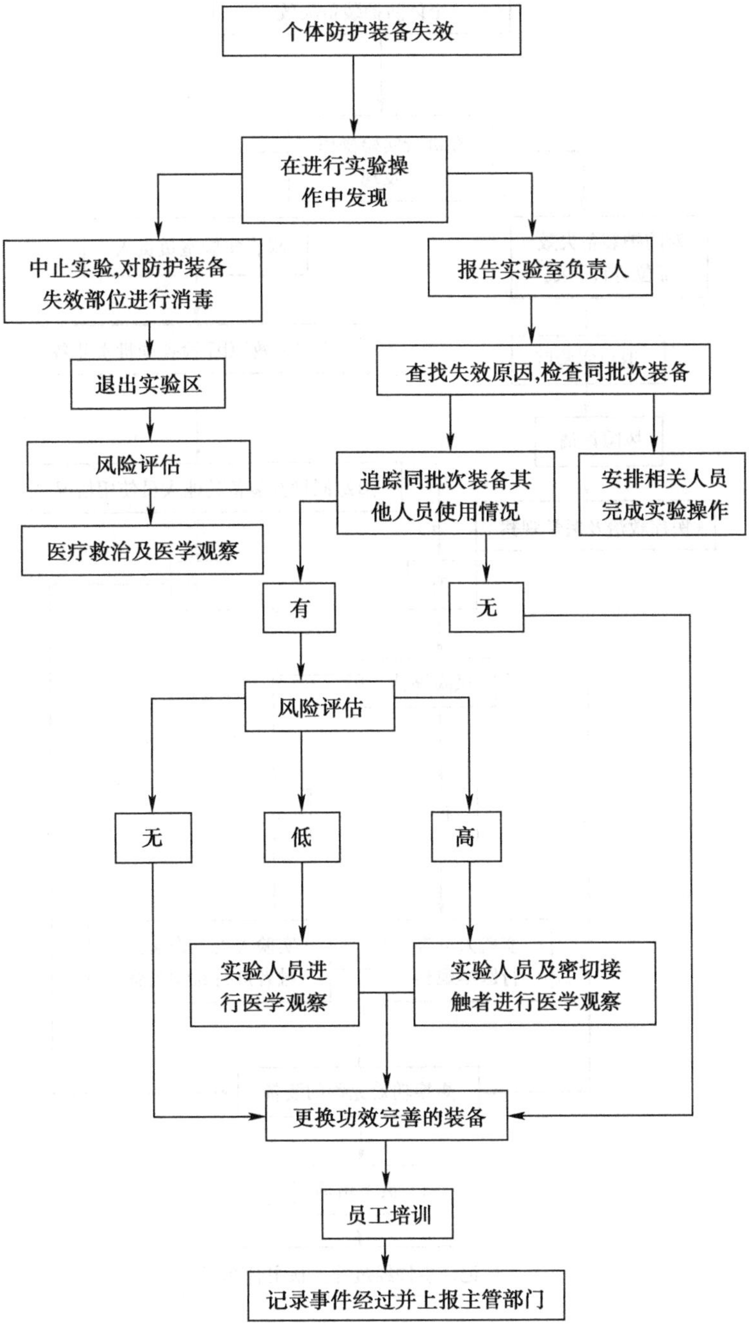

图 3-7　实验操作中发现防护装备失效处置流程图

3. 工作人员在完成实验操作后发现防护装备功能缺陷,立即对功能缺陷防护装备所防护的部位进行消毒,按照退出实验室的程序退出实验室,报告实验室负责人。实验室负责人在接到报告后,立即对本次实验操作进行风险评估,依据评估结果决定实验操作者是否需要进行紧急的医疗处置和医学观察。追踪是否有其他工作人员使用过本批次的防护装备,如

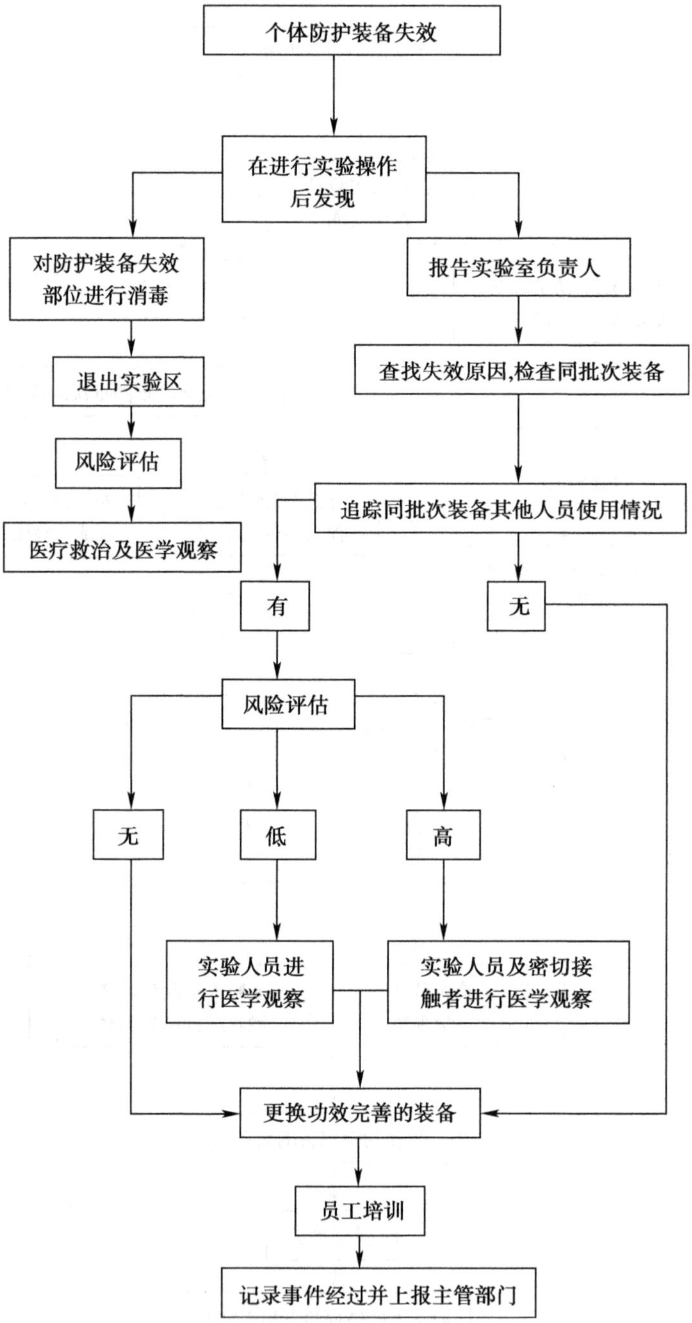

图 3-8　实验操作后发现防护装备失效处置流程图

有，对该工作人员的实验过程进行风险评估，并对其进行严格的医疗救治及医学观察，追查与其有密切接触的人并对其进行医学观察。更换功能完善的防护装备，纠正误用的原因，记录事件的经过并上报主管部门。负责组织本实验室所有工作人员学习，在穿戴防护装备前如何检查其功能是否完善以将风险降至最低。

（二）处置要点

1. 工作人员在进入工作区进行实验操作前发现防护装备功能缺陷，按照退出实验室的程序立即退出实验室，报告实验室负责人，更换功能完善，符合实验活动要求的个体防护装备，报告实验室负责人。

2. 工作人员在实验操作中发现防护装备功能缺陷，立即中止实验操作，对缺陷防护装备所防护的部位进行消毒，按照退出实验室的程序退出实验室，报告实验室负责人。

3. 工作人员在完成实验操作后发现防护装备功能缺陷，立即对功能缺陷防护装备所防护的部位进行消毒，按照退出实验室的程序退出实验室，报告实验室负责人，对实验过程进行风险评估并进行相应处置。

（三）处置流程

处置流程见图 3-9、图 3-10、图 3-11 和图 3-12。

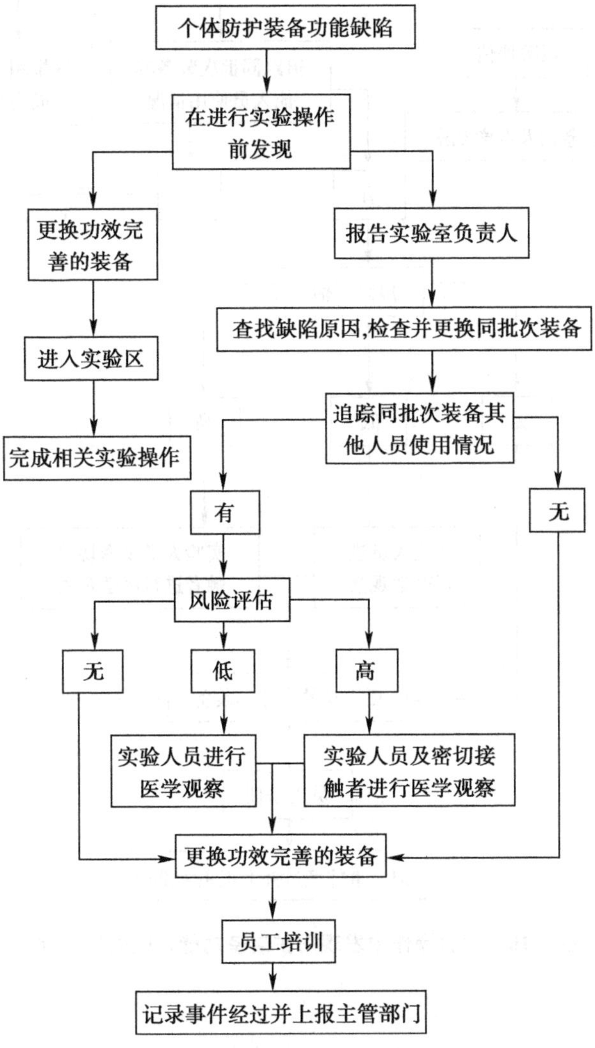

图 3-9　实验操作前发现防护装备功能缺陷处置流程图

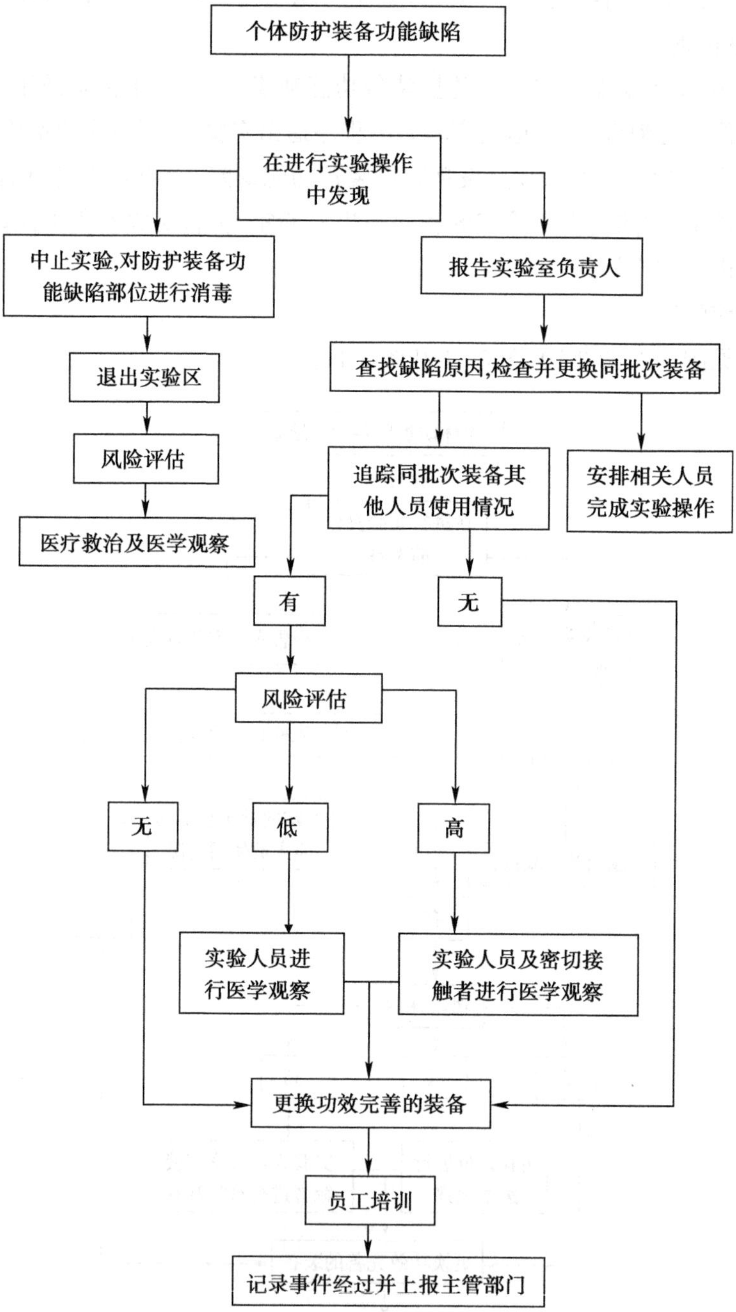

图 3-10 实验操作中发现防护装备功能缺陷处置流程图

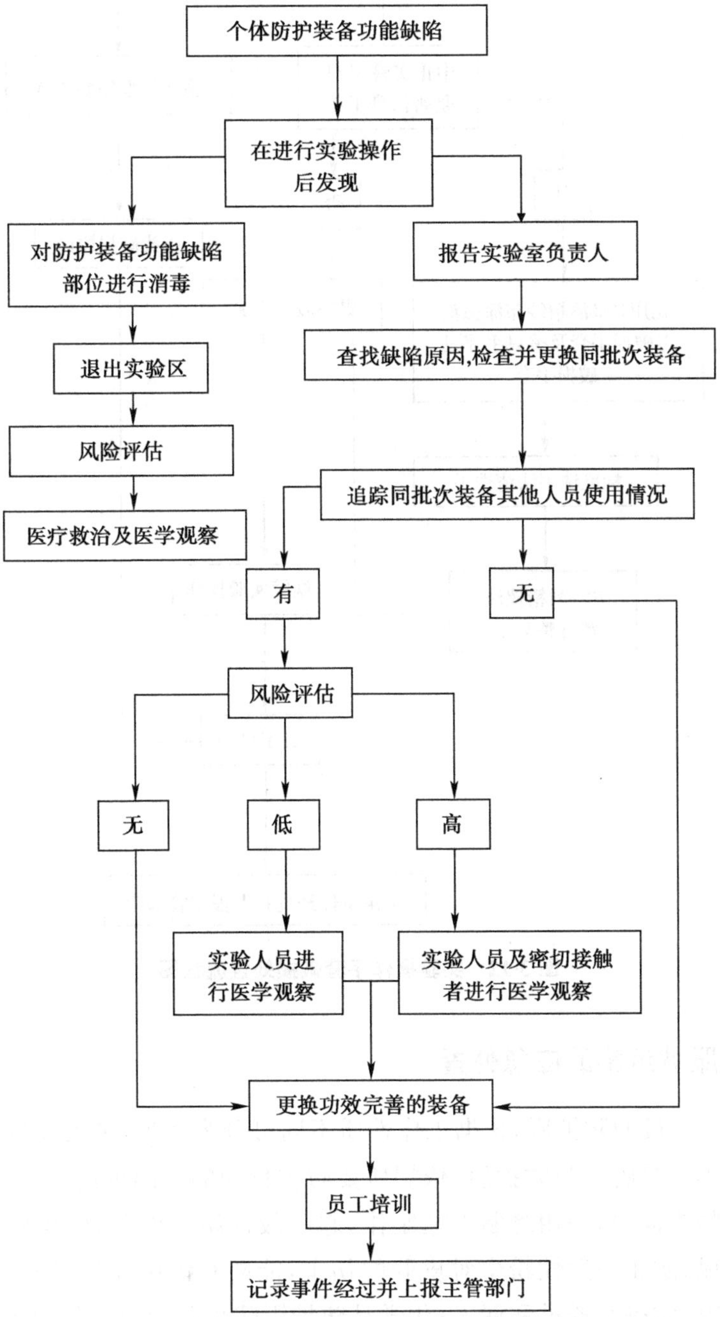

图 3-11　实验操作后发现防护装备功能缺陷处置流程图

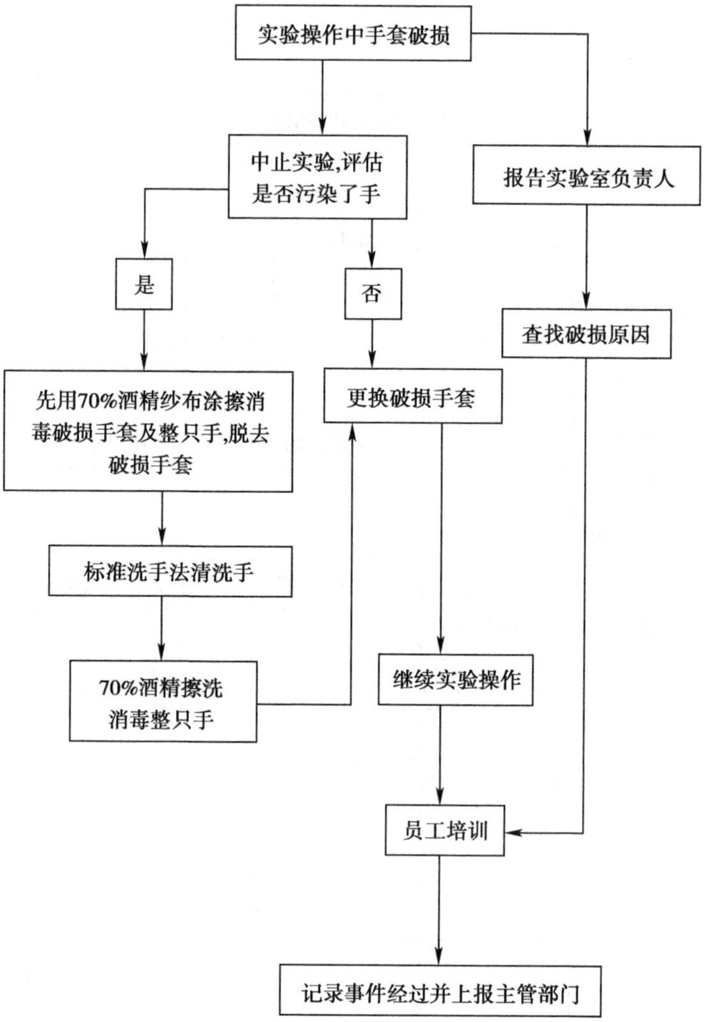

图 3-12　实验操作手套破损处置流程图

三、防护服被污染的应急处置

实验室工作人员的防护服,依据工作性质不同可分为多种,如实验服、隔离衣、连体衣及围裙等。不管是哪一类防护服,依据所要防护目的的不同可由多种材料制成,如一般防护服以织物为面料,采用缝制工艺制作,起一般性防护作用;防尘服以透气(湿)性织物或材料制成,防止一般性粉尘对皮肤的伤害,能防止静电积聚;防水服以防水橡胶涂覆织物为面料,防御水透过和漏入;化学品防护服防止危险化学品的飞溅和与人体接触对人体造成的危害;阻燃防护服用于作业人员从事有明火、散发火花、在熔融金属附近操作有辐射热和对流热的场合和在有易燃物质并有着火危险的场所穿用,在接触火焰及炽热物体后,一定时间内能阻止本身被点燃、有焰燃烧和阴燃等。生物安全实验室使用的防护服以一般防护服及化学品防护服使用的较多。无论是何种防护服,在实验操作过程中被污染时都应该进行处置。

（一）处置方法

1. 工作人员在实验操作过程中防护服被污染，立即中止实验操作，用浸有70%的消毒乙醇的纸巾、纱布或毛巾对被污染的部位进行消毒，检查感染材料是否同时污染了工作台面或实验室，如果污染，对台面或实验室进行消毒。报告实验室负责人，并按标准的退出实验室程序退出实验工作区到缓冲区，检查污染部位污染源是否渗入衣服内层，如果是，脱去外层防护衣，用同样的方法对内层防护衣进行消毒。实验室负责人查找防护服被污染的原因，对本次污染进行评估，依据评估结果对被污染的工作人员进行医疗救治或医学观察，安排其他工作人员完成相应的实验工作，同时对实验室进行消毒。负责组织本实验室所有工作人员学习，纠正错误，将风险降至最低。记录相关事件并上报主管部门。

2. 工作人员在实验操作过程完成后防护服被污染，用浸有70%的消毒乙醇的纸巾、纱布或毛巾对被污染的部位进行消毒，检查感染材料是否同时污染了工作台面或实验室，如果污染，对台面或实验室进行消毒。报告实验室负责人，并按标准退出实验室程序退出实验工作区到缓冲区，检查污染部位污染源是否渗入衣服内层，如果是，脱去外层防护衣，用同样的方法对内层防护衣进行消毒。实验室负责人查找防护服被污染的原因，对本次污染进行评估，依据评估结果对被污染的工作人员进行医疗救治或医学观察，同时对实验室进行消毒。负责组织本实验室所有工作人员学习，纠正错误，将风险降至最低。记录相关事件并上报主管部门。

（二）处置要点

1. 依据实验样品的不同生物学特性，实验室内应备有不同的消毒剂，如70%乙醇、含氯消毒剂等。

2. 依据消毒标准（见本书第十一章中的相关内容）制定不同样品污染后的消毒剂及处置方法和流程。

3. 工作人员在实验操作过程中防护服被污染，必须立即中止实验操作，用浸有70%的消毒乙醇的纸巾、纱布或毛巾对被污染的部位进行消毒，必须检查感染材料是否同时污染了工作台面或实验室，如果污染，对台面或实验室进行消毒，并记录事件过程。

4. 实验结束后必须对操作台面及整个实验空间进行消毒。

5. 必须对实验人员感染风险进行评估，必要时进行医学观察。

（三）处置流程

处置流程见图3-13和图3-14。

四、手套被污染的应急处置

实验室工作人员的手套，依据手套的功能可分为耐高温手套、保暖手套、耐酸碱手套、耐油手套、防滑手套、焊接手套及防阻燃手套；依据手套的材料可分为乳胶手套、橡胶手套、汗布手套、棉毛手套、棉纱手套、帆布手套、摇粒绒手套、牛皮手套、猪皮手套、PVC手套及液体

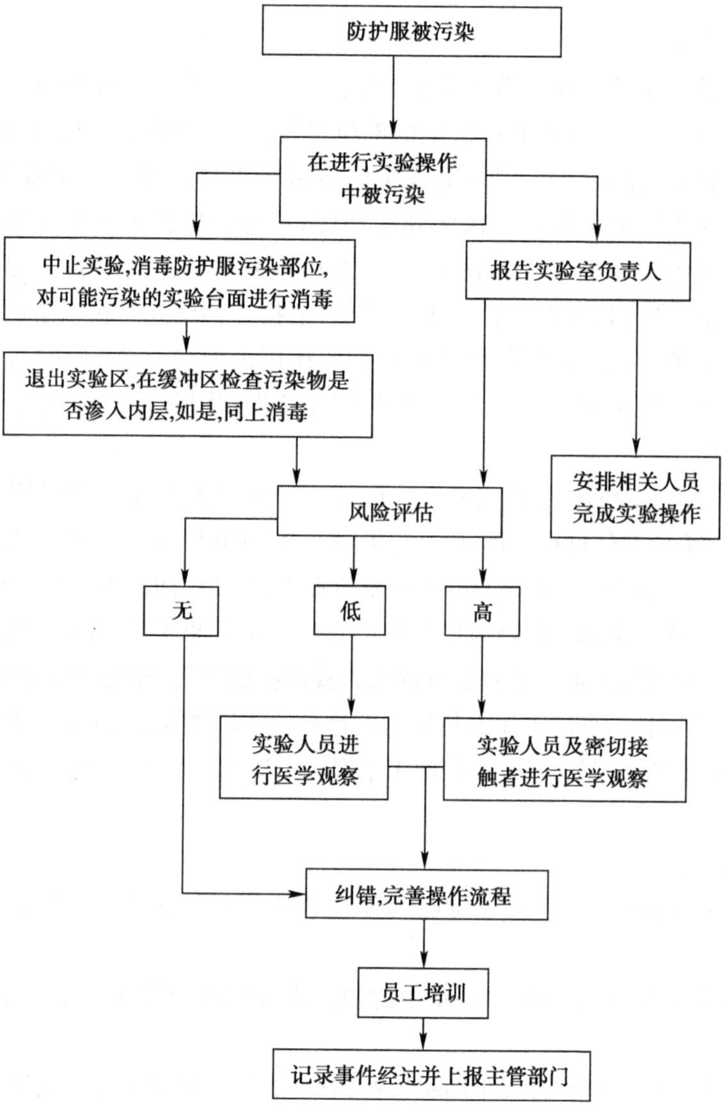

图 3-13 实验操作中防护服被污染处置流程图

手套等。与实验室相关的手套主要功能是阻断各种危险因子如酸、碱、高温和感染等,在生物安全实验室使用最广的是乳胶手套、橡胶手套和 PVC 手套。在实验操作过程中,何种手套被污染时都应该进行处置。

(一) 处置方法

1. 工作人员在实验操作过程中手套被污染,立即中止实验操作,用浸有 70%的消毒乙醇的纸巾、纱布或毛巾对双手所戴的手套进行消毒。

2. 检查感染材料是否同时污染了工作台面或实验器材,如果污染,对台面或实验器材进行消毒。

3. 报告实验室负责人。

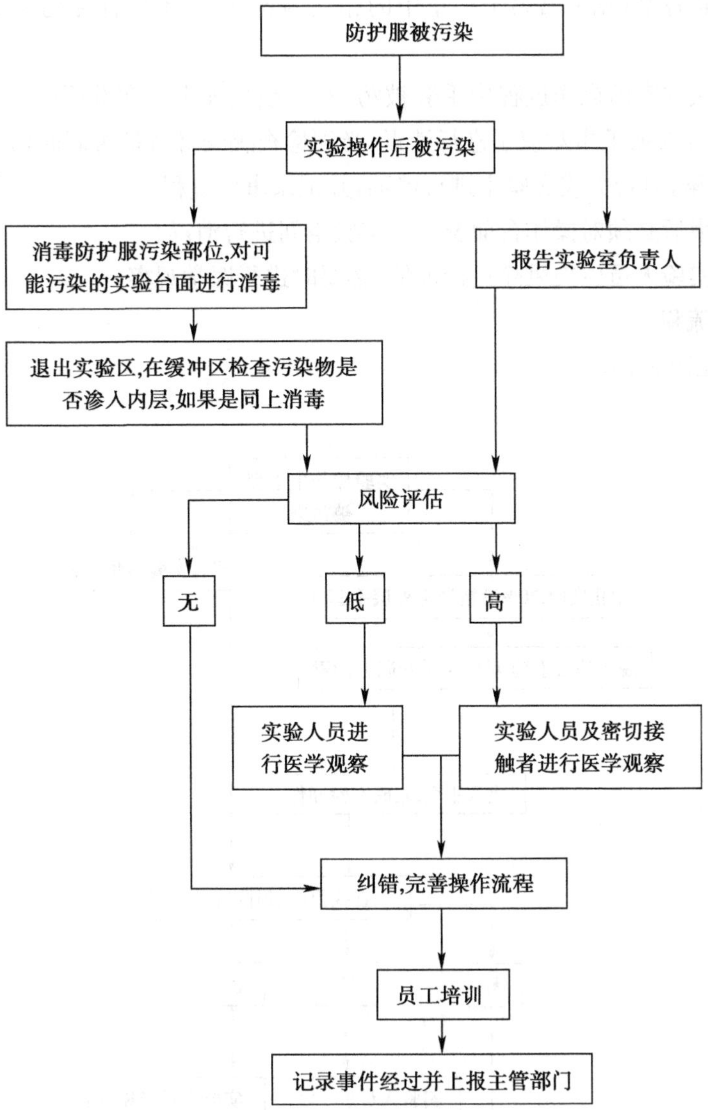

图 3-14　实验操作后防护服被污染处置流程图

4. 如果戴有双层手套,脱去外层手套,用同样的方法对内层手套进行消毒。更换手套后继续进行实验。

5. 实验室负责人协助实验操作人员查找手套被污染的原因,对本次污染进行评估,依据评估结果对被污染的工作人员进行医疗救治或医学观察,同时对实验室进行消毒。

6. 负责组织本实验室所有工作人员学习,纠正错误,将风险降至最低。记录相关事件并上报主管部门。

(二) 处置要点

1. 依据实验样品的不同生物学特性,实验室内应备有不同的消毒剂,如 70%乙醇、含氯消毒剂等。

2. 依据消毒标准(见本书第十一章中的相关内容)制定不同样品污染后的消毒剂及处置方法和流程。

3. 工作人员在实验操作过程中手套被污染,必须立即中止实验操作,用浸有70%的消毒乙醇的纸巾、纱布或毛巾对双手进行消毒,必须检查感染材料是否同时污染了工作台面或实验室,如果污染,对台面或实验室进行消毒,并记录事件过程。

4. 实验结束后必须对操作台面及整个实验空间进行消毒。

5. 必须对实验人员感染风险进行评估,必要时进行医学观察。

(三) 处置流程

处置流程见图3-15。

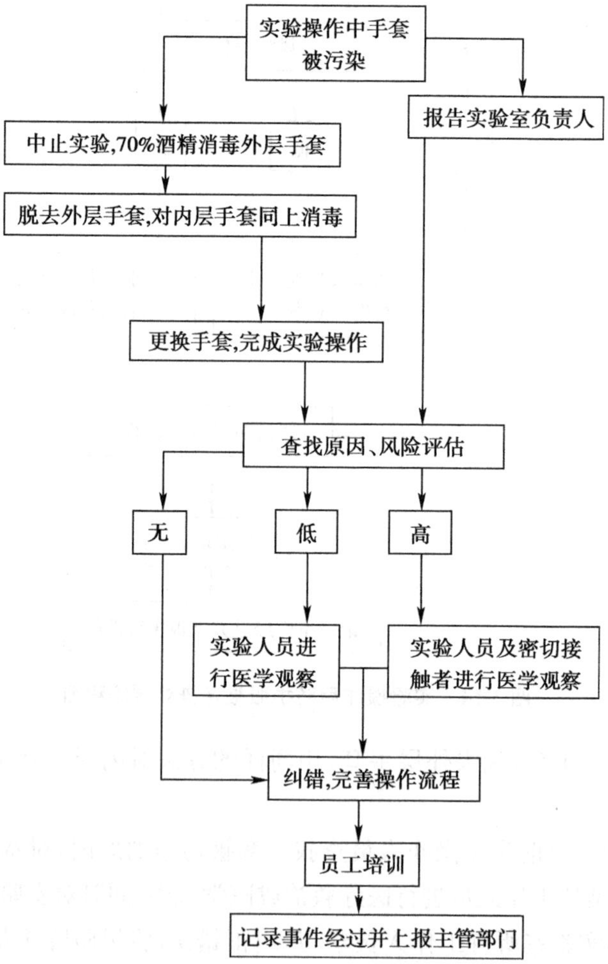

图3-15　实验操作中手套被污染处置流程图

五、口罩被污染的应急处置

口罩的主要功能是保护操作人员的呼吸系统免受各种危险因子的损害，依据美国国家职业安全卫生研究院（NIOSH）的分类标准，将口罩中间这层滤网的材质分为下列3种：①N系列：N代表not resistant to oil（非耐油），可用来防护非油性悬浮微粒，时限8小时。②R系列：R代表resistant to oil（耐油），可用来防护非油性及含油性悬浮微粒，时限8小时。③P系列：P代表oil proof（防油），可用来防护非油性及含油性悬浮微粒，无时限。非油性颗粒物包括煤尘、水泥尘、酸雾、焊接烟、微生物等；油性颗粒物则包括油雾、油烟、焦炉烟等。N系列的口罩又可分为3个等级，N95等级表示最低过滤效率95％；N99等级表示最低过滤效率99％；N100等级表示最低过滤效率99.97％。目前在临床实验室用的主要为N95系列口罩。实验室工作人员可依据实验操作的类型选择合适的口罩，在工作中防护口罩被污染时必须进行处置。

（一）处置方法

1. 工作人员在实验操作过程中口罩被污染，立即中止实验操作，尽量屏住吸气，迅速脱去外层污染手套，然后退到缓冲阀，再脱下污染的口罩；用浸有70％的消毒乙醇的纸巾、纱布或毛巾擦洗口罩所戴部位（如口、鼻部及鼻腔内部）至少3次，再用冲眼器，自来水冲洗口鼻部至少3分钟，再用浸有70％的消毒乙醇的纸巾、纱布或毛巾擦洗。

2. 检查感染材料是否同时污染了工作台面或实验器材，如果污染，对台面或实验器材进行消毒。

3. 报告实验室负责人。

4. 退出实验室，重新穿戴个人防护装备后，继续进行实验。

5. 实验室负责人协助实验操作人员查找口罩被污染的原因，对本次污染进行评估，依据后评估结果进行医疗救治或医学观察，同时对实验室进行消毒。

6. 负责组织本实验室所有工作人员学习，纠正错误，将风险降至最低。记录相关事件并上报主管部门。

（二）处置要点

1. 依据实验样品的不同生物学特性，实验室内应备有不同的消毒剂，如70％乙醇、含氯消毒剂等。

2. 依据消毒标准（见本书第十一章中的相关内容）制定不同样品污染后的消毒剂及处置方法和流程。

3. 工作人员在实验操作过程中口罩被污染，必须立即中止实验操作，用浸有70％的消毒乙醇的纸巾、纱布或毛巾对双手进行消毒后立即取下污染的口罩，必须检查感染材料是否同时污染了工作台面或实验室，如果污染，对台面或实验室进行消毒，并记录事件过程。

4. 实验结束后必须对操作台面及整个实验空间进行消毒。

5. 必须对实验人员感染风险进行评估，必要时进行医学观察。

（三）处置流程

处置流程见图 3-16。

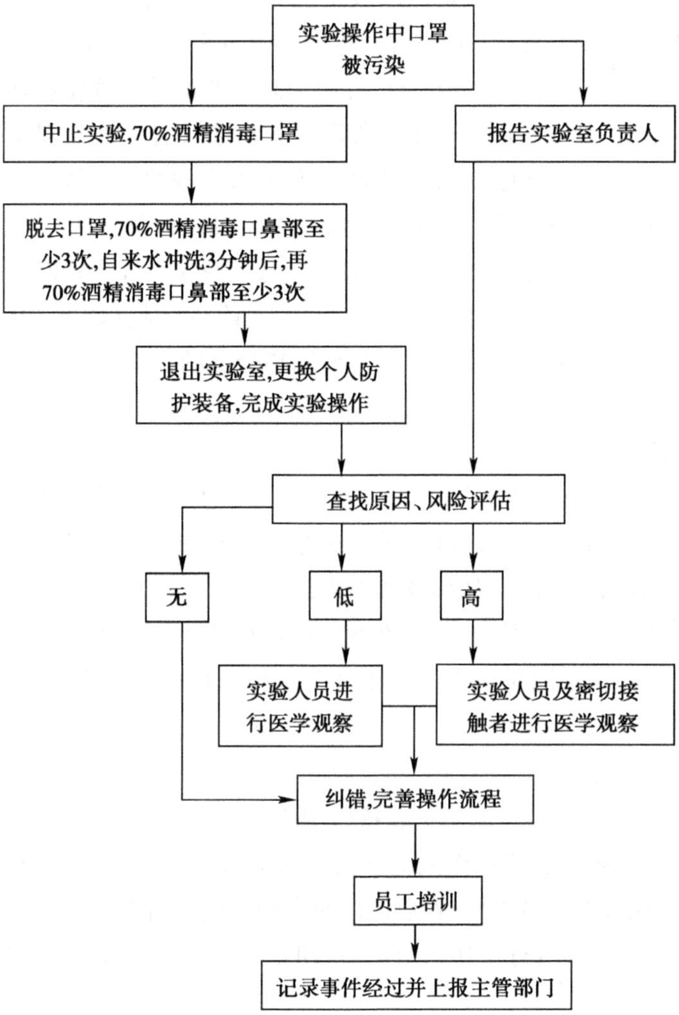

图 3-16　实验操作中口罩被污染处置流程图

（吕火烊）

参 考 文 献

[1] 个体防护装备选用规范(GB-T11651-2008).

[2] Tachi T, Yokoi T, Goto C, et al. Hyponatremia and hypokalemia as risk factors for falls[J]. Eur J Clin Nutr, 2014, 17. doi: 10. 1038/ejcn. 2014. 195.

[3] World Health Organization. Laboratory biosafety manual. 3rd ed. ISBN 92 4 154650 6 (LC/NLM classification: QY 25) WHO/CDS/CSR/LYO/2004. 11.

[4] World Health Organization. Laboratory biorisk management for laboratories handling human specimens suspected or confirmed to contain avian influenza A(H7N9) virus causing human disease Interim recom-

mendations. 2013.
[5] 张美珍，杨锋，白怡椿. 滑倒机制及预防[J]. 中国康复医学杂志，2012，27(3)：279-283.
[6] 于学忠. 协和急救医学[M]. 北京：科学出版社，2011.
[7] NIOSH. Implementing Respiratory Protection Programs in Hospitals：A Guide for Respirator Program Administrators. 2015，8.

第四章

实验室设施设备事件应急处置

2009 年 10 月 23 日下午，某高校 5 号教学楼微生物实验室，两名学生正在跟两名调试工程师学习刚买回来不久的实验仪器——厌氧培养箱的操作技巧，另一名老师也在从事自己的实验，突然一声巨响，厌氧培养箱在调试过程中发生气体爆炸，约 $40m^2$ 的实验室内，几乎所有玻璃器皿均被震碎，两侧的玻璃门也被震坏，一片狼藉，实验室内有 5 人被玻璃碎片划(割)伤，鲜血直流，值得庆幸的是，5 人均无生命危险。

第一节　实验室设施设备

实验室硬件设施、检测设备和安全防护装备是实验活动的基本条件。实验室设施设备不仅是实验检测结果准确性和可靠性的保障，也直接关系到实验环境和人员的安全与健康。

实验过程中使用设施设备可能会出现各种各样的故障或意外情况，可能会带来人员伤害、感染因子泄漏等不同程度的风险。实验室设施设备发生各种问题也是在所难免的，关键是如何有效应对和控制风险，如何将风险控制在最小范围，把危害降低到最低限度。

为了有效应对实验室意外事件，事前应制定意外事件处置程序，使实验室一旦发生各种意外事件后能够科学、规范、快速和有效地处置。实验室意外事件处置的原则以确保安全为前提，首先应控制风险源，判断事件的类型，然后根据事件的特征开展应急处置，处置要做到科学、规范、准确、熟练、快速和有效，并采用经消毒灭菌效果验证的方法和技术消除风险源。

一、实验室设施

生物安全实验室的设施建设应符合《生物安全实验室建筑技术规范》和《实验室生物安全通用要求》的要求，不同防护级别的实验室对选址要求是有区别的，如 BSL-1 和 BSL-2 实验室对选址没有严格的要求，而 BSL-3 和 BSL-4 实验室则有严格的专业要求。生物安全实验室在平面布局(常压和负压二级生物安全实验室平面布局分别见图 4-1 和图 4-2)，气流组织及污水、气体的排放等方面应充分考虑环境保护、病原微生物控制和人员健康等要求。

在平面布局上应和办公区域及其他公共区域进行有效隔离，应尽量设置在人流物流少的区域，即实验室末端区域。在送、排风方面应特别注意送风口和排风口的位置，防止产生涡流或乱流，甚至逆向气流，各区之间应有一定的压力梯度。根据要求负压二级生物安全实验室相邻区域的气压压差须保持在 10～15Pa，核心操作区的压力应达到－20Pa～－30Pa，并确保气流从洁净区域向污染区域单向流动。而 BSL-3 和 BSL-4 实验室由于涉及的病原微生物危害等级较高，因此对气流组织和压力梯度有更高的要求。为了保证实验室有稳定的电力供应，确保关键设备的有效运行，应配备足够容量的不间断电源（UPS）或备用电源，必要时设立断电报警装置。

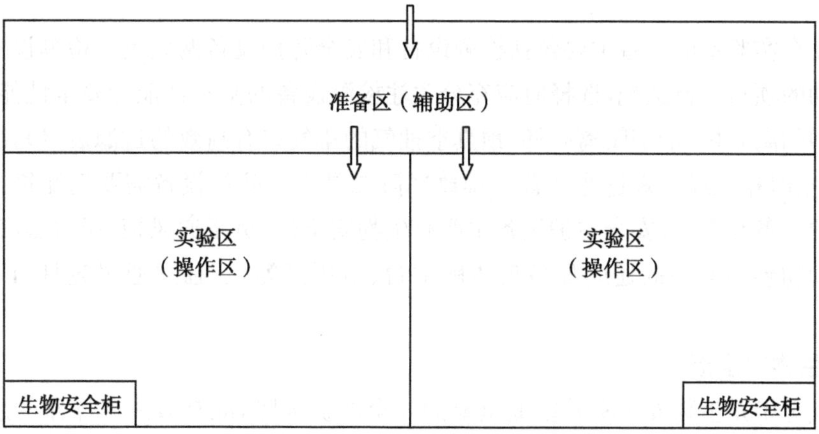

图 4-1　常压 BSL-2 平面布局示意图

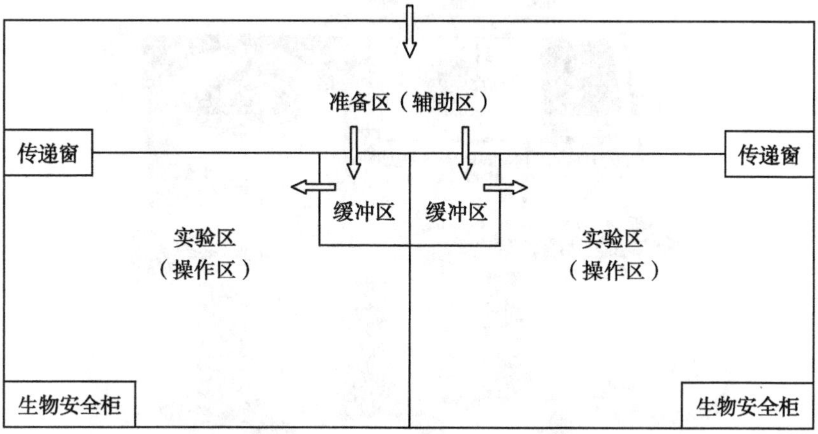

图 4-2　负压 BSL-2 平面布局示意图

实验室的硬件设施在运行过程中，如果设计存在缺陷以及使用和维护不当也会出现各种各样的意外事件，如围护结构出现裂缝造成实验室内部气体外泄，带来病原微生物或其他感染性材料的外泄或扩散，影响实验室周围环境的安全；实验室在运行过程中突然出现断电，导致实验室内部气压出现失衡（如负压消失，甚至导致内部压力高于外部压力，引起病原微生物向外部扩散的风险）；实验室的送、排风系统在运行中出现故障（如果排风机出现故障停止运转或送、排风机联动失效），如果送风机仍继续送风则可导致实验室出现正压，而将实验室内部的病原微生物往实验室外部“赶”，造成感染性因子外泄，也可能造成围护结构的损坏；如果是送风机出现故障，排风机继续工作则可能导致实验室内部出现过大的负压值，同样可造成围护结构出现裂缝导致安全问题。虽然实验室在设计时考虑到了这些问题，但难以绝对避免，一旦发生此类事件，迅速、有效地应对才是最重要的。

二、实验设备

生物安全实验室的设备主要包括检测设备和安全防护设备两大类。检测设备一般应根据实验活动的项目进行选配，选择时应充分关注检测设备的基本性能和安全性能，如应选择生物安全型的离心机（带密闭离心杯、预真空抽气的排气口有高效的过滤装置），冷冻真空干燥机（抽真空时排气经高效过滤装置后排放）等；二是安全防护设备需要选配符合国家相关标准要求的设备和型号，安全防护设备主要有生物安全柜、负压通风柜、压力蒸汽灭菌器等，如果涉及动物感染实验的还应配备负压解剖台、负压换笼机、独立通风笼具（IVC）等专业设备。

（一）生物安全柜

生物安全柜是生物安全实验室最重要的安全防护屏障，能有效隔离操作的感染性因子和实验人员，起到保护实验人员、实验环境及实验样本不受污染的作用。生物安全柜工作原理和生物安全外接排风管道分别见彩图 4-3 和图 4-4。生物安全柜分成 3 个级别，即一级、

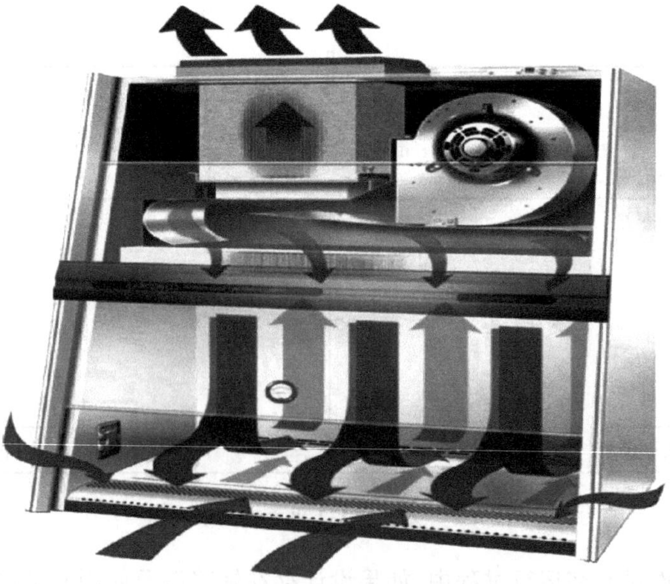

图 4-3　生物安全柜原理示意图

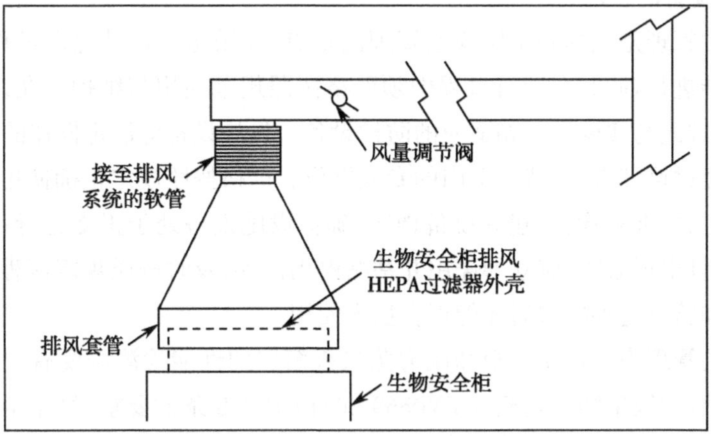

图 4-4　生物安全外接排风管道示意图

二级和三级生物安全柜，其中二级生物安全柜又分成 4 种型号，即 A1、A2、B1 和 B2 型。每个级别的生物安全柜可以用于不同等级的生物安全实验室，一般二级生物安全实验室大多使用二级生物安全柜，至于选用哪种型号的生物安全柜，则取决于每个实验室开展的实验活动的项目和涉及的危害因素，如实验活动中不涉及有毒有害气体和放射性核素时，则可以考虑选用 A1 或 A2 型生物安全柜，如果会涉及放射性核素或有毒有害、刺激性挥发性气体的则应考虑选择 B1 或 B2 型生物安全柜。

（二）压力蒸汽灭菌器

压力蒸汽灭菌器在生物安全实验室的主要作用是对实验废弃的材料、器具及废弃物等进行消毒灭菌，防止实验室内部的感染性因子，随这些物品被带出实验室造成扩散和环境污染。

根据冷空气排放方式的不同，压力蒸汽灭菌器分为重力置换式压力蒸汽灭菌器和预真空压力蒸汽灭菌器两大类。重力置换式压力蒸汽灭菌器也称下排气式压力蒸汽灭菌器，其灭菌原理是利用重力置换，使热蒸汽在灭菌器中从上而下，将冷空气由下排气孔排出，排出的冷空气由饱和蒸汽取代，利用蒸汽释放的潜热使物品达到灭菌效果；预真空压力蒸汽灭菌器的灭菌原理是利用机械抽真空的方法，使灭菌柜室内形成负压，蒸汽得以迅速穿透到物品内部进行灭菌。根据抽真空次数的多寡，分为预真空和脉动真空两种，后者因多次抽真空，空气排除更彻底，效果更可靠。

各实验室可根据实际需要进行选配，尤其要根据所要灭菌的物品种类和性质选用合适类型的灭菌器，禁止选择直接下排气式压力蒸汽灭菌器，因为这种下排式压力蒸汽灭菌器会造成腔体内的感染性材料泄漏，导致空间污染或人员感染，因此，一般要求采用蒸汽内循环的压力灭菌器。另外，当进行一些液体类废物灭菌时，也不能选择脉动真空的压力蒸汽灭菌器，否则会导致液体飞溅等意外情况发生。压力灭菌器是实验室生物安全控制的关键设备，选型一定要正确，选配时尽量选择性能稳定、质量可靠、灭菌效果有保证、维护方便和售后服务好的品牌。

（三）设施设备的管理

设施设备的管理是生物安全实验室管理的重点，在设施的设计建设过程中应严格按照国家的有关标准进行，同时在运行过程中须严格按照规范使用与维护。在设备选型上应充分调研和论证，选配与实验活动相适应的防护设备。设施设备应制定操作的 SOP，贵重精密的设备要指定经过培训考核，持证上岗的专人操作。严格按照规定正确使用设备，定期对其进行维护和检定、校准和检测，建立设备档案，确保设施设备处于正常运行状态。设备不得“带病”工作，一旦出现故障，应立即停用并粘贴停用标签，及时按照规定流程进行修复，修复后应经过检测和验收达到要求后才能再次投入使用。

安全设备的管理中生物安全柜和压力蒸汽灭菌器的性能检测需要有专人定期负责，生物安全柜应按照《二级生物安全柜》（YY0569-2011）中 7.5 条款要求，每年至少检测 1 次，另外，生物安全柜移动位置，更换高效过滤器，生物安全柜维修后等均应进行检测，符合要求后才能再次投入使用。应按照《小型压力蒸汽灭菌器灭菌效果监测方法和评价》（GB/T30690-2014）及《实验室生物安全认可准则对关键防护设备评价的应用说明》（CNAS CL-053-2014）定期对压力蒸汽灭菌器进行灭菌效果监测与检测，定期由专业部门对灭菌器的压力表及内壁耐压性能等进行检定和检测，以确保压力蒸汽灭菌器的灭菌效果及安全性，防止病原感染因子的扩散与实验室意外安全事故的发生。

第二节　设施意外事件的应急处置

实验室设施是实验室生物安全的基础，没有良好的设施基础条件，难以保证实验室生物安全。合理的平面布局、严密牢固的围护结构和科学的气流组织（送、排风）是避免病原微生物感染性物质污染环境和实验人员被感染的基本要求，特别是良好的送、排风设计是保护实验人员和实验环境的根本措施。二级生物安全实验室气流组织见图 4-5。

实验室设施建设方面，为了确保系统安全有效运行，在各方面采取了很多控制和预防措施，如送、排风机的备用、不间断电源（UPS）的配备及专人管理、维护等，但也很难保证一定不会出现问题。当遇到诸如断电，送、排风机故障及控制系统等意外情况时，需要我们能按照事先制定的处置流程，及时有效地处置。

一、送、排风系统故障

（一）处置方法

当送、排风系统出现故障时，首先应立即将感染性物质的容器加盖密封，关上生物安全柜前窗玻璃门及切断相关设备的电源；然后立即向实验室主任报告，说明情况；和实验室外部人员联系了解断电原因，如果是跳闸等短时间断电，则等恢复供电后再恢复实验，但应采取适当措施防止感染性因子扩散。如果有备用电源，应要求外部后勤保障人员切换到备用电源。如果没有备用电源且一时无法恢复供电时，应结束实验活动，并按照规定退出程序退出实验室，等恢复供电送、排风机正常运行后再进入实验室进行消毒整理等后续工作。如果

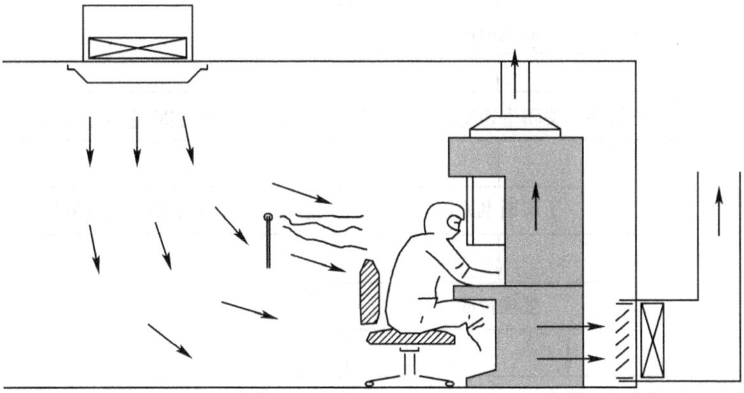

图 4-5　BSL-2 实验室气流组织示意图

是短时间停电，等恢复供电后，重新启动送、排风系统，等待气流稳定后再恢复实验操作，实验完成后按照正常程序退出实验室。如果需要修复送、排风系统的，则应等系统修复后并证实正常后才能恢复实验活动；按照要求填写实验室事故处置记录。

（二）处置要点

1. 应尽快将开放的感染性材料的容器进行密封。

2. 应立即关闭电源，以防后续恢复供电时造成设备或人员伤害。

3. 判断是短时间停电还是长时间断电。

4. 根据不同情况采取不同的处置要求。

（三）处置流程

处置流程见图 4-6。

二、实验室围护结构出现泄漏

实验室的屏障作用是通过围护结构和相关防护设备、防护用品实现的，围护结构是防止病原微生物扩散到外周环境的主要屏障，围护结构须保持密封，才能将病原微生物等感染性物质控制在最小范围内。一旦围护结构因为开裂、胶水老化，压力过大等原因而出现裂缝，承受不了外部压力导致围护结构发生泄漏等问题时，病原微生物就会直接从实验室控制区“逃逸”到实验室外部，进而可能导致人员感染和环境污染，可见，发生围护结构泄漏会导致十分严重的生物安全问题，必须引起高度重视。

实验室围护结构是将感染性物质限定控制在最小范围的重要物理隔离措施，一般情况下较少发生围护结构泄漏，发生围护结构泄漏的主要原因是围护结构密封性不好、在围护结构上安装插座、管道等部位密封措施不到位、实验室内部负压过大，因内外压差过大超过围护结构承受范围，导致围护结构出现裂缝，还有就是使用年限过长，密封材料老化等导致的泄漏等，除了在建设时应做好密封措施外，使用过程中的维护也十分关键，一旦发生围护结构泄漏时，应按照以下方法和程序进行处置。

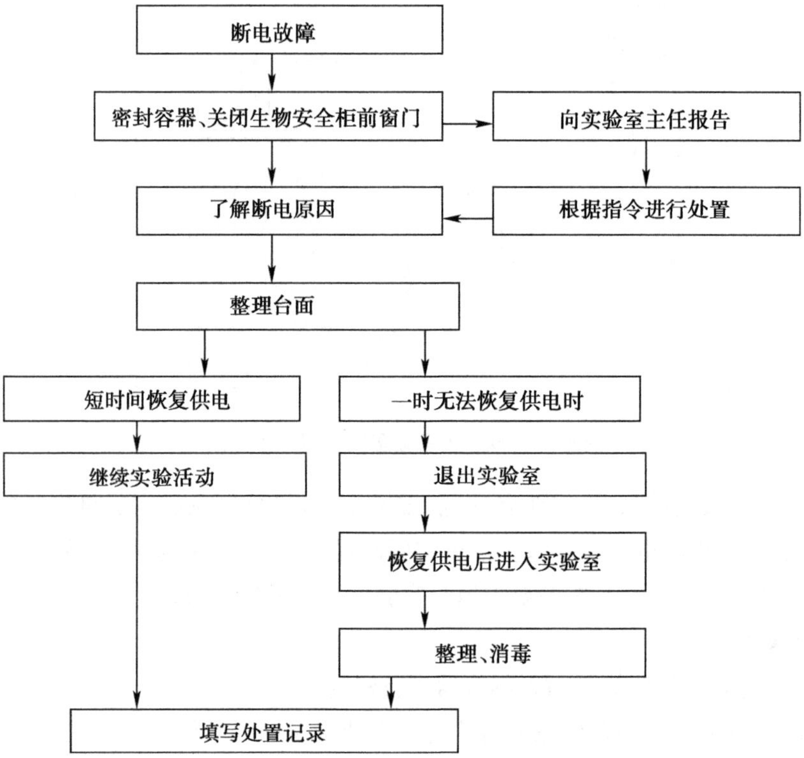

图 4-6　断电事故的处置流程图

(一) 处置方法

如果发现围护结构发生裂缝或其他形式的泄漏时，首先应立即停止实验活动，迅速盖上呼吸道感染性材料容器的盖子，对感染性废弃物进行包装密封，并向实验室主任汇报，然后按照要求整理工作台面，对台面进行消毒，按照规定程序退出实验室。封闭实验室，门口放置警示牌，防止他人误入。然后对实验室进行全面的终末消毒，消毒完成后再对围护结构进行维修，维修结束后应按照相关标准进行检测验收，验证密封性能，符合要求后再投入使用。同时需要记录整个处置过程。

(二) 处置要点

1. 首先应立即停止实验活动，并将感染性材料加以密封。
2. 在实验室门口放置警示牌，防止他人误入。
3. 立即关闭送、排风系统，防止病原微生物进一步扩散。
4. 维修后应通过现场检测符合要求后才能再次投入使用。

(三) 处置流程

处置流程见图 4-7。

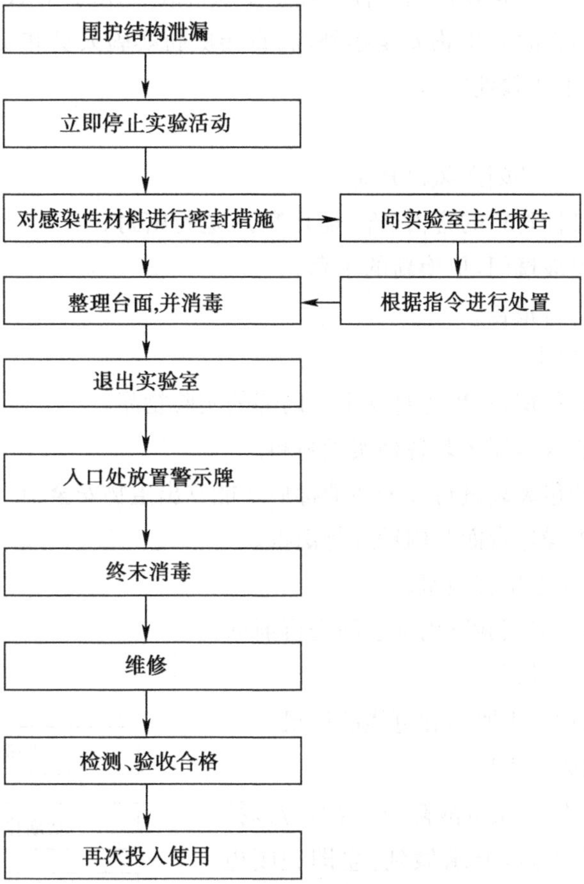

图 4-7　围护结构发生泄漏处置流程图

第三节　安全防护设备意外事件的应急处置

生物安全实验室会涉及各种不同风险和危害程度的病原微生物实验活动，为确保实验人员和环境安全，需要配置相应的安全防护设备将病原微生物控制在最小范围，防止其和实验人员接触及“逃逸”到实验外周环境中。安全防护设备主要有生物安全柜、负压通风罩、压力蒸汽灭菌器及动物实验室的独立通风笼具(IVC)、换笼机及负压解剖台等。在使用过程中如果发生故障或错误操作，都可能给实验人员和实验环境带来危害和风险。一旦出现这些问题则需要我们按照事前制定的处置流程按部就班地进行处置，防止事态进一步扩大。

一、生物安全柜

(一) 排风机故障

一般情况下生物安全柜的送、排风机是联动的，排风机先于送风机开启，而后于送风机关闭，如果排风机没有启动，送风机也就无法启动，但是一旦发生实验室断电，送、排风机联动失效的故障，如生物安全柜在使用过程中发生排风机故障，就会导致生物安全柜内部形成正压，将感染性材料“挤压”到生物安全柜外面，直接威胁实验人员和实验环境的安全，遇到这种情况时应按照以下步骤处置。

1. 处置方法

(1)立即切断电源或关闭送风机开关。

(2)将开启的感染性材料的容器(管)盖上盖子，进行密封。

(3)关闭前操作窗玻璃门，更换新的手套。

(4)按规定程序进行报告。

(5)静止 30 分钟以上。

(6)缓慢打开前操作窗，整理生物安全柜内部的实验物品。

(7)用专用废物袋或容器包装各种实验材料。

(8)对包装容器和包装袋进行外表面消毒后才能拿出生物安全柜。

(9)对生物安全柜操作台面和内壁进行消毒。

(10)按照正常程序退出实验室。

(11)恢复供电后须对实验室内部空间进行消毒。

(12)记录事故处置过程。

(13)分析评价事故发生原因和可能的后果。

(14)进行整改和风险再评估。

2. 处置要点　发生排风机故障，处置时应以控制感染性材料外溢为重点，要求做到：立即关闭电源，避免继续送风，造成进一步的外溢，其处置要点如下。

(1)立即关闭安全柜电源开关，防止突然供电带来的风险。

(2)迅速将敞开的感染性材料的容器盖子盖上。

(3)尽可能短时间里关闭生物安全柜的前操作窗的门，静止 30 分钟以上。

(4)对包装材料外部和生物安全柜内部消毒，清除污染。

3. 处置流程　见图 4-8。

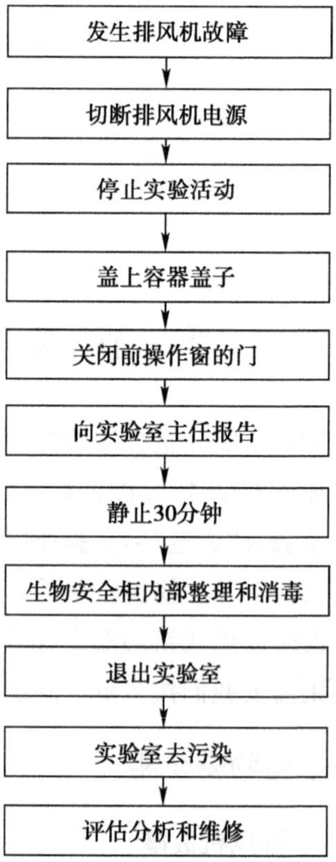

图 4-8　排风机故障处置流程图

(二) 感染性物质外溢

在实验操作和样本转运过程中有可能发生感染性材料的泄漏和溢洒，这里主要讨论在生物安全柜内部发生感染性材料的泄漏和溢洒，发生溢洒和泄漏有可能是大量的或少量的，处置要求有所不同。针对不同的溢洒和泄漏，应采取不同的处置要求。

1. 少量溢洒或泄漏的处置　当在生物安全柜内操作感染性材料，发生少量感染性材料溢洒或泄漏时，应按照以下方法进行处置。

(1)处置方法：首先应立即采取有效措施控制污染范围的进一步扩大，用事先准备的沾有消毒剂的纸巾或纱巾覆盖污染区域，然后往纸巾或纱巾上倾倒适量的消毒剂，消毒 30 分钟，同时向实验室主任报告；然后用镊子等工具，将各种碎片、纸巾或纱巾清理到盛有消毒剂的废液缸里，然后用干的纸巾或纱巾擦干台面上的液体，再用沾有清水的纸巾或纱巾清洗台面，直至干净为止，关闭前操作窗的门，继续紫外消毒 30 分钟。

记录处置过程，对事故发生原因进行分析总结，采取进一步的预防措施，并重新进行风险评估。

(2)处置要点：发生泄漏或溢洒，首先应尽快采取措施，防止污染进一步扩大，如果泄漏量较多时，应在覆盖消毒纸巾的同时，倾倒适量的消毒液。

如果使用 75%乙醇溶液时，应避免使用明火或电器开关，防止发生爆燃事故。消毒纸巾覆盖消毒至少保持 30 分钟以上。

(3)处置流程：见图 4-9。

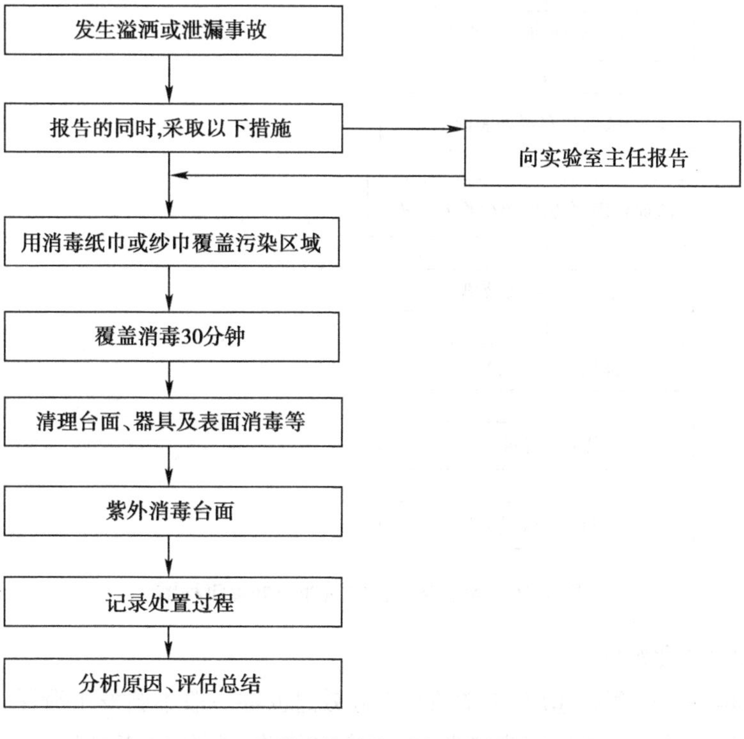

图 4-9　少量感染性物质外溢处置流程图

2. 发生大量泄漏的处置　当在生物安全柜内操作感染性材料，发生大量感染性材料泄漏，且感染性液体进入生物安全柜后部集液槽里时，应按照以下程序进行处置。

(1)处置方法：先用沾有 75%乙醇消毒液的纸(纱)巾覆盖污染区域，并在纸(纱)巾上倾倒适量的消毒液；对受污染的器具和物品的外表面进行消毒，能浸泡的尽量浸泡消毒；消毒完经包装后拿出生物安全柜，然后再在台面上倾倒一定量的消毒液，直至消毒液灌满集液槽，脱去外层手套，换上新手套，关上生物安全柜前窗的门，关闭风机开关，静止消毒 30 分钟后，启动风机，打开前窗门，用镊子等工具清理台面上的纸片等碎物；打开生物安全柜集液槽的手动阀，将集液槽中的废液放入废液桶内；用沾有消毒液的纱巾再次擦拭台面和内壁，然后用沾有清水的纸(纱)巾擦拭台面和内壁及集液槽内部，直至干净为止。记录处置过程，事后对事故进行分析评估，提出改进措施。

(2)处置要点：①立即停止实验活动，迅速控制污染面，防止污染进一步扩散；②应在台面倾倒一定量的消毒剂，直至灌满集液槽进行浸泡消毒，如果使用 70％乙醇溶液消毒时，应远离火源，避免启动或关闭设备电源，防止发生爆燃事故。

(3)处置流程：见图 4-10。

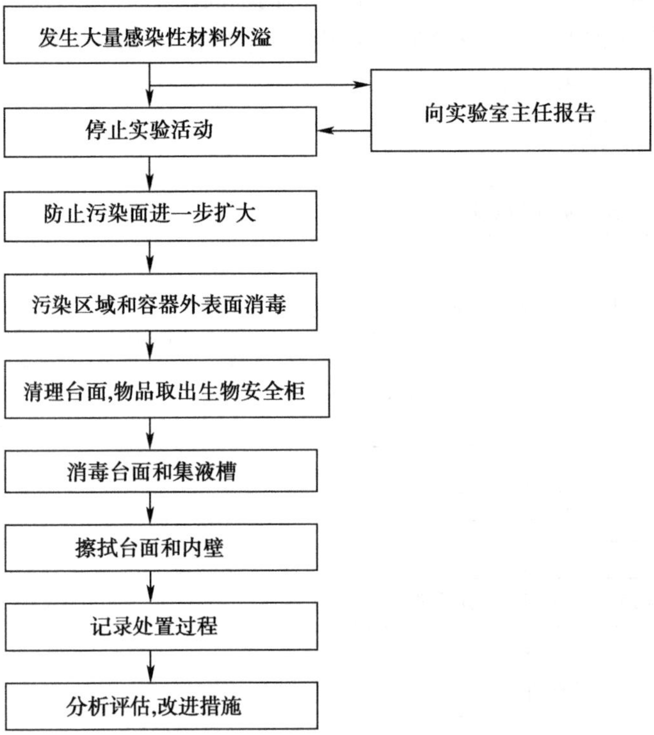

图 4-10　大量感染性物质外溢处置流程图

(三) 高效过滤器泄漏

生物安全柜安装检测后起用，正常情况下高效过滤器一般不会发生泄漏，但当生物安全柜内使用高火焰酒精灯或者使用尖锐器具，更换或移动、维护、消毒过程中可能会损伤高效过滤器，导致感染性材料泄漏，一旦发现这种情况应立即按照以下程序进行处置。

1. 处置方法

(1)立即关闭电源。

(2)停止实验操作。

(3)立即将敞开的容器或样本管等进行密闭处置。

(4)向实验室主任报告。

(5)将感染性材料从生物安全柜中取出(外表面消毒)。

(6)对生物安全柜内部、高效过滤器及排风管道进行终末消毒。

(7)更换高效过滤器。

(8)对新的高效过滤器进行完整性检测。

(9)检测合格后再投入使用。

2. 处置要点

(1)应停止实验操作。

(2)将敞开的实验材料容器立即盖盖密闭。

(3)应对生物安全柜、高效过滤器及排风管道进行终末消毒,然后再更换新的高效过滤器,并对高效过滤器进行完整性检测,符合要求后才能再次投入使用。应提醒维修人员做好个体防护措施。

3. 处置流程　见图 4-11。

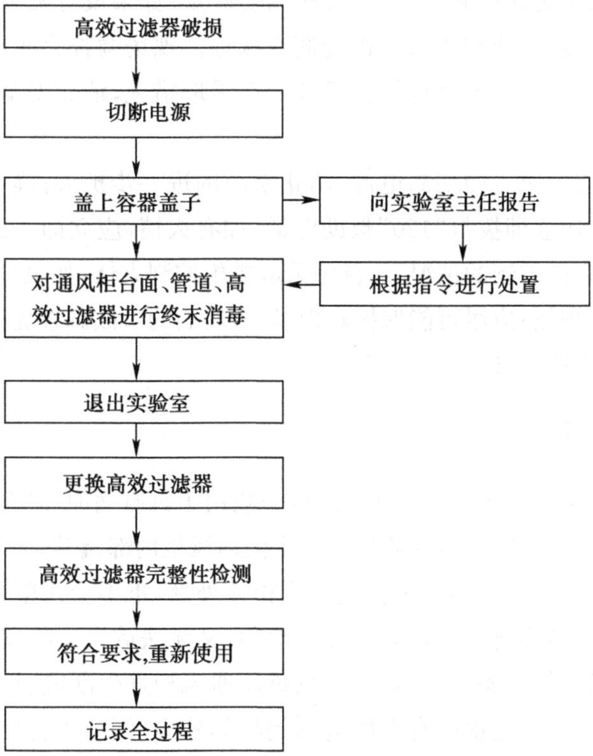

图 4-11　高效过滤器泄漏处置流程图

二、压力蒸汽灭菌器

压力蒸汽灭菌器主要用于固体实验废弃物的消毒灭菌,避免实验室内部感染性因子扩散到实验室外部，避免对实验人员和实验环境的影响。压力蒸汽灭菌器是一种压力容器，使用过程中具有一定的安全风险，如发生爆炸、性能缺陷导致灭菌不彻底造成病原微生物扩散等，因此，应严格按照规定要求使用及维护，灭菌效果的监测以及安全性能检测，确保灭菌效果和防止发生爆炸等安全事故。

压力蒸汽灭菌器发生爆炸

压力蒸汽灭菌器发生爆炸的主要原因有安全阀没有定期检验或测试，发生锈蚀、堵塞，在高压时无法排气泄压；灭菌器控制系统不稳定或压力、温度传感器发生偏离，造成灭菌器长时间超压工作；超期限使用或壁体受损，壁体无法承受设计的压力；使用不符合国家标准的产品等。这些原因都有可能造成使用过程中的安全事故。一般情况下，按照以下程序进行处置。

1. 处置方法　实验室一旦发生压力蒸汽灭菌器爆炸事故，首先应立即切断电源，停止压力蒸汽灭菌器的运行，如有人员伤害，应立即组织对受伤人员进行救治，同时立即向实验室主任报告，启动应急预案并保护好现场；如有火情发生，应第一时间向“119”报警，视现场火情情况（具体参见后述“火灾”章节的要求进行处置）在条件允许的情况下对火情进行控制，如果情况紧急，火势无法控制时，应立即撤离实验室；如果没有发生火情和人员伤害，应关闭电源后保护好现场，等待相关人员进场调查取证。现场调查完成后及时清理现场的残留物品；事后应对爆炸发生的原因进行分析评价并采取措施，消除安全隐患，防止同类事故再次发生。

2. 处置要点　首先应立即切断电源，防止事故的进一步扩大；确认现场有无人员受到伤害，如有人员受伤，应立即拨打“120”救助电话；如有火情，应立即通过“119”报警，并判断火情是否可以控制，在能控制的情况下，首先采取措施控制火情；如果确定火情无法控制时，人员应立即撤离事故现场；应尽可能保护好现场，为后面的事故调查提供真实原始的现场。

3. 处置流程　见图 4-12。

三、负压通风柜

负压通风柜（彩图 4-13）是一种防护设备，一般用于具有病原体实验操作的实验室。负压通风柜相对于实验室是负压的，气体从实验室向通风柜内部流动，而且排出的空气是经过高效过滤器过滤的，因此，病原因子不会逃逸到柜体外部，也不会污染环境。当操作一些病原因子的实验过程中，需要离心、震荡或超声、混匀，又无法放入生物安全柜进行时，需要将这些设备放在负压通风柜中操作。但是，一旦负压通风柜发生断电、机械故障、高效过滤器发生破损等情况时，病原微生物就有可能逃逸到柜体外面，污染实验环境，造成实验人员感染等风险和事故。

（一）排风机故障

当负压通风柜发生排风机故障时，会导致柜体内的空气无法排到室外（可能含有病原微生物），并导致病原微生物外溢，污染实验环境，对实验人员产生威胁。其处置方法如下：

1. 处置方法

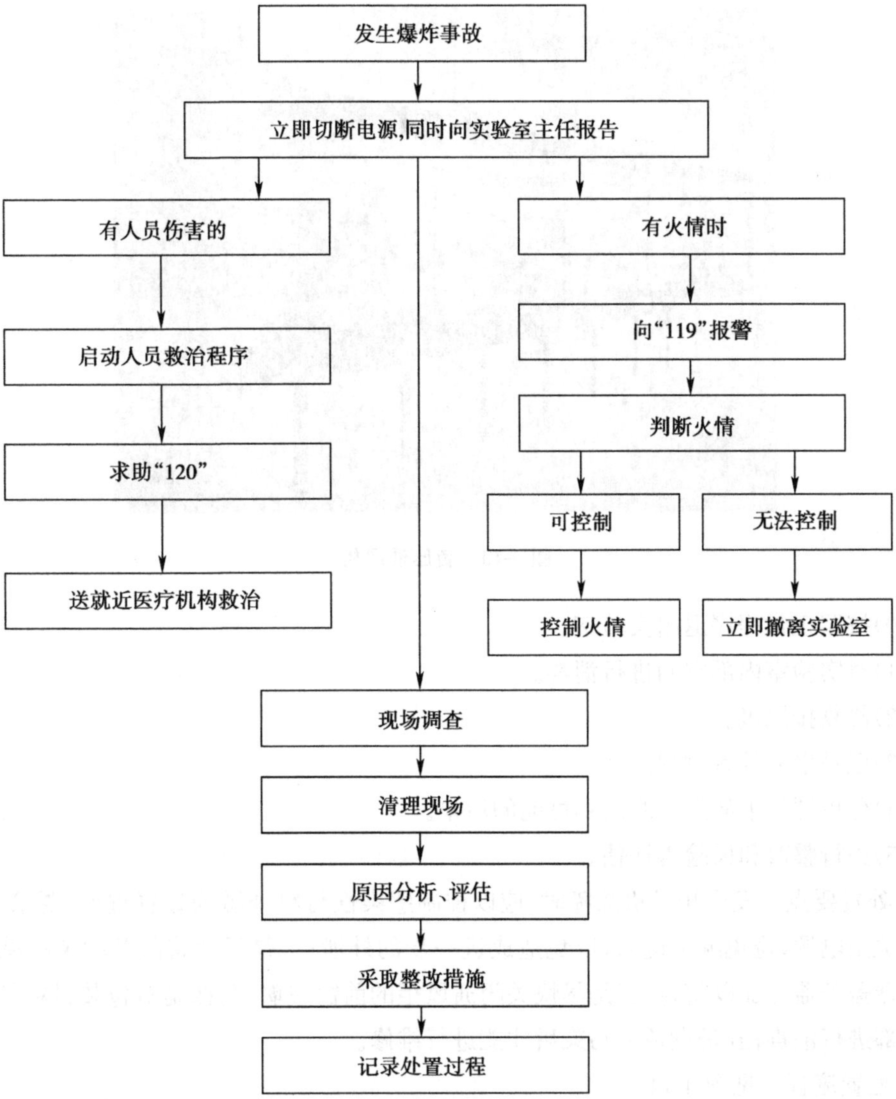

图 4-12　压力蒸汽灭菌器发生爆炸处置流程图

(1)立即切断电源。

(2)将开启的感染性材料的容器(管)盖上盖子。

(3)如果有前窗玻璃门的,则立即关闭前操作窗玻璃门,然后更换新的手套。

(4)按规定程序进行报告。

(5)静止 30 分钟以上。

(6)缓慢打开前玻璃门,整理通风柜内部的实验物品。

(7)用专用废物袋或容器包装各种实验材料。

(8)对包装容器进行外部消毒后拿出。

(9)对负压通风柜操作台面和内壁进行消毒。

图 4-13　负压通风柜

（10）按照正常程序退出实验室。

（11）对实验室内部空间进行消毒。

（12）修复排风机。

（13）记录事故处置过程。

（14）分析评价事故发生原因和可能的后果。

（15）进行整改和风险再评估。

2. 处置要点　发生排风机故障时，应以控制感染性材料外溢为处置重点，要求做到：一是立即关闭电源，避免继续送风，以免造成进一步的外泄；二是迅速将敞开的装有感染性材料的容器盖子盖上加以密封；三是尽快关闭通风柜的前窗玻璃门；四是对包装材料外部和通风柜内部进行消毒；五是设备去污染后才能进行维修。

3. 处置流程　见图 4-14。

（二）高效过滤器破损

生物安全柜和负压通风柜的高效过滤器，一般情况下不会发生破损，但是如果在使用过程中发生碰撞，使用明火或遭遇尖锐器具的触碰等就会导致高效过滤器破损，移动柜体时有可能导致高效过滤器密封处出现松动，如果不及时检测，就容易导致病原因子的泄漏，污染环境。如果在实验操作过程中发现高效过滤器破损时，应立即停止实验操作，具体处置方法如下。

1. 处置方法

（1）立即关闭电源。

（2）停止离心及混匀等操作。

（3）立即将敞开的容器或样本管等进行密闭处置。

（4）将感染性材料从离心机或混匀器等设备中取出，放入密闭容器。

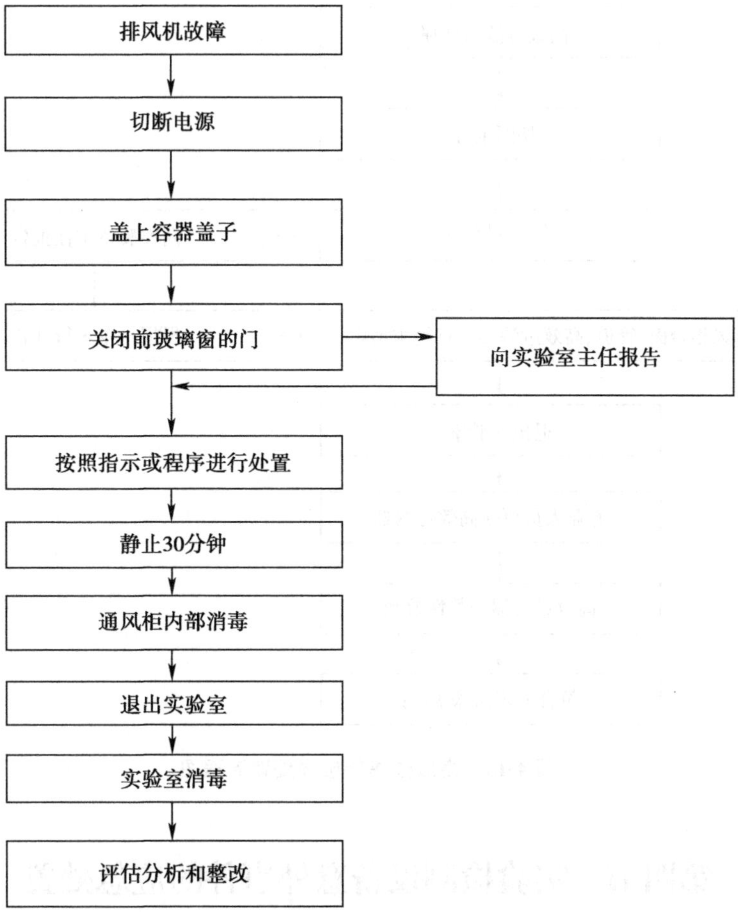

图 4-14　排风机故障处置流程图

(5)向实验室主任报告。

(6)对容器外部和通风柜内部进行消毒。

(7)对通风柜管道和高效过滤器进行消毒。

(8)更换高效过滤器。

(9)对高效过滤器进行完整性检测。

(10)检测合格后,再次使用。

(11)记录整个处置过程。

2. 处置要点　一是操作中发现高效过滤器破损,应立即停止实验操作;二是将敞开的实验材料容器立即盖盖密闭;三是应对通风柜操作区域、高效过滤器及管道进行终末消毒,再更换新的高效过滤器(由专业人员进行操作,并做好个体防护),然后对高效过滤器进行完整性检测,符合要求后才能再次投入使用。

3. 处置流程　见图 4-15。

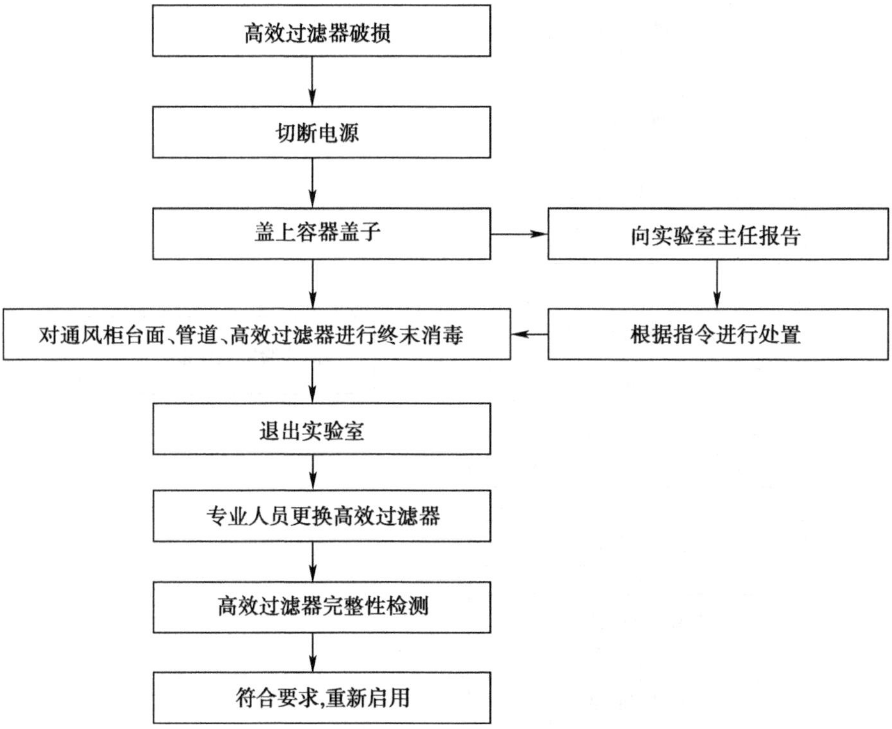

图 4-15 高效过滤器破损处置流程图

第四节 实验检测设备意外事件的应急处置

不同的实验活动所使用的检测设备不尽相同,实验室应根据自身的实际情况和涉及的设备制定相关处置流程和要求,为实验人员提供处置依据和指导。

病原微生物实验室常见的检测设备主要包括离心机(超速、高速和低速离心机)(彩图 4-16 和彩图 4-17)、培养箱(二氧化碳培养箱、生化培养箱、普通培养箱和真菌培养箱等)、真空干燥机(冷冻)、酶标仪、洗板机及超声波发生器等。

一、离心机故障的处置

离心机在离心过程中出现突然停止转动,其原因主要有以下几方面,一是离心机本身机械出现故障;二是离心机电路出现故障;三是离心样本管不平衡,超出离心机平衡调节范围;四是离心过程发生停电;五是其他原因引起的故障。离心机故障可能引起各种不同的安全事故和安全风险,因此应根据不同的故障类型进行处置,以避免发生实验室安全事故。

(一) 中途停电导致的离心机停转

1. 处置方法　首先应立即关闭电源开关,并向实验室主任报告,查明停电原因,然后按离心机开盖键,缓慢打开离心机盖,如果转子和样本管完整无松动,可用双手将转子平稳抱到生物安全柜内,然后旋开转子盖子,取出样本管,经对转子外表面进行消毒后再从生物安

图 4-16　落地式高速离心机

图 4-17　密闭型离心杯

全柜内取出放到平稳的操作台上即可。

注:其他原因引起离心机停转的情况也可参照上述步骤进行处置。

2. 处置要点　发生断电事故,第一、应和外部取得联系;第二、要了解是临时或短时间停电还是外部电源故障;第三、要立即切断电源开关,防止恢复供电时对人员造成伤害;第

四、如果是外部断电，实验人员应适当处置实验台面后撤离实验室。

3. 处置流程　见中途停电导致的离心机停转处置流程（见图 4-10）。

（二）离心过程发生离心管破裂

1. 处置方法　当离心时发生离心管破裂时，首先应立即切断离心机电源；二是如果不是采用密闭型离心杯时，应让离心机静止 30 分钟，三是轻轻缓慢地打开离心机盖；四是如果离心机腔被污染，应往离心机腔里倒入一定量的 75％乙醇溶液，消毒 30 分钟，吸弃消毒乙醇溶液；五是用镊子等工具清理玻璃碎片或其他坚硬物质，并放入消毒缸内浸泡消毒过夜；六是用沾有消毒液的纱巾消毒离心机其他被污染的部位；七是将整个离心转子放入消毒桶内浸泡消毒过夜；八是用干净的纱巾沾清水擦拭转子内腔及表面，干净后再用干纱巾擦拭内腔，直至干净为止。

注：如果是使用生物安全密闭型离心杯时，且样本没有从离心杯泄漏时，则可断电后直接将离心转子双手抱到生物安全柜内，然后打开转子盖，往转子内腔倒入 75％乙醇溶液消毒 30 分钟后，倾去消毒液后，用镊子将样本管及碎片等取出放入事先准备的消毒容器中浸泡消毒，将整个转子放入另一个消毒容器内浸泡过夜，取出后干净的纱巾沾清水擦拭转子内腔，干净后再用干纱巾擦拭内腔，直至干净为止，必要时可将转子放入消毒缸内浸泡消毒过夜。

2. 处置要点　一要立即切断电源；二要判断所用的离心转子是否是生物密闭型的，如果为密闭型离心转子，则无须消毒离心机腔；三要处置时不得徒手操作，应使用专用器具，并做好个体防护。

3. 处置流程　见图 4-18。

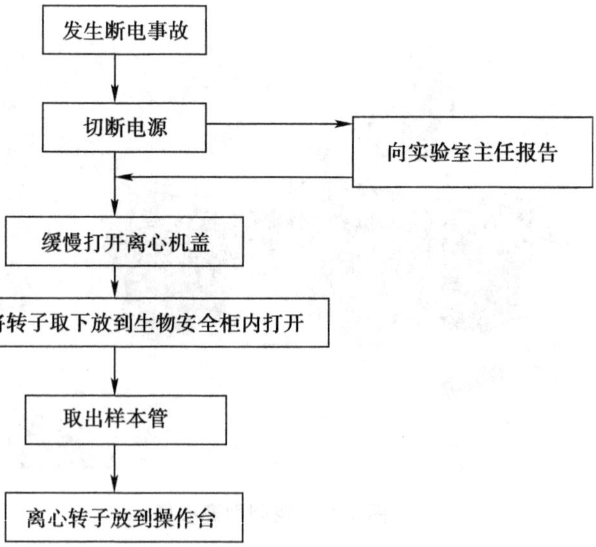

图 4-18　中途停电导致的离心机停转处置流程图

（三）离心转子脱落

1. 处置方法　离心过程中如果发生离心转子脱落，一般会引起离心机内腔损坏和离心管破裂，超速离心机一旦发生转子脱落，可能引起更为严重的设备损坏，并有可能带来人员伤害。这种情况下处置流程基本和上述(二)中离心过程发生离心管破裂相近,关键是看是否有发生离心杯破裂及人员伤害,如果没有破裂,则按照有生物密闭型离心机的处置方法进行处置。如果有人员伤害时,应立即向急救"120"求助,在急救"120"到现场前,应对受伤人员进行简单处置。如果发生感染材料泄漏则按照上述方法处置。

2. 处置要点　一是要立即切断电源;二是一旦有人员伤害,应以救治人员为先,后处置现场;三是要判断事故的严重程度及是否造成感染性材料的泄漏;四是如果怀疑泄漏,则应静止 30 分钟后再缓慢打开离心机盖;五是应小心操作,防止金属碎片等造成刺、划伤。

3. 处置流程　见图 4-19 和图 4-20。

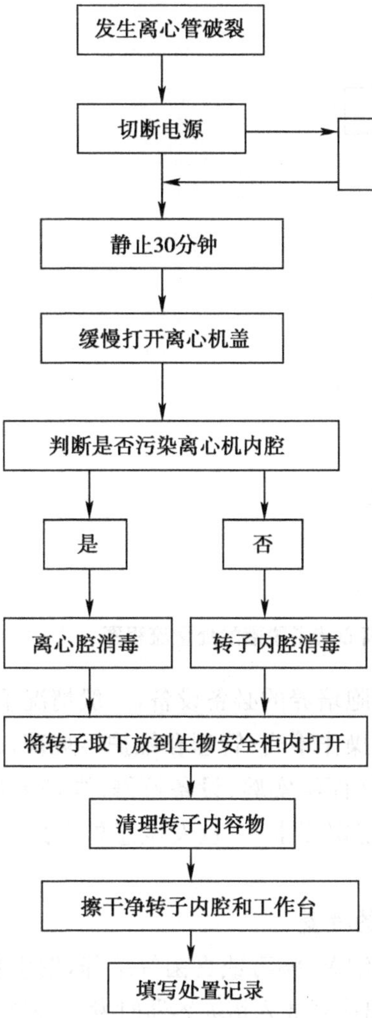

图 4-19　离心过程发生离心管破裂处置流程图

二、培养箱相关事件的处置

培养箱是实验室的常见设备(二氧化碳培养箱见彩图 4-21,生化培养箱见彩图 4-22),主

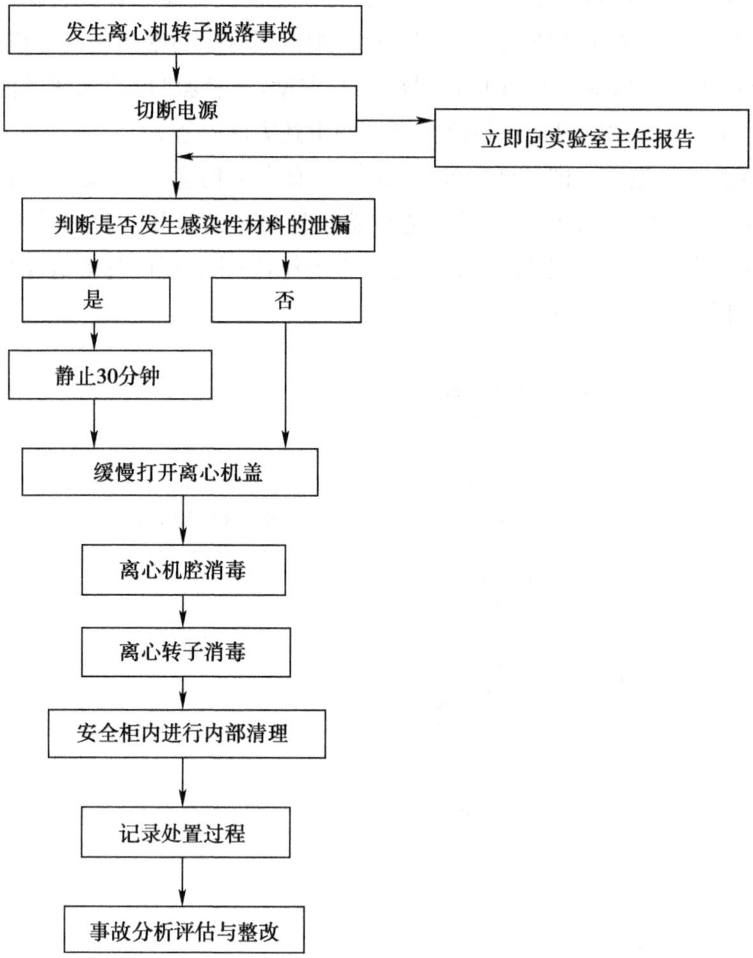

图 4-20　离心转子脱落的处置流程图

要用于病毒、细菌及真菌等微生物和细胞培养的必备设备，一般情况下，培养箱较少发生严重的安全事故，但是在使用过程中如果操作不当、管理和维护不规范，也可能引起病原微生物的溢洒或洒溅及断电、断气等事故，从而给实验、设备检修、维护人员带来感染风险或伤害，因此，对培养箱的使用应严格按照规定要求，一旦发生意外事故，应按照以下方法进行处置。

(一) 培养箱发生洒溅等污染事故的处置

培养箱经常会涉及病原微生物，如细菌、病毒或真菌等培养，发生各种培养物的意外溢漏、洒溅或沾染等很难避免，如果在取出或者放入培养容器时发生溢洒、泄漏，或使用培养板培养时由气溶胶引起培养箱内腔或表面污染时，如没有及时、规范、有效地处置就有可能导致相关人员的感染和实验设备的污染，如发生此类事件应按下列方法处置。

1. 处置方法　首先，应判断污染范围和部位以及污染物量的多少，是少量污染物还是大量污染物沾染，是仅限于培养箱内部，还是内外部都被污染；如果只是培养箱内部受到污染，则应轻轻关上培养箱的门，让其静止 30 分钟后，按照规定程序向实验室主任报告。再缓

图 4-21　二氧化碳培养箱

慢打开培养箱的门，用沾有消毒剂（根据微生物的特性选择）的纱巾覆盖在污染的区域，静止消毒 30 分钟，然后用 70％乙醇溶液喷雾消毒（关闭培养箱的门）30～60 分钟，再用沾有消毒剂的纱巾擦拭培养箱内壁，然后再用沾有清水的毛巾擦拭干净，自然干燥即可；最后需要填写处置记录。

如果外溢的感染性材料量比较大，且污染培养箱的外部时，则应立即向实验室主任报告，以求外部人员的帮助和指导。此时的处置方法首先是立即切断电源，关闭培养箱的门，然后先对养箱外部的污染区域进行处置，先用沾有消毒剂（根据微生物的特性选择）的纱巾擦拭或覆盖污染区域，反复几次后，用沾有清水的毛巾擦净污物和消毒剂；然后缓慢打开培养箱的门，用吸水纸巾覆盖在污染部位，吸干污染物后，再用沾有消毒剂的纱巾覆盖污染区域，静止消毒 30 分钟，必要时可往消毒纱巾上倾倒适量的消毒液，静止消毒 30 分钟，然后清理培养箱内部的物品，清理完后，再用消毒纱巾反复擦拭内壁几遍，然后，再用清水擦净内壁，自然凉干。最后应完整记录处置过程。必要时可以考虑对整个设备进行去污染操作。

2. 处置要点　一是应根据实验活动涉及的病原微生物的特性选择消毒剂的种类和浓度；二是处置时实验人员应做好必要的个体防护，并小心操作，清理污染物时应使用专用器具，避免手部直接接触污染物；三是应尽量控制污染区域，防止污染区域的扩散，必要时应对整个培养箱采取去污染措施；四是打开培养箱门时，应轻缓，防止吸入气溶胶而感染；五是清理出的污染物品应再次进行高压灭菌或浸泡消毒，然后进行处置。

3. 处置流程　见图 4-23。

图 4-22　生化培养箱

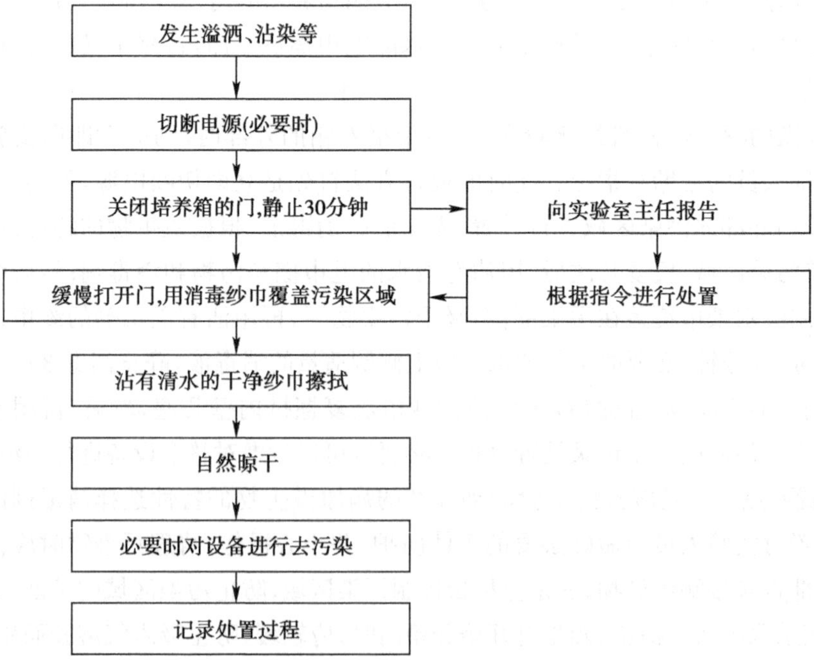

图 4-23　培养箱发生洒溅等污染事故的处置流程图

（二）培养箱电路故障的处置

培养箱出现电路故障的可能性还是比较高的，如隔水式培养箱的隔层里的水干枯，导致加热电炉丝损毁，或因电压不稳导致线路烧毁，或是因使用年限长出现电路老化、电路故障等问题，一旦发生此类故障就需要进行检修，甚至需要将设备转移到实验室外部进行修理，在处置和移动设备时都会存在潜在的安全风险，为了保护实验人员和维修人员的安全，应遵从以下流程处置。

1. 处置方法　一旦发生培养箱电路故障，首先应检查确认配电箱空气开关是否跳闸或其他可能的原因，如果确认系培养箱的电路故障时，应首先切断电源，然后将培养箱内的培养物转移到其他正常运行的培养箱内，再对发生故障的培养箱内部进行常规消毒处置，确认安全后，让设备维修人员进行故障检查，情况允许时进行现场修复；如果现场无法修复需要将设备转移至实验室外部修理的，则应对设备进行整机的去污染工作，然后再将设备转移至实验室外部进行修理，修理完成后，应在实验室外试运行一定的时间，确认运行稳定后，再移入实验室内。

2. 处置要点　处置要点主要应注意以下几个方面：首先应切断电源，然后确认故障原因，确定是否需要转移设备；其次是要转移培养箱内的物品（应注意安全防护），并进行内部消毒；三是设备转移前应进行全面的去污染工作，确保维修人员的安全；四是设备修复后应经过一定时间的试运行，待运行稳定后再决定是否需要重新搬入实验室。

3. 处置流程　见图 4-24。

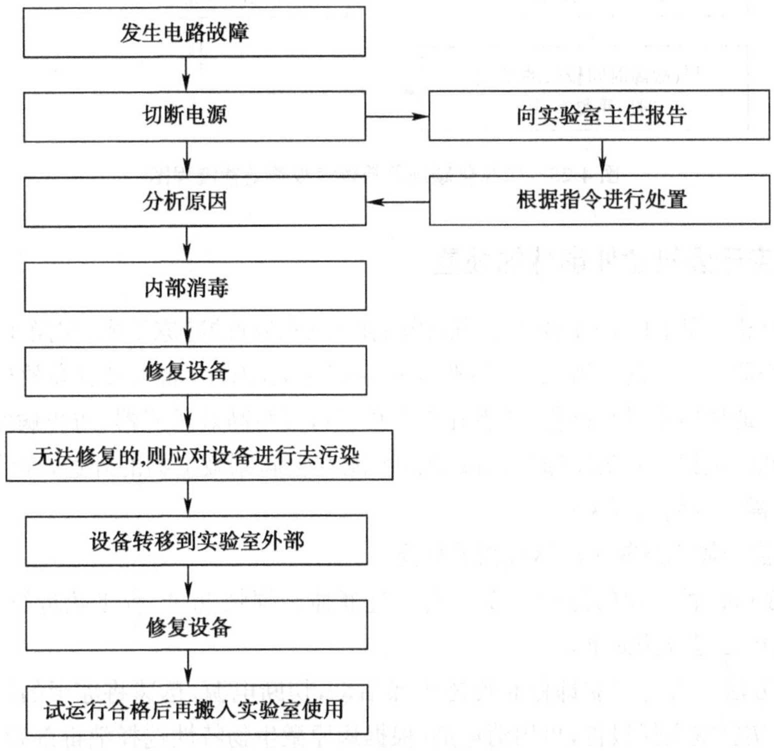

图 4-24　培养箱电路故障的处置流程图

（三）二氧化碳培养箱供气故障

二氧化碳培养箱使用过程中需要有稳定的气源供给，才能保证培养目标物的正常生长与繁殖，一般供气方式主要有集中式供气和单独直接供气两种。发生供气故障原因一般有气瓶气源用尽，气压异常（过高）导致管路爆裂，管路老化出现破裂漏气，管路固定不牢固，出现松动、脱落等，如果发生供气故障将对培养物产生严重影响，直接影响实验的成败，因此，一旦发生此类故障，应立即进行处置，避免对实验结果产生影响。

1. 处置方法　①检查气源，如果气源没问题，则检查供气管路是否有破裂或脱落；②如果是气源用完，则应立即更换备用气源，如果是管路破裂或气管脱落时，应立即更换管路或重新连接管路；③如果是管路老化应立即更换管路。

2. 处置要点　首先应检查气源和管路，确认发生故障的原因；然后根据故障原因更换气源或管路；检查、更换过程中须做好必要的个体防护；如果供气故障时间过长，影响实验结果时，应重新进行重复实验，以保证实验结果可靠、有效。

3. 处置流程　见图 4-25。

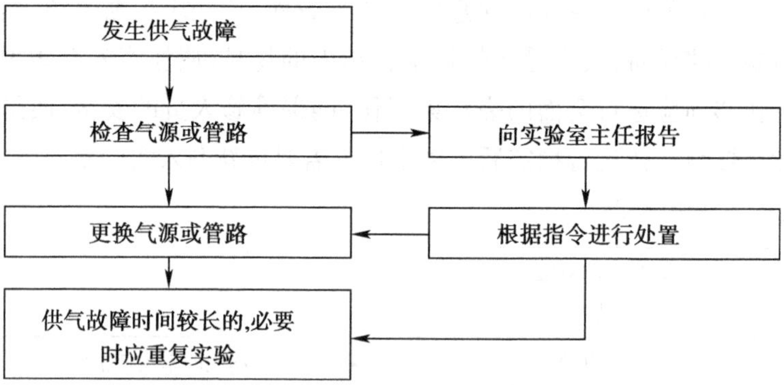

图 4-25　二氧化碳培养箱供气故障处置流程图

三、真空干燥机意外事件的处置

真空干燥机（彩图 4-26）主要用于病原微生物菌（毒）种的冷冻干燥，在操作过程中，会产生大量的含病原微生物的气溶胶，极易造成实验室感染，因此，如果没有高效过滤装置时一般要求在负压通风橱中进行操作，或者在真空排气口安装高效过滤器，防止病原微生物的扩散。高效过滤器破损或者负压通风橱故障都可能发生病原微生物的外逸，导致实验室感染事件的发生，需要我们高度关注。

（一）真空干燥机高效过滤器破损的处置

在从事菌（毒）种干燥的过程中发生高效过滤器破损情况时，应迅速进行处置，不得带“病”工作，具体处置方法如下。

1. 处置方法　首先应立即停止冷冻干燥活动，切断电源，迅速将冻干的样本容器盖盖密闭，然后向实验室主任报告，再用消毒剂（根据病原微生物特性选择消毒剂）对容器表面和冷冻腔内进行消毒和去污染，再更换高效过滤器，最后填写处置记录。

2. 处置要点　此类事件的处置首先应立即采取措施防止感染性物质的进一步扩散，如立即停止干燥机运行，将感染性物质的容器盖上盖子进行密闭等；二是处置人员应做好个体防护措施，防止发生感染；三是应立即对干燥机进行全面消毒，清除污染；四是及时更换高效过滤器，按照规定程序报告，并做好事件处置记录。

3. 处置流程　见图 4-27。

(二) 干燥过程中负压通风橱出现故障的处置

冷冻干燥过程中由于在抽真空时会产生大量的含有病原微生物的气溶胶，如果在真空干燥机排气口没有高效过滤装置，将直接导致病原微生物的扩散，很有可能导致实验人员感染，因此，原则上这类操作需要在负压通风橱或有气流组织的实验室中进行，特别是第一和第二类病原微生物菌(毒)种的冷冻干燥必须在负压通风橱或生物安全柜中进行。但是当在干燥过程中负压通风橱出现故障或断电时，为了防止病原微生物扩散，

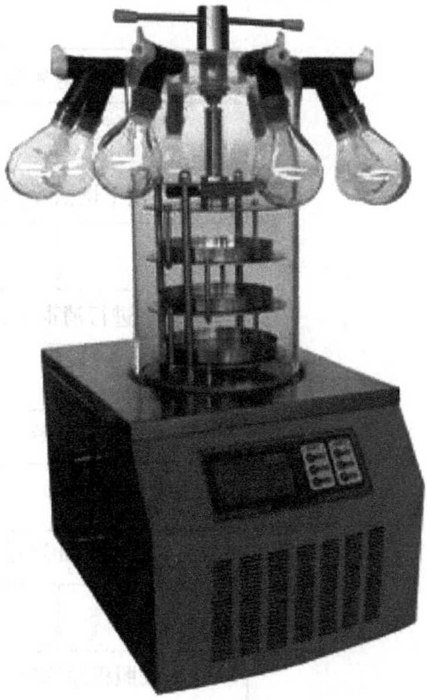

图 4-26　真空冷冻干燥机

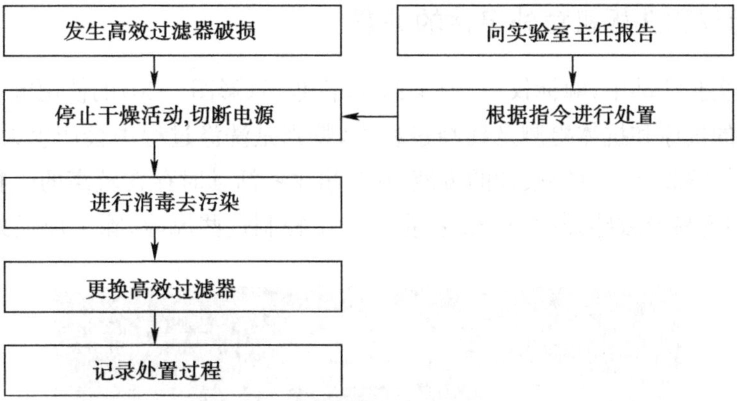

图 4-27　真空冷冻干燥机高效过滤器破损的处置流程图

应立即组织进行处置，具体方法和流程如下。

1. 处置方法　当发现通风橱风机出现故障或断电时，首先应停止冷冻干燥工作，立即向实验室主任报告，静止 30～60 分钟后再打开干燥机冷冻腔盖子，盖上冷冻管(瓶)的盖子，并对冷冻腔和冷冻管(瓶)表面进行消毒、去污染，同时对现场进行清理和消毒，并记录处置过程。按规定程序进行设备维修。

2. 处置要点　发现通风橱风机停止工作时，应立即停止冷冻干燥工作，然后立即向实验室主任报告，听取处置指导意见；必须立即将冷冻管(瓶)等容器盖子盖上，防止病原微生物继续外溢；做好去污染工作，主要是对冷冻腔、排气管及冷冻管(瓶)等进行消毒。按照规定流程修复通风橱，处置过程中应做好个体防护措施，防止发生感染。最后做好处置记录。

3. 处置流程　见图 4-28。

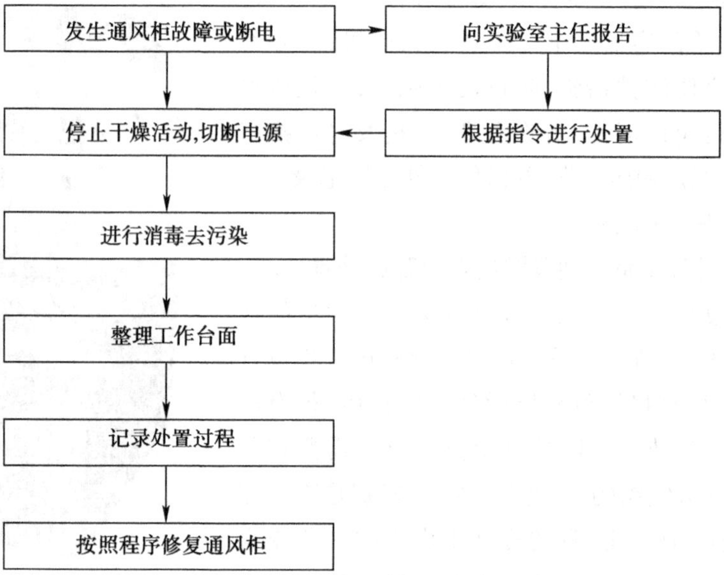

图 4-28　干燥过程中负压通风柜出现故障的处置流程图

四、酶标仪和洗板机意外事件的处置

在微生物实验活动中,酶标仪(彩图 4-29)和洗板机(彩图 4-30)的使用频率是比较高的,在进行免疫学的抗原和抗体检测及稀释过程中,特别是洗涤过程中会产生大量含有高浓度病原微生物的气溶胶和具有感染性的废液,在从事这些活动时存在较高的生物安全风险,如果处置不当,很容易导致感染性因子的扩散。为了控制这些风险,除了加强人员培训外,还

图 4-29　酶标仪

图 4-30　洗板机

应将一些危害等级较高的病原微生物实验室活动放在防护等级适宜的实验室内进行，必要时放在负压通风橱或 BSL-3 实验室内进行。

一旦发生相关的意外情况，如在设备运行过程中发生液体渗漏，稀释板倾覆等，应立即按照要求进行处置。

稀释板倾覆的处置：酶标仪和洗板机在使用过程中，将酶标板放在反应板架上，一般情况下，不会脱落，反应板孔内的反应液也不会溢洒出来，但是在自动稀释、洗板过程中还是会产生气溶胶，只要将酶标仪和洗板机放在合适的实验室内的指定位置，个人做好防护措施，还是相对安全的，不过实验过程难免会发生各种意想不到的情况，如反应板脱落、倾翻等，不仅会污染设备，还会污染实验台面和实验室，甚至出现人员沾染，为了应对可能出现的意外情况，需要提前做好应急准备，避免发生实验室感染。

(一) 处置方法

如果出现反应板脱落或倾翻事件，则应按照以下程序进行应对处置。

首先应切断电源，停止设备运转，然后对污染区域进行处置，如用沾有消毒剂的纱巾覆盖污染区域，必要时往纱巾上倾倒适量的消毒液，静止消毒 30 分钟，然后清理反应板等物品，将其放入消毒缸内，再用消毒纱巾擦拭污染区域和设备表面等部位，反复至少 3 次，再用沾有清水的纱巾将培养物和消毒剂擦净，让其自然干燥。并做好处置记录。

(二) 处置要点

发生反应板脱落或倾翻事件时处置的要点是：首先要切断电源，停止设备工作，然后根据污染情况，采取措施将污染控制在最小范围，处置时实验人员应做好个体防护措施，清理的污染物应放置在专用的消毒缸内，进行高压灭菌，之后应对整个设备进行去污染，并按照规定程序报告和填写处置记录。

（三）处置流程

处置流程见图 4-31。

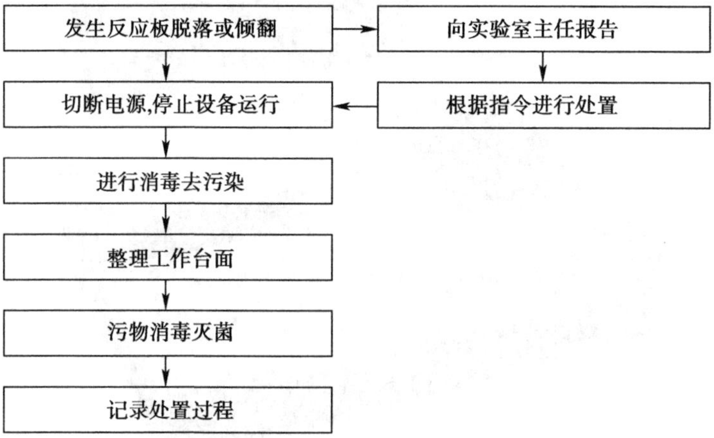

图 4-31　酶标板倾覆的处置流程图

五、超声波发生器意外事件的处置

超声波发生器主要是利用高频率的超声波击碎细胞或微生物的菌体结构，也可用于对相关器具的清洗。在使用过程中除应防止噪声对实验人员听力造成伤害外，还应防止超声本身对人体造成伤害。另外，在使用超声波发生器时，也容易造成实验器具的损害和发生渗漏，导致感染性物质的外溢，甚至发生实验室感染事件，因此，在使用过程中应小心操作，轻拿轻放，设备尽量放置在离实验人员较远的位置，有必要时采取物理隔离措施，避免发生意外。

超声波发生器操作时常发生容器盖得不够严密或容器破损、震裂的现象，如果是具有感染性的材料出现溢漏，则可污染超声发生器水箱中的水及内腔，并因此产生大量的气溶胶，从而有可能导致实验人员感染等安全事故，因此，一旦发生此类问题时应按照以下方法和程序进行处置。彩图 4-32 和彩图 4-33 分别展示了超声波粉碎仪和槽式超声波粉碎仪。

（一）处置方法

首先应立即切断电源，停止设备运行；向实验室主任报告；将发生溢漏的容器从超声发生器水箱中取出，将其放入消毒缸中，并盖上盖子；然后将事先配制的消毒液倒入超声波发生器水箱中，消毒 1 小时，后将其中的水倒入另一个消毒缸中。用消毒纱巾擦拭水箱四壁与表面数次后，再用清水擦拭干净。必要时需要对超声波发生器进行全面去污染后再投入使用，同时做好处置记录。

（二）处置要点

一是处置人员务必做好个体防护，尤其要防止气溶胶吸入或接触污染部位，然后再进行

图 4-32　超声波粉碎仪

图 4-33　槽式超声波粉碎仪

处置；二是应立即切断设备电源，并向实验室主任报告；三是容器发生溢漏时应先将容器放到消毒缸中并加上盖子，防止进一步扩散；四是应事先准备好消毒液，以备发生意外时能随手获得使用；最后应真实填写处置记录。

（三）处置流程

处置流程见图 4-34。

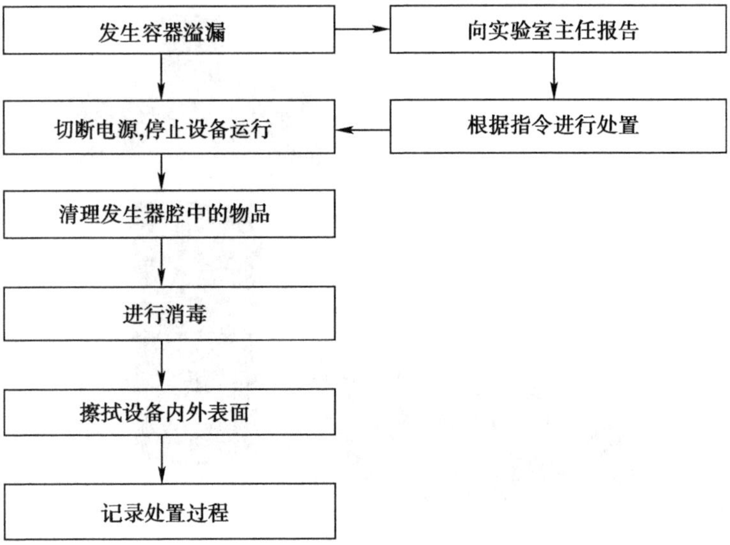

图 4-34　超声过程中发生病原微生物溢漏处置流程图

（翁景清）

参考文献

[1] 世界卫生组织,《实验室生物安全手册》.第 3 版.2004.

[2] 中华人民共和国国家标准.《实验室生物安全通用要求》.GB19489-2008.

[3] 中华人民共和国国务院令.第 424 号.《病原微生物实验室生物安全管理条例》.2004.

[4] 中华人民共和国行业标准.《微生物和医学实验室生物安全通用准则》WS-233.2002.国家卫生计生委.

[5] 美国卫生和人文服务部公共卫生司疾病预防控制中心(CDC)与国立卫生研究院.《Biosafety in Microbiological and Biomedical Laboratories,4th Edition》.2004.

[6] 丛黎明,丁钢强,张双凤,等.ISO/IEC17025 实验室管理体系应用指南[M].杭州:浙江大学出版社,2006.

[7] 王陇德.实验室建设与管理[M].北京:人民卫生出版社,2005.

[8] 颜光美,余新炳.实验室生物安全[M].北京:高等教育出版社,2008.

[9] 武桂珍.高致病性病原微生物危害评估指南[M].北京:北京大学医学出版社,2008.

[10] 王君玮,王志亮,吕京.二级生物安全实验室建设与运行控制指南[M].北京:中国农业出版社,2009.

[11] 马文丽,郑文岭.实验室生物安全手册[M].北京:科学出版社,2003.

[12] 徐涛.实验室生物安全[M].北京:高等教育出版社出版,2010.

[13] Dian o. Fleming,Debra L. Hunt.生物安全—原理与准则[M].第 4 版.北京:中国轻工业出版社出版,2010.

[14] 中华人民共和国国家标准.《风险管理风险评估技术》,GBT-27921-2011.

[15] 中华人民共和国国家标准,《风险管理原则和实施指南》,GBT24353-2009.

[16] 史蒂夫.卢迪,丁钢强.环境健康风险评估与管理[M].杭州:浙江人民出版社出版,2012.

[17] 美国疾病预防控制中心.人类和动物医学诊断实验室安全工作实践指南(2012 版),复旦大学附属中山

医院等授权翻译.
[18] 中华人民共和国国家标准，GB 50346-2011《生物安全实验室建筑技术规范》。
[19] 中华人民共和国医药行业标准，YY 0569-2011《Ⅱ级 生物安全柜》。
[20] 郭新彪. 突发公共卫生事件应急处置指引[M]. 第2版. 北京：化学工业出版社，2009.
[21] 王宇. 实验室感染事件案例集[M]. 北京：北京大学医学出版社，2007.
[22] 中华人民共和国国家标准，GB 14925-2010《实验动物 环境及设施》。
[23] CNAS-CL053《实验室生物安全认可准则对关键防护设备评价的应用说明》。
[24] GB/T30690-2014《小型压力蒸汽灭菌器灭菌效果监测方法和评价》。

第五章

实验操作应急事件处置

2014 年 06 月 21 日，中国新闻网发布了一条标题为“美政府实验室生物安全事故 86 人恐接触致命炭疽菌”的新闻。

美国疾病控制和预防中心(CDC)设在亚特兰大的一间高级别生物安全实验室，在对活炭疽菌进行灭活时，可能没有遵循正确的程序，将可能带有活炭疽菌的样本转移了到 3 个低级别的实验室，而后者并不具备处置活炭疽的设施。其中的 2 个低级别实验室使致命炭疽菌孢子成烟雾状散开，造成感染性物质泄露。由于相信样本已经灭活，低安全级别实验室的工作人员没有穿上适当的防护设备，亚特兰大美国联邦政府实验室最初报告称，75 名工作人员无意中接触到炭疽菌，随后证实，接触到高致死率炭疽菌的工作人员由最初报告的 75 人上升至 86 人。这些工作人员接受抗生素和相关治疗以防止感染。

实验操作具有感染性或潜在感染性物质时所发生的意外事件主要包括感染性物质泄漏、感染性物质沾染皮肤与伤口、意外吸入感染性物质、感染性材料包装破裂、感染性物质操作失误、锐器具的伤害、未经有效灭活材料导致的污染和人员感染等。凡是实验活动涉及传染或潜在传染性生物因子时，应进行危害程度评估。危害程度的评估至少包括生物因子的种类(已知的、未知的、基因修饰的或未知传染性的生物材料)、来源、传染性、致病性、传播途径、在环境中的稳定性、感染剂量、浓度、动物实验数据、预防和治疗。这样才能在意外事故发生时可以采取有效的控制措施。

在实验室建立意外事故处置工作程序及登记表，详细记录事故发生的时间、地点、经过；暴露原因；暴露的具体部位及程度；接触的感染性物质的情况；处置的经过及方法；是否采取医学观察；暴露人员后期定期检查的情况等。

意外事故的发生可能因操作者操作不当、仪器设备突然发生故障等原因而引起。这类紧急事件处置的总的原则是：快速清除感染性物质，救治受伤人员，报告实验室负责人，做好相关记录，保护好实验室的环境，同时负责清理的人员要做好个体防护，必要时向上级相关部门报告，力求将感染事件的危害程度降到最低。应急事件发生后要进行风险的评估，风险评估的核心包括风险鉴定与识别、制定降低风险的方案、残余风险鉴定、风险控制和再评估。

第一节　感染性物质泄漏

感染性物质是指已知或可能含有病原体的物质，能使人或动物引起感染性疾病。实验室生物安全中涉及的常见感染性物质包括以下几种。

微生物：细菌、病毒、立克次体、寄生虫、真菌。

微生物重组体：杂交体或突变体。

生物制品：指来源于活生物体的制品，用于人类和动物疾病的预防、治疗或诊断，或为了开发、实验或研究源于活生物体的制品，例如，疫苗等。

实验室培养物：实验室繁殖的病原体。

患者标本：直接取自人或动物，用于研究、诊断、疾病治疗和预防目的的排泄物、分泌物、血液及其制品、组织、组织液棉签等。

临床或医疗废物：指来源于人或动物医疗或生物研究的废弃物。

感染性物质溢出后的扩散途径有：大量液体形成不规则水渍、部分飞溅、小部分形成易于空气播散的气溶胶颗粒。一旦在实验操作或运送过程中发生感染性物质泄漏，造成或可能造成实验室感染事件时，应采取以下紧急预防控制措施，将感染事件控制在最小范围，将危害降低到最低程度。此外，在感染性物质运送时应随身携带生物危害物质溢出紧急处置箱，以便能安全及时地处置发生的泄漏事件。

一、生物安全柜内的感染性物质泄漏

生物安全柜内的感染性物质泄漏的具体内容详见本书第四章。

二、生物安全柜外发生的感染性物质泄漏

生物安全柜外实验室内发生感染性物质泄漏时，极有可能发生气溶胶的扩散。气溶胶是指悬浮于气体介质中的胶粒，直径一般为 0.001～100.000μm 的固态或液态微小粒子形成的相对稳定的分散体系。这时要立即按以下方法采取紧急处理措施。

（一）处置方法

1. 立即通知实验室无关人员撤离实验室，撤离的过程防止气溶胶的产生，撤离人员除去个体防护装备外，需用合适的消毒剂和水清洗暴露的皮肤。

2. 隔离污染区，张贴“泄漏处置，禁止进入”的警告标识。

3. 立即通知实验室安全负责人。

4. 准备清理工具和物品，戴手套，穿防护服，必要时需进行脸和眼睛的防护。

5. 用纸巾或布覆盖并吸收溢出物。

6. 向纸巾上倾倒适量的消毒剂，并立即覆盖周围区域(通常可以使用 84 消毒液)，从溢出中心的外围开始，朝向中心进行处置。

7. 待消毒剂作用适当时间后(30～60 分钟，视感染物的性质而定)，将所处置物质清理掉。

8. 对溢出区域再次清洁并消毒(如有必要,重复步骤 5～7)。

9. 将污染材料包括溢洒物及处置工具置于防漏、防穿透的废弃物处置容器中封好。

10. 脱去个体防护装备,将暴露部位向内折,置于专用的收集袋或容器中封好。

11. 洗手并退出实验室。

12. 对实验室内部空间进行消毒,所有处置用具及废物要进行高压灭菌。

13. 记录事故处置过程。

14. 对暴露者要进行有效地隔离和医疗处置,如有疫苗或其他预防制品等要进行紧急接种与治疗,并保留完整的医疗记录。

15. 分析评价事故发生原因和可能的后果。

16. 进行整改和风险再评估。

(二) 处置要点

1. 无关人员要紧急撤离,并且撤离过程要防止气溶胶的产生。

2. 清除泄漏前要封锁污染的实验室。

3. 尽可能短的时间里将泄漏的感染性物质清除,操作过程防止气溶胶的产生。

4. 整个清理过程要注意个体防护。

5. 最后要对整个实验室进行消毒灭菌。

6. 对暴露者要进行必要的隔离和医疗处置。

7. 未解除封锁前不得允许人员进出。

8. 严重的泄漏要及时上报。

(三) 处置流程

处置流程见图 5-1。

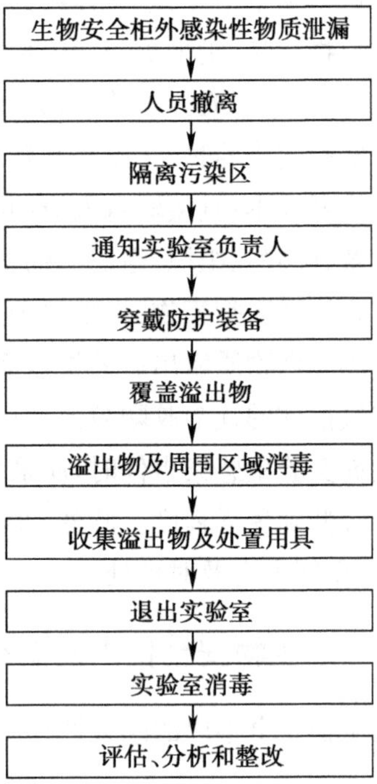

图 5-1　生物安全柜外的感染性物质泄漏处置流程图

第二节　感染性物质沾染皮肤与伤口

一、操作防护

实验操作者在进行感染性物质实验操作时,应做好个体防护与环境保护。实验前应检查个体防护装置是否有破损,必要时需佩戴防护面罩。尽管如此,在移液、加样等操作时,感染性材料(血液、尿液标本或病原体培养物等)仍可能会溅到裸露的皮肤、黏膜及伤口上,如若处置不当也会造成生物安全事故。

二、感染性物质沾染皮肤与伤口的处置

发生感染性物质沾染皮肤与伤口类感染性事件时,应按照以下步骤进行处置,将危险降

到最低。

(一) 处置方法

1. 立即停止操作,脱掉手套。

2. 用流动水或肥皂水冲洗污染的皮肤或伤口。

3. 再用 3%过氧化氢溶液、70%乙醇或碘附溶液涂擦污染的皮肤或伤口并作用 3～5 分钟。

4. 如果发生感染性物质溅入眼睛时,立即停止工作,脱掉手套,迅速到缓冲区用洗眼器冲洗,再用生理盐水冲洗(注意动作轻柔,勿损伤眼睛)。

5. 重新戴上干净的手套,将感染性实验材料和实验台面进行必要的消毒和妥善处置。

6. 按规定程序退出实验室。

7. 报告实验室生物安全负责人。

8. 及时就医,告知医生可能的感染物性质,进行必要的预防治疗和医学处置。

9. 保留完整的医疗记录及事故处置过程。

(二) 处置要点

1. 必须脱掉操作时的手套。

2. 尽快对皮肤及伤口进行消毒。

3. 退出实验室之前要妥善处置正在操作的感染性材料,以免造成进一步的外溢等。

4. 及时进行医学处置和预防治疗。

5. 针对可能的病原微生物进行事故的风险评估。

(三) 处置流程

处置流程见图 5-2。

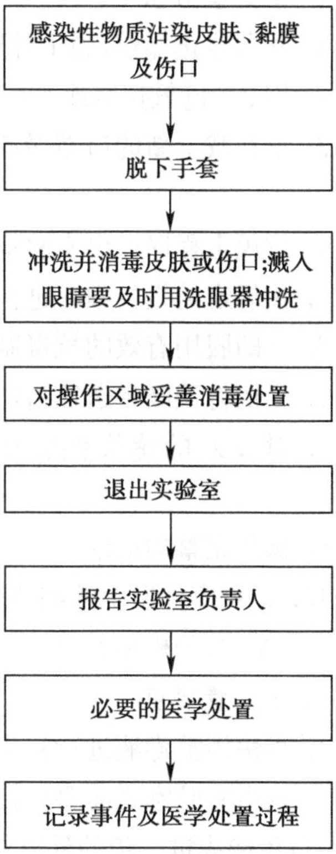

图 5-2　感染性物质沾染皮肤及伤口处置流程图

第三节　意外吸入感染性物质

一、感染性物质的意外吸入

微生物试验中在进行感染性物质操作时,微生物气溶胶的产生有时是不可避免的,如打开装有冻干物的安瓿瓶;收集微生物培养物;热的接种环放在菌液或菌苔上;在玻璃片上做触酶试验;液体从吸管掉落到工作台面上;从吸管中将最后一滴液体吹出等。尽管各个实验室都会采取防止气溶胶扩散的措施,但是操作过程中可能由于操作失误、防护不当、口罩脱落及破损等,会导致实验人员的误吸微生物气溶胶或感染性液体。

二、意外吸入感染性物质处置

当发生意外吸入感染性物质类感染性事件时，应采取以下紧急措施，将危害降低到最低程度。

（一）处置方法

1. 立即停止操作，脱下外层污染手套，退到安全区域，脱下口罩。

2. 用3%过氧化氢或1∶1000高锰酸钾溶液消毒口鼻腔。

3. 重新戴上新的口罩及手套，将感染性实验材料和实验台面进行必要的消毒和妥善处置。

4. 按规定程序退出实验室。

5. 按规定的报告程序进行逐级报告。

6. 立即服用有效的抗毒制剂或抗菌药物。

7. 尽快将误吸者送往指定的医疗单位进行救治和隔离观察。

8. 对吸入的感染性物质进行进一步的鉴定与报告。

9. 保留完整的记录。

10. 记录事件发生的细节及处置过程。

11. 评估、分析和整改。

（二）处置要点

1. 尽快用消毒液进行初步处置。

2. 退出实验室之前要妥善处置正在操作的感染性材料，以免造成进一步的外溢等。

3. 对误吸人员进行及时的医学观察和必要的隔离。

4. 要针对可能的感染性物质种类进行风险评估。

5. 注意误吸人员可能成为传染源。

（三）处置流程

处置流程见图5-3。

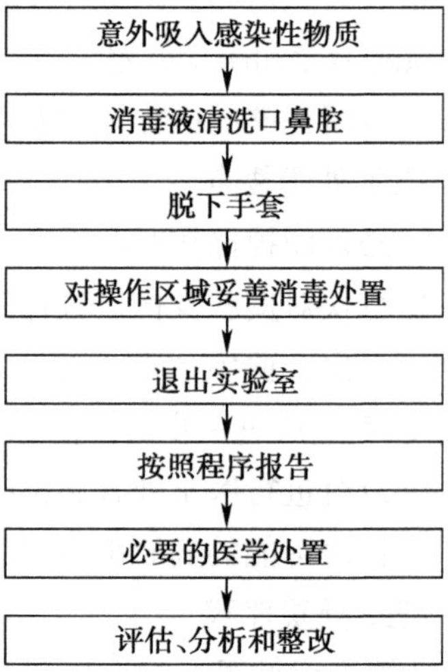

图5-3　意外吸入感染性物质处置流程图

第四节　感染性材料包装破裂

一、感染性材料包装破裂

感染性材料的运输有严格的规定，运输途中有可靠的包装，但遇到意外或运输、操作不当，仍可能造成感染性材料外泄。在感染性材料标本运送或实验操作中可能遇到外包装破裂的情况，如取出冷冻管时，其在失去制冷作用后可能因承受不住温度差和压力差而发生破裂，含冷冻剂干冰的破损包装件，因空气中的水蒸汽冷凝可能生成水或霜，这些水或霜很可能已被污染，不要接触。

二、感染性材料包装破裂的处置

一旦发现感染性材料的外包装破裂，应按照以下步骤处置，尽快控制感染，将危害降到最低。

(一) 处置方法

1. 立即将污染区隔离。
2. 用浸过漂白剂的布或毛巾覆盖损坏的包装及漏出物。
3. 通知无关人员撤离，撤离的过程防止气溶胶的产生。
4. 按规定程序上报。
5. 穿戴防护装备，准备清理工作。
6. 待消毒剂作用适当时间后，将所处置物质清理掉。如果含有玻璃碎片或其他锐器，则要使用簸箕或硬的厚纸板来收集处置过的物品，并将它们置于可防刺透的容器中以待处置。
7. 对周围区域再次清洁并消毒。
8. 将污染材料包括破损的包装及处置工具置于防漏、防穿透的废弃物处置容器中封好。
9. 脱去个体防护装备，将暴露部位向内折，置于专用的收集袋或容器中封好。
10. 所有处置用具及废物要高压灭菌后按照感染性废物处置。
11. 记录事件处置过程。
12. 分析评价事故发生原因和可能的后果。
13. 进行整改和风险再评估。

(二) 处置要点

1. 要立即隔离污染区，并覆盖消毒巾。
2. 无关人员要紧急撤离，并且撤离过程要防止气溶胶的产生。
3. 整个清理过程要注意个体防护。
4. 消毒时要对破损的包装附近的所有物品进行消毒，并保证一定的消毒时间，使消毒剂的作用得到充分发挥。
5. 按照正确的生物危害处置程序处置被污染的物质。
6. 要及时上报。

(三) 处置流程

处置流程见图 5-4。

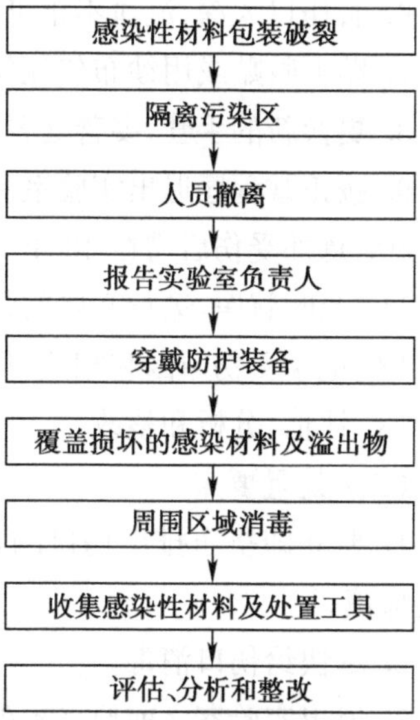

图 5-4　感染性材料包装破裂处置流程图

第五节　锐器(具)的伤害

一、实验操作中锐器(具)造成的损伤

实验操作中最常见的外伤是由锐器或玻璃仪器破损造成的割伤或刺伤。实验中使用刀片、采血针、注射针头、废弃物处置过程,使用后,丢弃前损伤(拆卸一次性注射器再利用、用手移去注射器针头、使用双手重新盖帽)等。针头刺伤后的危险因素包括:造成伤害的锐器(具)被感染性物质污染的程度与感染性物质的致病性及伤口的深度,有可见的血液从伤口溢出、针头刺破了静脉或动脉。

二、锐器(具)的伤害处置

锐器(具)一经使用后通常在某种程度上携带有病原体,因此一旦被锐器割伤或刺伤时,应当采取以下措施进行紧急处置。

(一) 处置方法

1. 立即停止操作,常规方法脱去手套。

2. 立即用健侧手从近心端向远心端挤压排出血液,以减少污染的程度,但不可来回挤压。

3. 检查伤口内有无玻璃碎片,若有碎片,应先用镊子将玻璃碎片取出。

4. 用流动水冲洗伤口。

5. 用 0.5%碘附、2%碘酊或 70%乙醇对伤口进行消毒。

6. 若伤口太深、流血不止可在上臂中上 1/3 处结扎。

7. 贴上敷贴或用纱布包扎伤口(注意可疑厌氧菌感染时不要包扎伤口)。

8. 更换新的手套,妥善处置进行中的实验台面。

9. 按正常程序退出实验室。

10. 意外受伤后需在 48 小时内报告实验室生物安全负责人。

11. 及时就医,进行必要的预防治疗和医学处置。

12. 记录受伤原因和相关可疑微生物,并保留完整的医疗记录。

13. 评估、分析和整改。

(二) 处置要点

1. 要立即挤压排出伤口的血液,挤压时不可来回挤压,防止将伤口处的感染性物质挤压进血液。

2. 尽快给伤口消毒。

3. 退出实验室之前要妥善处置正在进行的实验。

4. 及时就医,可疑被 HBV 感染的锐器刺伤时,应尽快注射抗乙肝病毒高效价抗体和乙肝疫苗;可疑被 HIV 感染的锐器刺伤时,应及时找相关专家就诊,根据专家意见预防性用

药，并尽快检测 HIV 抗体，然后根据专科医生建议行周期性复查；艾滋病病毒暴露后的预防性用药：①药物选择：齐多夫定（AZT）是已被证明可以减少针头刺伤后 HIV 感染的药物，现已证明 AZT 加拉米夫定（3TC）具有更强的抗病毒活性，且 3TC 耐受性很好，不会增加预防用药的毒副作用，这一组合更具合理性。②确定方案：基本用药方案：如双汰芝（AZT 与 3TC 联合制剂）300 毫克/次，1 天 2 次，连服 28 天。本程序适用于轻度低危暴露。强化用药方案：基本用药加一种蛋白酶抑制剂（PI），如硫酸茚地那韦胶囊或利托那韦。均使用常规治疗剂量，连服 28 天。本方案适用于严重暴露。③用药时间：暴露后预防性用药开始时间越早越好，最好在意外暴露后 1～2 小时。不过，美国疾病预防控制中心推荐，高危的职业性暴露后 1～2 周仍应给予预防性用药。剂量如前，疗程为 4 周。④注意事项：育龄妇女如使用 AZT 作为预防用药，期间应避免或终止妊娠。每种药的详细用法和注意事项请参考药品说明书或咨询有关专家。⑤HIV 暴露后的监测：发生 HIV 暴露后应立即在第 4 周、第 8 周、第 12 周和 6 个月后检测 HIV 抗体。

5. 针刺伤的预防措施：①禁止双手重新盖帽，应使用重新盖帽装置；②禁止用手移去针头；③针头丢弃前应用截针器将针尖及注射器乳头损坏；④使用后立即将针头丢入尖锐物收集箱中；⑤禁止将针头丢弃在塑料袋及普通垃圾箱中。

（三）处置流程

处置流程见图 5-5。

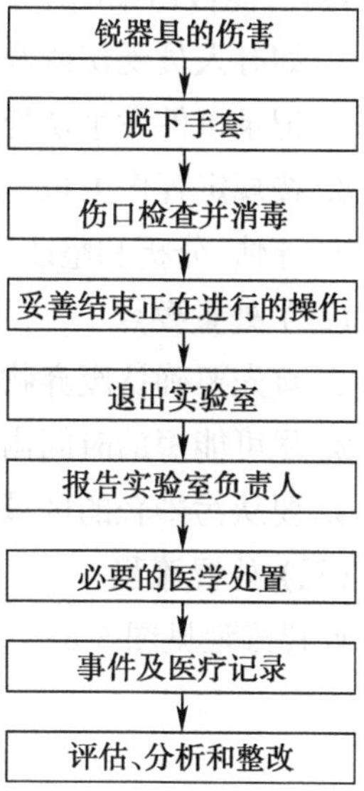

图 5-5　锐器（具）的伤害处置流程图

第六节　未经有效灭活材料导致的污染

一、废弃物

实验室中的废弃物主要为感染性废弃物，感染性废弃物是指携带病原微生物，具有引发感染性疾病传播危险的医疗废物，如果处置不当会对社会及环境带来危害。实验室感染性废弃物包括：废弃的痰液、尿液等分泌物标本；使用后的一次性手套、口罩等；用于培养病原微生物的培养基、废弃的培养板等。感染性废弃物应按时（一般一日一清）由专人分类收集进行消毒、烧毁去除污染，使病原体数量减少到致病水平以下。由于感染性废弃物中所携带的病原微生物很可能是多样的，所以一旦发生未经灭活的废弃物流失、泄漏、扩散等意外事故时，应采取以下紧急预防控制措施。

（一）处置方法

1. 确定泄漏、扩散的废弃物的类别、数量、发生时间、影响范围及污染的严重程度。

2. 组织有关人员穿戴好防护装备，尽快按照应急方案，对发生废弃物泄漏、扩散的现场进行处置。

3. 对被废弃物污染的区域进行处置时,应尽可能减少对现场人员及环境的影响。

4. 采取适当的安全处置措施,对泄漏物及受污染的区域、物品进行消毒或者其他无害化处置,必要时封锁污染区域,以防扩大污染。

5. 对感染性废弃物污染区域进行消毒时,消毒工作从污染最轻区域向污染最严重区域进行,对可能被污染的所有使用过的工具也应当进行消毒。

6. 如有人员受伤或暴露于感染性废弃物时,应及时进行必要的医学处置。

7. 记录事件发生及处置过程。

8. 按规定程序上报。

9. 评估、分析和整改。

(二) 处置要点

1. 首先要确认废弃物的种类以便采取不同的消毒处置及暴露人员救治办法。

2. 尽可能短的时间内将污染现场进行消毒,防止污染进一步扩散。

3. 要从污染轻的区域向污染重的区域进行消毒。

(三) 处置流程

处置流程见图 5-6。

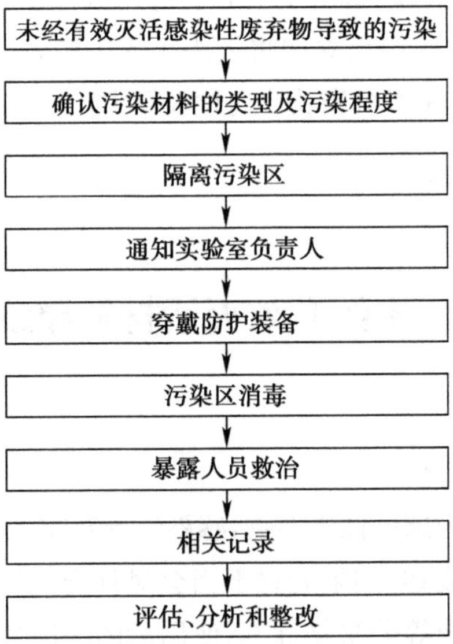

图 5-6 感染性废弃物导致的污染处置流程图

二、未经灭活的实验材料

未经有效灭活的生物活性实验材料如接种过的培养基、毒种保存液、菌液、体液等因含病毒或细菌量较高,在进行此类实验操作时要做好个体防护,如果发生未经灭活的实验材料导致的污染时,应按照以下方法处置,将危险降到最低。

(一) 处置方法

1. 隔离污染区。

2. 立即通知实验室相关安全负责人。

3. 组织相关人员准备清理工具和物品,穿戴防护装备后进行污染区消毒。

4. 按照污染的实验材料类型选用合适的消毒剂,对污染区域进行消毒处置。

5. 将污染材料包括溢洒物及处置工具置于防漏、防穿透的废弃物处置容器中封好。

6. 所有处置用具及废弃物要高压灭菌后按照感染性废物进行处置。

7. 记录事件发生及处置过程。

8. 分析、评价事故发生原因和可能的后果。

9. 进行整改和风险再评估。

(二) 处置要点

1. 注意对污染区进行隔离。

2. 整个清理过程要注意个体防护。

3. 处置用具及废弃的生物活性实验材料都要经过高压灭菌处置。

(三) 处置流程

处置流程见图 5-7。

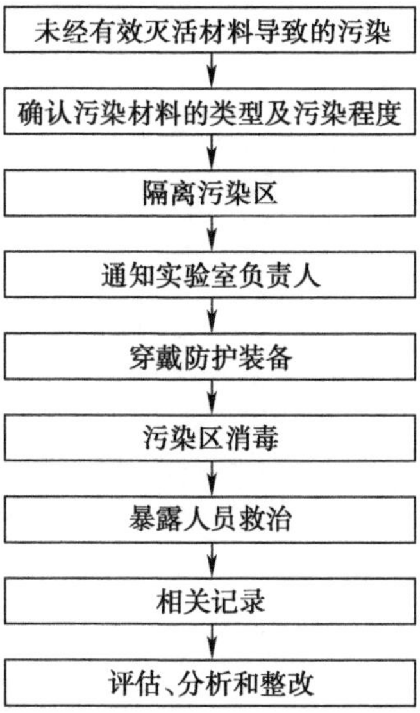

图 5-7 未经有效灭活材料导致的污染处置流程图

(吕时铭)

参 考 文 献

[1] Pike RM. Laboratory-associated infections: incidence, fatalities, causes and prevention[J]. Annu Rev Microbiol, 1979, 33: 41-66.

[2] World Health Organization. Laboratory Biosafety Manual[M]. 3rd revised ed. Geneva: 2004.

[3] WS233-2002.微生物和生物医学实验室生物安全通用准则.2002.

[4] GB1948-2004.中华人民共和国国家标准实验室生物安全通用要求.2004.

[5] Richmond JY, Nesby-O'Dell SL. Laboratory security and emergency response guidance for laboratories working with select agents. Centers for Disease Control and Prevention[J]. MMWR Recomm Rep, 2002, 51(RR-19): 1-6.

[6] 国务院.医疗废物管理条例.2003.

[7] 国务院.病原微生物实验室生物安全管理条例.2004.

[8] 中国艾滋病诊疗指南.2011.

第六章

动物实验相关事件应急处置

1981 年 11 月至 1982 年 6 月，某医学院实验室使用大鼠进行实验研究。参加实验的 5 人中有 3 人存在被大鼠咬伤的现象。1 个月后，被咬伤的 3 人均感染发病，其中 1 人感染后产生了出血热高滴度特异性抗体(1∶5120)。随后，该实验室检查了 70 只大鼠肺组织标本，其中 5 只大鼠携带汉坦病毒抗原(7.1%)。同时对该实验室的 30 只小鼠进行检测，汉坦病毒抗原均呈阴性。据此推测，大鼠可能是本次实验室感染的传染源，工作人员可能因被唾液带病毒的大鼠咬伤而感染。

动物实验室曾多次发生啮齿类动物通过气溶胶将汉坦病毒传播给人的事件。与受感染动物接触、暴露于动物排泄物、新鲜的尸检材料和动物垫料都有被感染的危险。进行汉坦病毒研究的实验室，因实验动物集中饲养，大量动物同时携带和排放病毒，使动物实验室遭受污染，极易形成气溶胶，工作人员非常容易通过吸入气溶胶而发生感染。其他可能的实验室感染，包括意外被注射针头扎伤、破伤皮肤、黏膜与感染性材料接触，通过动物咬伤感染，也较常见。

实验动物是人工饲养，对其携带的微生物实行控制，遗传背景明确或者来源清楚的，用于科学研究、教学、生产、检定及其他科学实验的动物。实验动物广泛应用于生命科学、药品检定、化工、环保等领域，是科学研究等领域重要的支撑条件，已发展成一门独立的学科。动物实验室是以动物为载体，在特定条件下，进行特定的处置，以得到预期结果，动物实验室常会出现动物性气溶胶和人畜共患病危害，因此无论在操作技术规范的制定，个人安全防护设备的设置及实验室设施的设计和建设上，都有不同于其他实验室的特殊的要求。动物生物安全实验室(animal biosafety laboratory，ABSL)是一种特殊的通过人工或自然感染进行动物实验，也适用于动物传染病临床诊断、预防、治疗研究等工作的实验室。动物性气溶胶危害要用实验室设施来防范，通过静态隔离、动态隔离和排风处置(HIPA 过滤)等措施，把产生的动物性气溶胶控制在污染区内，确保不向外环境扩散。人畜共患病危害，则要用个人安全防护设备来防止病原微生物对实验人员的感染。动物实验中的安全防护包括防火、防毒、防爆、防触电、防辐射、防外伤等，还包括防设施设备故障、防动物咬伤、防动物传染，特别要防来自实验动物的气溶胶吸入感染。

第一节 独立通风笼具、负压隔离器故障

一、独立通风笼具故障

独立通风笼具(individual ventilated cage,IVC)是近十几年来在国内广泛使用的一种新型的实验动物饲养笼具。它采用微型隔离技术,如新风经过高效过滤,通过进风管道直接输送到每个笼盒,为实验动物提供均匀、低 NH_3、低 CO_2、低流速的洁净空气,动物排放的废气经笼架回风管道进入主机排风系统,再经过高效过滤后排放到室外。IVC 避免了笼盒与笼盒之间的交叉污染,有效保护了每个饲养笼盒中的实验动物,且可防止实验人员污染实验动物,同时可以防止实验动物感染实验人员。IVC 具有操作简单、高效节能、安全可靠、使用率高等优点。

(一) 处置方法

根据实验需要,IVC 可设置成正压、负压两种模式,负压 IVC 常用于感染性动物实验。用于感染性动物实验的负压独立通风笼具发生送风停机、排风停机、断电等故障后,现场的工作人员应立即将有关情况通知实验室负责人或安全员,并根据故障类型分别做出应急处置。送风机停机而排风正常,笼盒内仍为负压状态,一般不会导致动物所携带的感染性物质外泄,故应尽快将动物转移至正常工作的负压 IVC,彻底消毒后对原 IVC 进行维修。送风机正常而排风机停止工作,IVC 已由负压变为正压状态,须首先做好工作人员的防护工作,然后关掉 IVC 的送风系统,将动物移至正常运转的负压 IVC(与原 IVC 不同的动物实验室),关掉原 IVC 所处动物实验室的送回风,对该实验室及 IVC 进行彻底消毒。发生断电事故,若有备用电源,则需在接通备用电源后,先开启排风,再开启送风,并对房间进行带动物消毒;若无备用电源,需尽快将动物移至其他正常运转的负压 IVC 中,并对原动物实验室进行空气消毒。

(二) 处置要点

1. 无论发生何种故障,需要将人的安全放在第一位。

2. 负压 IVC 要保证排风多于送风,以维持负压状态,防止感染性物质外泄。

3. 一旦因 IVC 故障可能导致外环境受到污染,必须在做好人员防护的前提下,对整个外环境进行彻底消毒。

4. 断电后恢复供电,须先开排风机,再开送风机,以维持其负压状态。

(三) 处置流程

处置流程见图 6-1。

二、负压隔离器故障

隔离系统是一种通过物理屏障手段将操作人员与实验室或者生产过程中的粉末或者液体产品分离的空气净化产品。其主要原理是从微生物学的角度将隔离器内动物或物品与外

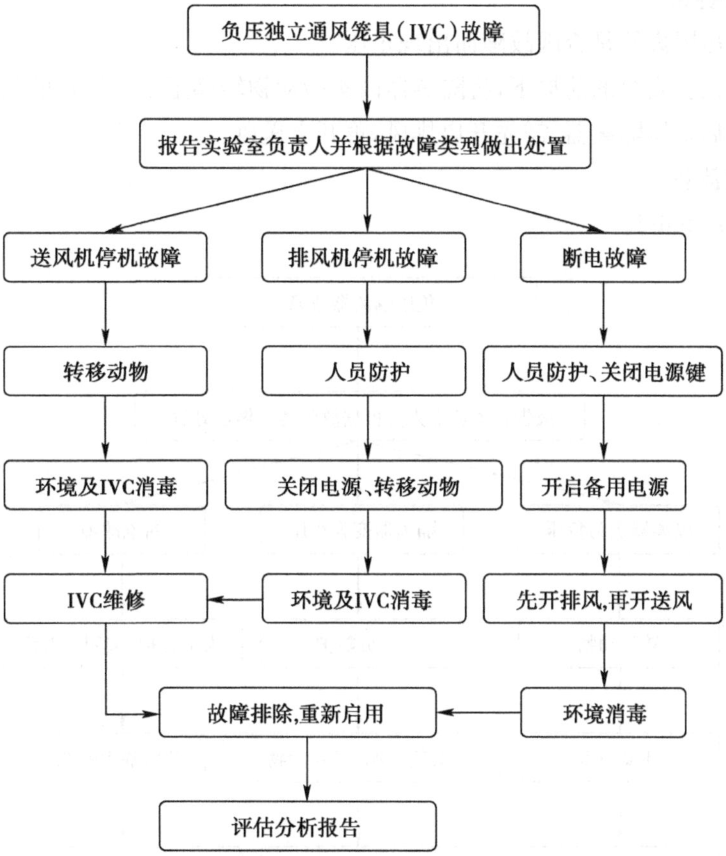

图 6-1　独立通风笼具故障处置流程图

界隔离。空气由送风机送入,在空气过滤器过滤处理后送入隔离室内。隔离室上装有橡胶手套,隔离室内部的操作都利用这个手套进行。隔离器可用于饲养无菌动物,一般采用密闭箱的形式。隔离器根据隔离室内与外界的气压差分为正压隔离器与负压隔离器两大类。正压隔离器用于饲养无菌动物、悉生动物等;负压隔离器主要用于饲养感染性动物、放射性核素污染动物等。从材质上分为钢质隔离器和塑料隔离器。钢质隔离器还分成自身具有高压蒸汽灭菌功能的密闭式隔离器和将隔离器放入高压蒸汽灭菌处置的开放式隔离器两种;塑料隔离器分为硬质塑料隔离器和软质塑料隔离器,后者即塑料薄膜隔离器。负压隔离器一般为钢质材料,其排气须装有空气高效过滤器,在其后部装置排风机。负压隔离器通常设置单向排气阀,以防止隔离室内空气向外排出时发生外排空气的逆流。

(一) 处置方法

负压隔离器发生停机、停电等故障时,首先需要判断是否因故障而造成隔离器的内外压差发生改变。若由负压变成正压,则视为隔离器所在的实验室有实验因子污染并可能对实验人员有一定的危害,应立即停止工作,关闭隔离器电源,加强个人防护,并对动物实验室进行彻底消毒灭菌,人员撤出实验室。若故障未造成隔离器内外压差反向,则尽快恢复送风并维持一定的负压即可。

（二）处置要点

1. 确认负压隔离器是否因故障而出现正压。

2. 在确保人员安全的前提下，将隔离器内实验动物转移至正常运转的负压隔离器。

3. 重新开启负压隔离器，需先开启排风，再开启送风。

（三）处置流程

处置流程见图 6-2。

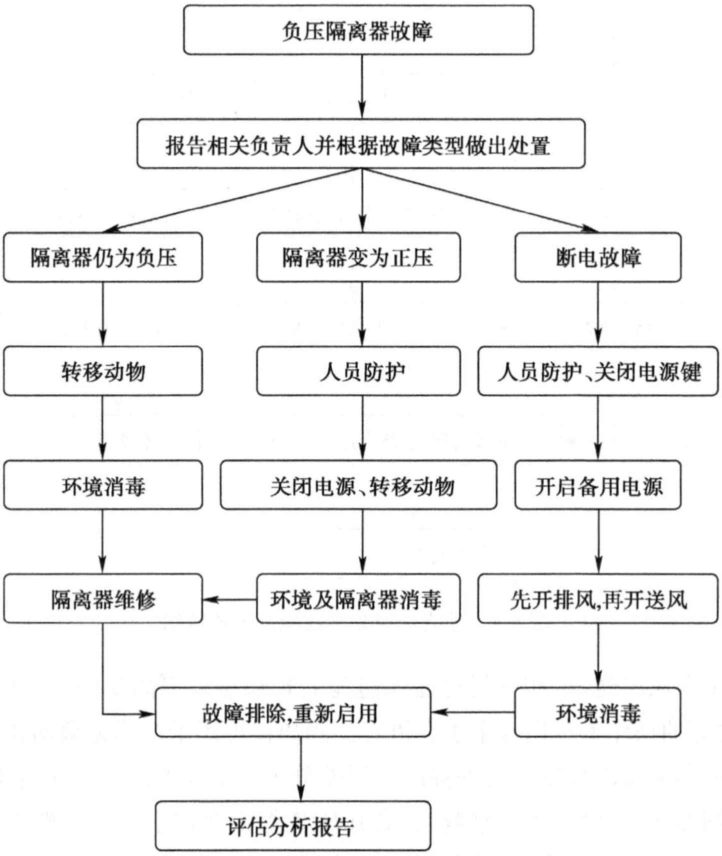

图 6-2 负压隔离器故障处置流程图

第二节 实验动物咬（抓）伤

实验动物需对其携带的微生物进行控制，不允许携带传染病原及人畜共患病。但若实验动物隐性感染，可在唾液、尿液或粪便中带毒。在缺乏确切信息证明实验动物完全健康的情况下，所有感染动物都应被视为潜在的病原携带者。狂犬病是由狂犬病毒引起的一种急性传染病，又称恐水症。如果被带有狂犬病毒的动物咬伤、抓伤，就有可能感染狂犬病毒，有患狂犬病的风险，一旦发病会出现一系列精神症状，表现为高度恐惧、狂躁不安、恐水、怕风、怕光、怕声响等，并逐渐出现咽喉肌痉挛、流口水、瘫痪、呼吸和循环衰竭等症状，病死率为

100%。几乎所有的温血动物对狂犬病毒易感，人对狂犬病没有自然免疫力，普遍易感。

一、处置方法

动物实验过程中，因操作不慎，会发生被动物咬伤、抓伤等意外事件。一旦发生此类事件，应尽快用清水、肥皂水反复冲洗受伤部位，尽量去除动物口腔内的液体。若被犬咬伤，需彻底去除犬唾液，尽量挤出污血。冲洗后，用乙醇擦洗及碘酒反复擦拭消毒，及早到规范的犬伤门诊诊治。

被SPF级大小鼠抓伤皮肤较表浅时，可在伤处局部皮肤区涂抹红汞即可；如被大小鼠咬伤出血，可先挤出伤口处血液，再用0.3%过氧化氢溶液棉球消毒伤口，用干棉球擦干后再外贴创可贴。

被普通级豚鼠、兔抓伤时，先清洗局部皮肤，再在伤处局部皮肤区涂抹红汞即可。

被普通级比格犬咬伤时，视咬伤时伤口的大小和深浅、出血的多少而定。伤口较小，出血较少的伤口可先挤出伤口处血液，再用0.3%过氧化氢溶液棉球消毒伤口，用干棉球擦干后再外贴创可贴；伤口较大、出血较多时，应送医院进行治疗。

被非标准化实验动物如草犬、猫、羊、猪等咬伤时，除了进行上述创口处置外，应详细了解动物供应商的诚信程度、该批动物的来源和疫苗接种情况，确保原始个体档案的真实可靠。如无法对上述资料的真实性做出判断时，视咬伤程度决定是否应注射狂犬疫苗。应对咬人非标准化实验动物进行至少2周的密切观察，观察的内容包括一般状态、精神行为、摄食和饮水、大小便等。如有疑似狂犬病或其他重要人兽共患病症状时，应立即捕杀，局部消毒，动物尸体焚烧处置。被咬人应送医院进行紧急处置。WHO对咬、抓伤程度的分级和处置意见进行了规定(表6-1)。

表6-1　WHO对咬、抓伤程度的分级和处置意见

级别	状态	处置意见
Ⅰ级	触摸动物，动物舔及完好的皮肤	一般不需处置
Ⅱ级	无流血的皮肤咬伤、抓伤	应接种狂犬疫苗
Ⅲ级	1处或多处皮肤被穿透性咬伤或抓伤出血，唾液污染黏膜	应接种狂犬疫苗、抗血清或免疫球蛋白

二、处置要点

1. 被感染动物咬伤、抓伤后应尽快用清水、肥皂水反复冲洗受伤部位。
2. 若伤口出血，尽量挤出污血。
3. 清水冲洗后，用乙醇擦洗及碘酒反复擦拭消毒。
4. 若皮肤被穿透性咬伤或被抓伤出血，应及时接种狂犬疫苗、抗血清或免疫球蛋白。

三、处置流程

处置流程见图6-3。

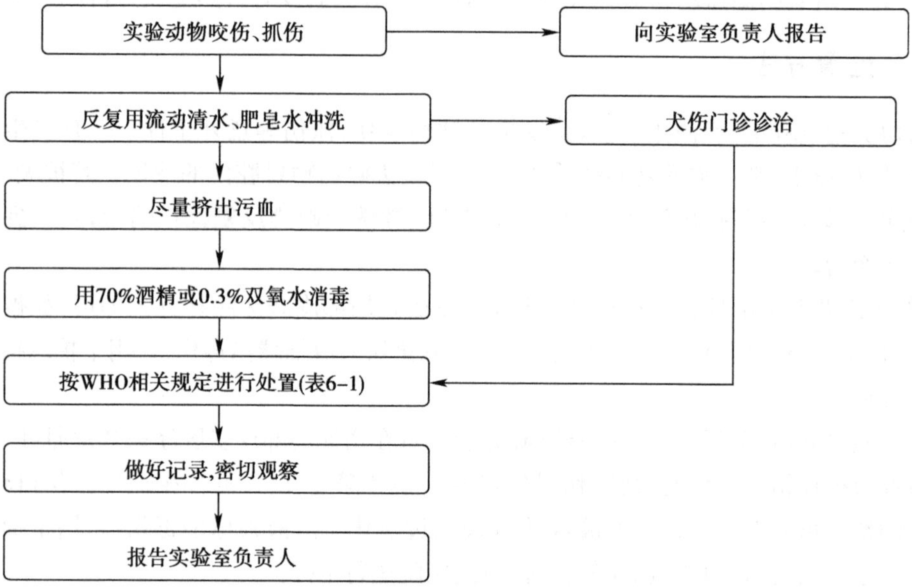

图 6-3　被实验动物咬(抓)伤处置流程图

第三节　动物感染实验的意外气溶胶暴露

气溶胶(aerosol)由固体或液体小质点分散并悬浮在气体介质中形成的胶体分散体系，其分散相为固体或液体小质点，大小为 0.001～100μm，分散介质为气体。国外资料介绍对近 4000 例实验室相关感染(laboratory associated infection)统计分析表明，实验室相关感染主要发生在微生物研究实验室，临床诊断实验室和动物实验室。其中，感染原因较明确(如针刺、鼠咬、食入等)的实验室感染只占全部感染的 18%，原因不明的实验室感染却高达 82%。后来在长期操作实践中得知，在这些不明原因的实验室感染中，大多数是因为在操作病原微生物时产生了感染性气溶胶(infectious aerosol)，并在实验室内扩散，工作人员和有关人员吸入后，发生了空气传播感染。气溶胶粒子在呼吸器官的沉积分布与粒子粒径有关。1～5μm 粒子可直接进入肺泡，6～10μm 易沉着于小支气管，10～30μm 会沉积在支气管内，大于 30μm 以上的粒子则沉着于气管内，再大一点的则沉着于咽喉鼻孔处。

在动物实验过程中，由于动物特性，会产生大量的动物性气溶胶。在感染动物的观察饲养、动物呼吸、排泄、抓咬、挣扎、逃逸、跳跃中；在垫料、饲料更换、感染接种、注毒、特别是在鼻腔内接种时；在尸体剖检、病理组织排泄物收集、废弃污染物处置中，都会产生危害性极大的动物性气溶胶，应引起特别的注意。

一、处置方法

在动物实验室内空气传播和感染主要有 3 个过程：微生物气溶胶的产生、微生物气溶胶的扩散、微生物气溶胶的人体暴露和吸入。为此要想控制或减少动物实验室内微生物气溶胶传播和感染，需考虑具备针对这种危害的生物安全措施，以便控制实验室微生物气溶胶传播与感染。针对潜在重大生物危害性气溶胶的释出（在生物安全柜以外），为迅速降低污染浓度，在保证规定的压力值条件下，增加换气次数。现场人员要对污染空间进行消毒。在消毒前所有现场人员立即有序撤离相关污染区域；进行体表消毒和淋浴，封闭实验室。任何现场暴露人员都应接受医学咨询和隔离观察，并采取适当的预防治疗措施。如果动物实验室没有中央排风系统，需要推迟至 24 小时后进入。同时应当张贴“禁止进入”的标志。封闭 24 小时后，按规定进行善后处置。

二、处置要点

1. 避免或减少微生物气溶胶与人体的接触。
2. 增加换气次数，对暴露的气溶胶进行稀释。
3. 封闭实验室并进行空气消毒。

三、处置流程

处置流程见图 6-4。

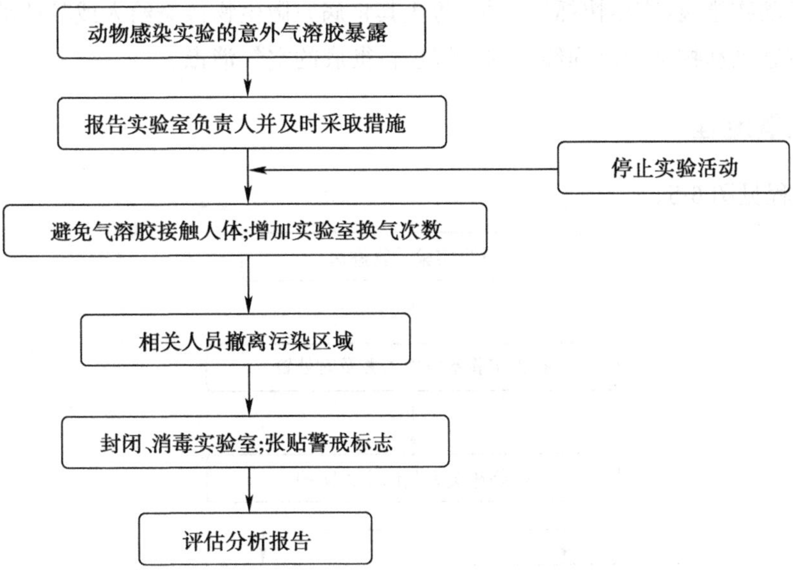

图 6-4　动物感染实验的意外气溶胶暴露处置流程图

第四节　感染动物逃逸

实验动物需要饲养在特定的环境设施内，既可保证实验条件的标准化、一致性，又能最大程度地满足动物福利。当实验动物逃出饲养区域后，它们会因环境的陌生而焦虑、烦躁，温顺的实验动物也会对陌生人的接近而产生警惕、反抗，对周围人员造成一定的威胁。更为关键的是，感染动物携带病原微生物，其逃逸存在较大的病原菌传播的风险，需及时抓捕并进行处置。

一、处置方法

感染性实验的动物逃逸后，应及时报告，随即启动应急预案，进行处置。若动物逃逸局限于动物实验室内，实验人员需在做好个人防护的前提下，尽早抓捕逃逸动物，增加室内换气次数，对接受感染动物暴露的动物实验室的空气进行稀释，并对实验室地面进行空气消毒。若动物逃逸至动物实验室外，则需同时做好动物逃逸经过区域的人员疏散工作，并进行内外环境的消毒。抓捕大型实验动物时，应带上麻醉器械、绳子、网兜等物品，根据现场情况部署应急捉捕方案。发现逃逸实验动物后将其网扣、装笼，必要时实行麻醉。大型动物逃逸抓捕后用应急车辆运走以做进一步处置。抓捕过程中若有人员受伤，应及时送往医院处置。

二、处置要点

1. 实验动物逃逸事故应及时处置，启动应急预案，避免实验动物引发的病原菌的传播与动物袭击事件。

2. 感染动物逃逸，应尽快抓捕动物，防止其将病原微生物传染给人或其他动物。

3. 需对感染动物逃逸过程经过的区域进行彻底的空气消毒。

三、处置流程

处置流程见图 6-5。

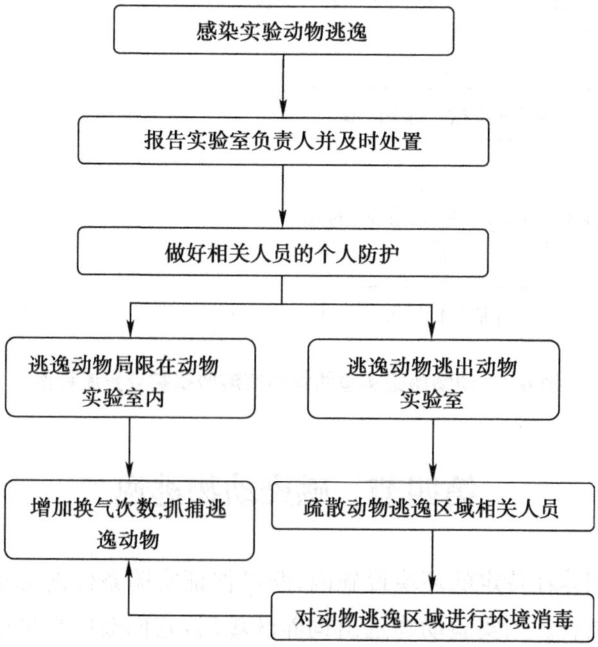

图 6-5　感染动物逃逸处置流程图

第五节　感染动物废弃物的意外暴露

实验动物的废弃物主要包括实验动物尸体、实验动物垫料、实验动物排泄物等。根据实验动物废弃物的特征可分为以下几类：①感染性废弃物：如被动物血液、体液污染的物品。②病理性废弃物：实验动物尸体等废弃物。③损伤性废弃物：废弃的锐器。④药物性废弃物：变质或者被污染的废弃的药品。⑤化学性废弃物：具有毒性、腐蚀性、易燃易爆性的废弃的化学物品。实验动物废弃物的收集须遵循相应的规则，不同种类的废弃物不能混合收集，实验动物废弃物需用专用包装袋或容器盛放并密封，且表面应当有警示标识，注明单位、日期、类别等。感染性动物实验的所有废弃物，均须就地高压灭菌处理；感染动物尸体必须经无害化处置，然后方可交相应有资质的医疗废物处置部门集中处置。

一、处置方法

从事感染动物实验过程中，当发生感染性物质或潜在感染物质意外泄漏时，首先需做好实验人员的防护措施，需戴口罩及手套、穿防护服，必要时进行脸部及眼睛防护。用布覆盖住暴露的废弃物，并向其上倾倒消毒剂，从外围区域开始，朝向中心进行处置。消毒剂作用约 30 分钟后，将所处置的废弃物清理掉，并对该区域再次进行清洁并消毒。最后将污染废弃物置于防漏、防穿透的容器中，若有必要，对其进行再次消毒灭菌。对于感染动物尸体，须就地进行 121℃、30 分钟高压灭菌处置后移交专门的动物尸体处置机构。

二、处置要点

1. 应将操作、收集、运输、处置废弃物的危险降至最低。

2. 将废弃物对环境的有害作用降至最低。

3. 锐器（注射器、刀片等）应收集于耐扎的专用容器内。

4. 动物尸体须无害化处置。

三、处置流程

处置流程见图 6-6。

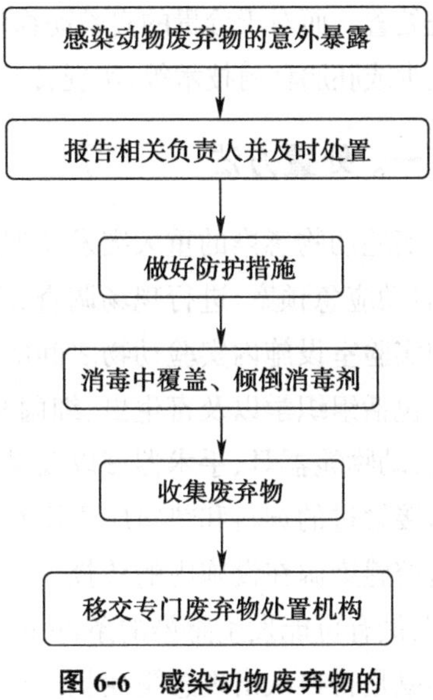

图 6-6　感染动物废弃物的意外暴露处置流程图

第六节　感染动物的净化处置

实验动物、实验动物质量保证体系、实验动物供应和实验动物管理构成了实验动物科学的基本元件，其中实验动物属于生命科学和医学研究“大军”的“粮草”，是实验动物科学发挥对生命科学和人口健康科学支撑作用的支点。实验动物对人类生命科学的进步功不可没，人类基因组计划，基因结构与功能组学的研究等重要研究都离不开高质量实验动物。当前国际上已经把实验动物资源的质量与数量作为衡量一个国家科学技术现代化水平的标志之一。据统计，在生命科学领域里，需用到实验动物资源的课题占60%，是生命科学研究的重要支撑条件，历史上很多重大的科研成果都是通过动物实验获得的。通过动物实验证明，人类许多传染性疾病的传染源是各种微生物，如鼠疫、布鲁氏菌病、白喉、破伤风、天花等。这些科研成果，确定了各种致病微生物与人类疾病的关系，使预防疾病、预防免疫和治疗各种传染病成为可能。实验动物是在生命科学、医学、药学、传染病学、转化医学、农业科学、食品科学等相关领域的研究和成果转化等重要环节不可或缺的支撑条件。实验动物已经成为生命科学和医学创新研究的重要工具，特别是一些珍贵的转基因实验动物资源。

近年来，生命科学领域实验动物的质量要求越来越严格，实验动物的感染不仅会影响实验结果的准确性，导致实验动物资源的浪费，而且对实验动物操作人员的身体健康也可能造成严重影响，近年来一些实验动物感染的意外事件也引起了科研工作者的广泛关注。2010年12月某大学28名师生因进行"羊活体解剖学实验"被查出感染布鲁氏菌病，导致长期发热、多汗、关节痛、肝脾大，并且久治不愈。面对实验动物感染的突发状况，实验动物管理人员应该立即上报，并采取紧急处置措施，以避免感染的扩散。对于感染实验动物接触过的动物笼器具、实验器械应单独进行消毒或处置，被感染实验动物污染的饲料及垫料应交专门处置部门进行焚烧处置。而对于珍贵的实验动物资源如转基因实验动物感染，则应采用无菌剖宫产手术、代乳技术或胚胎移植技术等，实现转基因小鼠生物净化，经微生物检测合格后完成净化。

一、处置方法

实验动物感染的重大突发状况发生时，实验动物管理人员应该立即向实验室负责人报告，启动应急预案，进行现场调查，启动相关感染源感染时的全面检测程序，主要检查病原在动物实验室设施内实验动物之间的传染情况，并对相邻实验室的实验动物抽样检查，进行尸检，(包括组织学以及寄生虫、细菌和病毒的检测)。对于感染实验动物接触过的物体如饮水装置、动物笼器具、手术器械以及动物饲养室及缓冲间进行全面的消毒或处置，被感染实验动物接触过的饲料和垫料应立即移除饲养室，交给专门处置部门进行焚烧处置。为了进一步监控感染源在设施内的传播，启动哨兵检查程序，选取3组哨兵小鼠放在消毒后的设施内，在最有可能发生感染的条件下饲养。所有的小鼠每天进行检验检疫，在这段时期内，检测小鼠是否再次出现感染症状。对于转基因等珍贵实验动物感染，则应采用无菌剖宫产手术、胚胎移植技术等，实现转基因小鼠生物净化。

1. 无菌剖宫产手术　采用推算法，以交配之日为妊娠0天，将21天作为其分娩期。结合触诊法，确定妊娠临产期。待剖小鼠颈椎脱臼法处死后，将其迅速浸入35℃的2%过氧乙酸溶液，移至手术台，固定四肢，碘酒消毒小鼠腹部，切开腹部，暴露子宫摘下子宫，切开，破羊膜取出胎仔，扯断脐带，自主呼吸的乳鼠经1～2小时后开始由代乳鼠哺育。剖腹取胎的仔鼠经代乳哺育3周后离乳。

2. 胚胎移植技术　供体小鼠的超排和受精:供体雌鼠常规超排后,与雄性转基因小鼠合笼,有阴栓者作为供体使用。将 SFP 级 8 周龄背景雌鼠与结扎公鼠(2∶1)合笼,次日早晨检栓,有阴栓者作为胚胎移植受体备用。供体见栓 2 天后处死,打开腹腔,取下输卵管,用注射器接皮下针吸 0.2ml M2 培养液,冲洗输卵管,收集的受精卵经漂洗和短暂培养后进行移植。受体采用输卵管移植,每侧移胚 7 枚,移植后受体鼠送入屏障系统内,经 19～21 天孕期分娩,仔鼠于 21～25 天断乳、编号,微生物检测合格后完成胚胎移植。

二、处置要点

1. 感染实验动物应立即进行隔离、检疫。

2. 多指标联合诊断对感染动物进行寄生虫、病毒和细菌检测。

3. 转基因等珍贵实验动物感染应采用无菌剖宫产手术、代乳技术或胚胎移植技术,实现转基因小鼠生物净化。

三、处置流程

处置流程见图 6-7。

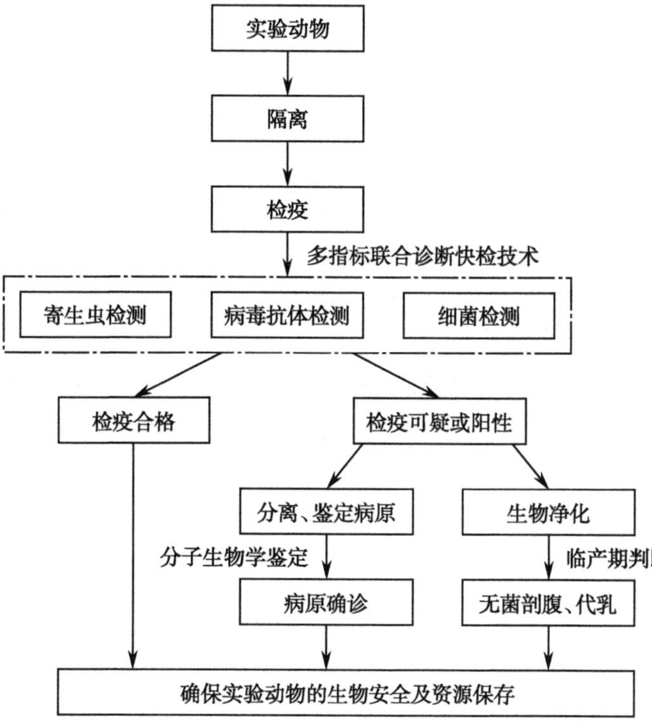

图 6-7　感染动物的净化处置流程图

（应华忠　柯贤福）

参考文献

[1] 世界卫生组织. 实验室生物安全手册[M]. 陆兵，译. 北京：人民卫生出版社，2004.
[2] 刘利兵. 实验室生物安全与突发公共卫生事件[M]. 西安：第四军医大学出版社，2009.
[3] 曲连东，张永江. 动物实验的生物安全与防护[M]. 北京：中国农业科学技术出版社，2007.
[4] 王君玮，王志亮. 生物安全实验室兽医病原微生物操作技术规范[M]. 北京：中国农业出版社，2009.
[5] 王宇. 实验室感染事件案例集[M]. 北京：北京大学医学出版社，2007.
[6] 蒋健敏，陈民利. 实用医学实验动物学[M]. 杭州：浙江人民出版社，2009.
[7] 张连峰. 我国常用实验动物资源的现状及对未来发展的思考[J]. 中国比较医学杂志，2011，(21)10：39-43.

第七章 实验室化学品意外事件应急处置

2003年5月31日某中医学院实验楼发生火灾，随后发生轻微爆炸，实验室内堆放甲醇、食用乙醇、丙酮等有机溶剂，周围还有其他化学危险品，要是引爆这些化学品，后果将不堪设想。2010年6月9日某研究所实验室发生爆炸，爆炸主要原因是做实验时发生差错，过氧化氢溶液在实验操作时因温度高而引起爆炸。2010年6月19日某重点实验室发生大火，起火原因是两个学生正在做实验，用电磁炉熔化石蜡，后来暂时离开了一会，没想到就发生了火灾。2011年11月17日某实验楼一楼有机化学室突然起火，大火蔓延至实验楼2、3楼，实验室内大量化学用品被点燃，散发大量有毒气体。起火原因怀疑为化学药品反应或电线短路。

化学实验常伴随着危险，它常常潜藏着诸如发生泄漏、灼伤、爆炸、中毒等事故的危险性，若考虑不周、处置不当不仅会使实验者自身受伤，而且还会危及他人，造成人员伤亡和财产损失。如何来防止这些事故的发生以及万一发生又如何来处置，这些都是每一个化学实验工作者必须具备的知识素质。

第一节　实验室化学品概述

一、化学品分类

不同的国家和组织对危险化学品的定义有不同的表述。我国在2011年发布的中华人民共和国国务院令《危险化学品安全管理条例》(第591号)中所述的危险化学品，是指具有毒害、腐蚀、爆炸、燃烧、助燃等性质，对人体、设施、环境具有危害的剧毒化学品和其他化学品。危险化学品数量众多，种类繁杂，性质各异。

危险化学品的安全问题是化学实验室中非常重要的问题，关系到人员和设备的安全，实验室的工作人员必须高度重视，化学实验室必然要使用大量的化学试剂即化学品，其化学品种类繁多、性质各异、易燃易爆、腐蚀剧毒、一物多危、相互增危、有毒有危、情况复杂，这给安全管理造成一定的困难。根据国务院《危险化学品安全管理条例》(2011年第591号令)和《易制毒化学品管理条例》(2005年第445号令)以及根据国家标准公布的《危险货物品名表》

（GB12268—2012）、国家安全生产监督管理总局联合工信部、公安部等9大部委发布的《危险化学品目录》（2015版），重点关注的实验室化学品主要有危险化学品、剧毒化学品、易制毒化学品，但这三者之间互相包含。

按照《危险化学品安全管理条例》，危险化学品指具有毒害、腐蚀、爆炸、燃烧、助燃等性质对人体、设施、环境具有危害的剧毒化学品和其他化学品。主要分为物理危险、健康危害和环境危害3大类。

危险化学品根据《危险化学品目录》共2828种，主要包含在危险化学品的有毒气体、易燃液体、毒害品和腐蚀品等。

易制毒化学品：根据《易制毒化学品管理条例》，目前公安机关监管的易制毒化学品共24种。为了加强易制毒化学品的管理，防止易制毒化学品流入非法渠道被用于制造毒品，国家对易制毒化学品的生产、经营、购买、运输和进口、出口行为进行监管，由公安机关负责实施。

二、实验室安全操作意识

（一）做好周密的实验前准备

实验人员在实验前，不仅要对所用的实验装置及化学品等进行认真的检查，必须按照实验的要求做好充分的准备工作。衣着必须尽量穿得合体，使之既不露出皮肤，又能灵活地进行操作。同时实验时常常需要戴防护眼镜和手套，必要时戴防护面具。实验过程必须按照实验要求以及仪器作业指导书要求进行操作，不合适的操作方法或使用不安全的装置进行实验，常是发生实验事故的根源。

（二）充分评估实验风险

实验事故虽不可预测，但其风险大小是可以评估的。即使对不大了解的实验，也必须根据其危险程度而制订相应的预防措施。像下面这类实验，必须高度重视，提高警惕，使之万无一失。

1. 不了解的化学反应及操作。
2. 存在多种危险性的实验（如使用明火、剧毒品、腐蚀试剂、毒气等）。
3. 在严酷的反应条件（如高温、高压等）下进行的实验。
4. 长时间的实验操作，如过夜反应、蒸馏等。

（三）充分做好事故发生前的预防措施

实验前，要先了解清楚需要关闭的主要龙头、电气开关，灭火器或急救用的喷水器的位置及操作方法，以及清理好万一发生事故时用于紧急撤离的道路，明确急救方法和联系方式等事项，加以检查之后才能开始进行实验。

（四）做好实验结束后的清场处置

实验结束后的清场工作，亦属实验过程的组成部分。尤其不可忽略回收溶剂、废液和废弃物等的处置。

三、化学品的安全防护

（一）防毒

1. 实验前，应了解所用化学品的特性及防护措施。

2. 操作有毒气体(如 H_2S、Cl_2、Br_2、NO_2 和 HF 等)应在通风柜内进行。

3. 苯、四氯化碳、乙醚、硝基苯等的蒸汽会引起中毒,它们虽有特殊气味,但久嗅会使人嗅觉减弱,所以应在通风良好的情况下使用。

4. 有些化学品(如苯、有机溶剂、汞等)能透过皮肤进入人体,应避免与皮肤接触。

5. 氰化物、高汞盐[$HgCl_2$、$Hg(NO_3)_2$ 等]、可溶性钡盐($BaCl_2$)、重金属盐(如镉、铅盐)、三氧化二砷等剧毒品,按照剧毒品管理要求妥善保管,使用时要特别小心。

6. 禁止在实验室内饮食。饮食用具不可带进实验室,以防毒物污染,离开实验室及饭前要洗净双手。

(二) 防爆

可燃气体与空气混合,当两者比例达到爆炸极限时,受到热源(如电火花)的诱发,就会引起爆炸。

1. 使用可燃性气体时,要防止气体逸出,室内通风要良好。

2. 操作大量可燃性气体时,严禁同时使用明火,还要防止发生电火花及其他撞击产生火花。

3. 有些化学品如高氯酸盐、过氧化物、乙炔铜等受震和受热都易引起爆炸,使用要特别小心。

4. 严禁将强氧化剂和强还原剂放在一起。

5. 久藏的乙醚使用前应除去其中可能产生的过氧化物。

6. 进行容易引起爆炸的实验(如重蒸等),应有防爆措施。

(三) 防火

1. 许多有机溶剂如乙醚、丙酮、乙醇、苯等非常容易燃烧,大量使用时室内不能有明火、电火花或静电放电。实验室内不可存放过多这类化学品,建议试剂间要保持一定的通风和做好温度控制。有机溶剂用后还要及时回收处置,不可倒入下水道,以免聚集引起火灾。

2. 有些物质如磷、金属钠、钾、电石及金属氢化物等,在空气中易氧化自燃;还有一些金属如铁、锌、铝等粉末,也易在空气中氧化自燃,这些物质要隔绝空气保存,使用时要特别小心。

实验室如果小面积着火不要惊慌,应根据情况进行灭火,常用的灭火剂有:水、沙、二氧化碳灭火器、泡沫灭火器和干粉灭火器等。可根据起火的原因选择使用,以下几种情况不能用水灭火。

(1)金属钠、钾、镁、铝粉、电石、过氧化钠着火,应用干沙灭火。

(2)比水轻的易燃液体,如汽油、笨、丙酮等着火,可用泡沫灭火器。

(3)有灼烧的金属或熔融物的地方着火时,应用干沙或干粉灭火器。

(4)电器设备或带电系统着火,可用二氧化碳灭火器。

(四) 防灼伤

除上述之外,实验室使用的强酸、强碱、强氧化剂、溴、钠、钾、苯酚、冰乙酸等如果黏附到人的皮肤,都会腐蚀皮肤,特别要防止溅入眼内。液氧、液氮等低温也会严重灼伤皮肤,使用时要小心。万一灼伤应及时处置并送医院治疗。

总之，实验过程中若皮肤灼伤，感觉喉咙灼痛，出现呕吐、惊厥、呼吸困难和休克等症状时，均有可能系实验操作不当致污染或中毒，发生轻微症状时进行现场处置。若发生急性中毒事故，应进行现场急救处置后，马上将受伤者或中毒者送医院急救，并向医院提供可能的受伤原因或中毒原因和化学物品的名称等必要信息以便能对症医疗，如化学物不明，则需要带该物料以及呕吐物的样品，供医院等相关部门及时检验。

在进行现场急救时，急救人员应根据化学品的毒性特点、中毒受伤途径及中毒受伤程度采取相应措施，要立即将患者转移至安全地带，并设法清除其体内毒物，如服用催吐剂、应用“解毒剂”，使毒物对人体的损伤减到最小，并立刻送医院救治。

四、化学品应急处置要点

实验室开展化学实验，要以预防为主，首先要充分分析化学实验存在的危险因素，尽量避免危险事件的发生。化学品引起的突发事件与其他事件相比，其发生非常迅速，后果更严重，因此如何预防化学品突发事件的发生，以及怎样将化学品事件所造成的影响和损失减到最小(即应急处置)，已成为全社会所关注的问题。

实验室化学品引起的突发事件一般属于小范围事件，如果应急处置得当均可控制，并将损失降到最低，否则小范围事件可能扩大，因此实验人员掌握应急突发处置能力特别重要。

实验室化学品应急处置过程一般包括隔离、控制、报警、现场急救、紧急疏散、火灾控制等几方面。

(一) 隔离

一旦实验室发生化学品引起的突发事件，如有毒、有害、易燃、易爆物泄漏以及局部火灾等，要尽可能将其隔离，控制在有限范围内，如果有人受伤，首先将人与有害物隔离。另外在化学实验室建设上要求防火、通风、防爆、防酸碱等。

(二) 控制

对于化学品泄漏、火灾等在第一时间进行控制，可以减低危害程度，如果有化学品附着到人体，合理地处置可以减少化学品引起的损伤。火灾可以通过灭火设备和装置将局部火灾控制以免蔓延。鉴于目前疾病控制化学实验室的装修以及实验操作，建议避免使用明火，或者避免使用明火时人不在岗。

(三) 报警

遇到不可控制的化学品泄漏、火灾，要及时“119”报警和向有关人员报告，及时传递事故信息，通报事故状态，是使事故损失降到最低水平的关键环节，一些小事故处置不当，延误时间，将形成灭顶之灾。当发生突发性危险化学品泄漏或火灾爆炸事故时，现场人员在保护好自身安全的情况下，及时检查控制事故部位。注意报警，报警内容应包括：事故单位、事故发生的时间、地点、化学品名称和泄漏量、事故性质(泄漏、爆炸、火灾)、危险程度、有无人员伤亡以及报警人姓名及联系电话等。

(四) 现场急救

在事故现场，化学品对人体可能造成的伤害为主要包括中毒、窒息、化学灼伤、烧伤等，在进行急救时，不论患者还是救援人员都需要进行适当的个人防护。当现场有人受到化学品伤害时，应立即进行以下处置：迅速将患者脱离现场至空气新鲜处；呼吸困难时给氧；呼吸停止时立即进行人工呼吸；皮肤污染时，脱去污染的衣服，用流动清水冲洗，冲洗要及时、彻底、反复多次；头面部灼伤时，要注意眼、耳、鼻、口腔的清洗；当人员发生烧伤时，应迅速将患者衣服脱去，用水冲洗降温，用清洁布覆盖创伤面，避免伤面污染；不要把水疱任意弄破。口服毒物时，可根据化学品性质，对症处置。经现场处置后，应迅速护送伤员至医院救治。

（五）紧急疏散

实验室化学品引起的突发事件，应根据化学品泄漏的扩散情况或火情所涉及范围迅速将区域内与事故应急处置无关的人员撤离，以减少不必要的人员伤亡。紧急疏散时应注意：如事故物质有毒时，需要佩戴个体防护用品，并有相应的监护措施；应向上风方向转移；明确专人引导和护送疏散人员到安全区，并在疏散或撤离的路线上设立哨位，指明方向。要查清是否有人留在污染区与着火区。为使疏散工作顺利进行，实验室楼道应至少有两个畅通无阻的紧急出口，并有明显标识。当泄漏溢出的化学品为易燃品时，区域内应严禁火种。

（六）火灾控制

危险化学品容易发生火灾、爆炸事故，但不同的化学品以及在不同情况下发生火灾时，其扑救方法差异很大，若处置不当，不仅不能有效扑灭火灾，反而会使灾情进一步扩大。此外，由于化学品本身及其燃烧产物大多具有较强的毒害性和腐蚀性，极易造成人员中毒、灼伤。因此，扑救化学危险品火灾是一项极其重要又非常危险的工作。从事化学品生产、使用、储存、运输的人员和消防救护人员平时应熟悉和掌握化品的主要危险特性及其相应的灭火措施，并定期进行防火演习，加强紧急事态时的应变能力。一旦发生火灾，每个职工都应清楚地知道他们的作用和职责，掌握有关消防设施、人员的疏散程序和危险化学品灭火的特殊要求等内容。

发生化学品火灾时，灭火人员不应单独灭火，出口应始终保持清洁和畅通，要选择正确的灭火剂，灭火时还应考虑人员的安全。在火灾尚未扩大到不可控制之前，应使用适当灭火器等装置来控制火灾。迅速切断进入火灾事故地点的一切物料，然后立即启用现有各种消防设备、器材扑灭初期火灾和控制火源。扑救危险化学品火灾决不可盲目行动，应针对每一类化学品，选择正确的灭火剂和灭火方法来安全地控制火灾。化学品火灾的扑救应由专业消防队来进行，及时进行“119”报警，其他人员不可盲目行动。必要时采取堵漏或隔离措施，预防次生灾害扩大。当火灭后，仍然要派人监护，清理现场，消灭余火。应急处置过程并非是按部就班地按以上顺序进行，而是根据实际情况尽可能同时进行，如危险化学品泄漏，应在报警的同时尽可能切断泄漏源等。

化学品事故的特点是发生突然，扩散迅速，持续时间长，涉及面广。一旦发生化学品事故，往往会引起人们的慌乱，处置不当，又会引起二次灾害。因此实验室应制订和完善化学品事故应急预案。让每一个职工都知道应急方案，定期进行培训教育，提高广大职工具备对付突发性灾害的应变能力，做到遇灾不慌，临阵不乱，正确判断，正确处置，增强人员自我保护意识，减少伤亡。

五、化学品应急处置流程

化学品应急处置流程见图 7-1。

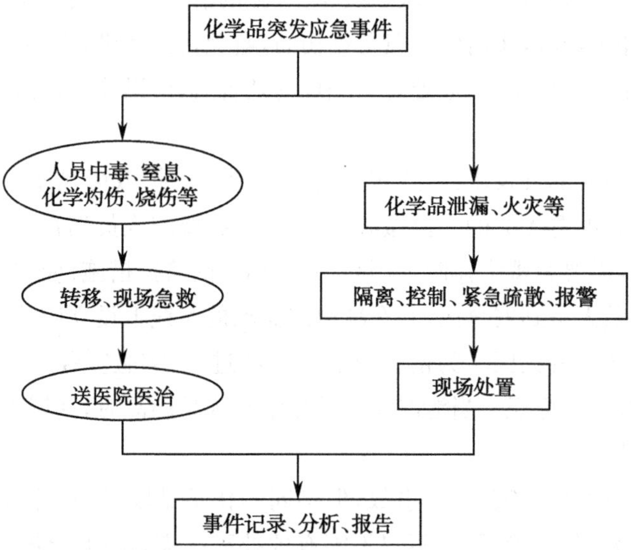

图 7-1　化学品应急处置流程图

第二节　强酸性化学品应急处置

2013 年某实验室进行浓硝酸重蒸时，蒸馏瓶发生爆炸，少量浓硝酸溅到实验室人员皮肤上。实验室人员用流动清水彻底冲洗，送到医院治疗，对地面的浓硝酸先用干燥沙、土等惰性材料吸附泄漏物，收集吸附泄漏物的沙、土；再用干燥石灰或苏打灰洒入泄入地面，中和可能残留的酸，最后用水冲洗干净。

2014 年某实验室人员打开浓硫酸瓶盖子，不带防酸手套，用指甲开瓶，手上溅了一点浓硫酸，开始没有感觉，一会儿后指甲和手有灼伤感，当场用大量的水洗，随后送医，因处理及时得当，避免了进一步的腐蚀损伤。

引起化学性灼伤的常见物质有酸性物质、碱性物质、金属化合物和有机化合物。根据灼伤程度不同导致皮肤出现红斑、水疱、苍白和焦痂。实验室常见的强酸包括浓硫酸、盐酸、硝酸、浓盐酸和浓硝酸(体积比 3∶1)组成的混合物(王水)、高氯酸等。

一、被强酸灼伤

实验中，当强酸附着皮肤时，应当立即用大量清水反复冲洗皮肤上的强酸，(但是有一些油状的酸，如浓硫酸要先用布擦干，否则直接冲洗会增大受伤面积)冲洗得越早、越干净、越彻底越好，即使残留一点也会使烧伤越来越重。不要顾虑患者冲洗时疼痛加重，要鼓励患者忍耐着冲洗下去，直到冲干净为止。再涂上弱碱溶液，比如 3%～5%的碳酸氢钠、稀氨水或肥皂液等。但是，当附着草酸时，若用碳酸氢钠中和，由碱会产生很强的刺激物，故不宜使用。此外，可以用镁盐和钙盐中和。用水冲洗干净后，用清洁纱布轻轻覆盖创面，送往医院处置。切忌不经冲洗，急急忙忙地将患者送往医院。

注意：浓硫酸溅到皮肤上不能立即用水冲洗，而应该用棉花、纱布把硫酸擦掉，再用碳酸氢钠溶液擦洗，然后用大量水冲洗。浓盐酸和浓硝酸溅到皮肤上，应立即脱去污染的衣着，用流动清水彻底冲洗，或用 2%碳酸氢钠溶液冲洗。

二、吸入强酸性物质

（一）强酸中毒及其表现

急性强酸类中毒是指硫酸、盐酸、硝酸等经呼吸道、皮肤或消化道进入人体，引起局部烧伤及全身中毒。其中毒表现如下：急性吸入性中毒可出现呛咳、胸闷、流泪、呼吸困难、发绀、咯血性泡沫痰、肺水肿、喉头痉挛或小肿、休克、昏迷等。皮肤及眼烧伤部位呈灰白、黄竭或棕黑色，四周皮肤发红，界限分明，局部剧痛，面积大者可发生休克；眼烧伤可见角膜混浊，甚至穿孔，以至完全失明。由消化道进入可见口唇、口腔、咽部、舌烧伤、口腔、咽部、胸骨后及腹上区剧烈灼痛，并有恶心、呕吐，呕吐物为大量褐色物及食管、胃黏膜碎片，还可出现胃穿孔、腹膜炎、喉头痉挛或水肿。强酸类中毒还可出现头痛、头晕、恶心、乏力等，重者烦躁不安、惊厥、昏迷，以及肺水肿、肝肾损害等。

（二）强酸中毒时的急救处置

吸入性中毒时需立即将中毒者转移至新鲜空气流通处，并注重抢救者的自我保护，如戴口罩、手套、穿靴子等。强酸所致的皮肤及眼烧伤时，要立即用大量清水彻底冲洗创面及眼内至少 20 分钟。待脱去污染的衣服后，再用清水或 40%碳酸氢钠冲洗、以中和与湿敷。在彻底清洗皮肤后，烧伤创面可用无菌或洁净的三角巾、床单、被罩、衣服等包扎。眼内彻底冲洗后，可应用氢化可的松或氯霉素眼药膏或眼药水点眼，并包扎双眼。吞服强酸时立刻饮服 200ml 氧化镁悬浮液，或者氢氧化铝凝胶、牛奶及水等东西，迅速把毒物稀释。因碳酸钠或碳酸氢钠会产生二氧化碳气体，故不要使用。

三、泄漏处置

实验室强酸物质泄漏，要及时通报，面积大时需要先疏散周围人员，建议穿全封闭防化服装及佩戴防毒面具后进行后续处置，主要参考下列方法进行处置。

（一）实施堵漏

堵漏是强酸物质泄漏事故处置中排除险情、消除事故危害的基本措施，一要根据泄漏容器、泄漏量选择合适的堵漏工具，应根据具体情况，临时制作堵漏器具。在实施堵漏过程中，必须要落实各项安全保护措施。

（二）稀释控制

稀释控制是危险化学品泄漏事故中常用的处置措施。目的是降低现场有害物质浓度，改善区域环境，防止可能发生的险情，减轻灾害程度。在危险化学品泄漏的灾害现场，一是稀释降低有害物质浓度，大部分强酸物质都具有水溶性的特点，降低浓度是控制危害的有效措施；二是稀释泄漏物质，稀释的作用是减轻危害。当现场有害物质形成威胁，将造成危害或不利于现场操作时，都可以用水将其稀释。

（三）中和处置

中和处置是降低现场强酸泄漏物质危害程度，控制灾情发展的有效措施。中和处置的方法有两种，一是采用碱液中和酸液，酸液中和碱液（浓氨水）；另一种是用固体中和，即采用碳酸钠、氢氧化钠、石灰乳、碳酸钙等中和。通过中和能把有害的强酸变成偏于中性的无害物质，然后再做适当处置。

第三节　强碱性化学品应急处置

2011 年某实验室人员做完实验后没有把一瓶浓氨水的瓶盖拧紧，用完后就想用手提着瓶盖把瓶子拿起来放到药品柜，结果瓶子落到地上打碎了，弄得满屋都是呛人的氨水味。对于皮肤接触浓氨水，应该立即脱弃污染的衣服，用 3%硼酸液或大量清水彻底冲洗后就医。对于眼睛接触，应该立即提起眼睑，用大量流动清水或者生理盐水彻底冲洗至少 15 分钟后立即就医。泄漏物应急处置人员应佩戴自给式呼吸器，不要直接接触泄漏物，应用沙、土、蛭石或其他惰性材料吸收，然后用 2%醋酸溶液中和，再用清水冲洗干净。

强碱性化学品包括无机、有机碱性腐蚀物质，无机碱性腐蚀物质如氢氧化钠、氢氧化钾，以及与水作用能生成碱性的腐蚀物质，如氧化钙、硫化钠等；有机碱性腐蚀物质，主要是有机碱金属化合物和胺类，如二乙醇胺、甲胺、甲醇钠。

一、被强碱灼伤

强碱（主要是浓氨水、强碱溶液）沾到皮肤时，对人体的皮肤组织的损害力比强酸更重，因为强碱可渗透深入组织，使组织蛋白发生溶解。强碱沾到皮肤时，立刻脱去衣服，尽快用水反复冲洗至皮肤不滑为止，至少 20 分钟。接着用经水稀释的乙酸或柠檬汁等清洗，以中和皮肤的碱液。若沾到生石灰或生石灰烧伤，应先用手绢、毛巾揩净皮肤上的生石灰颗粒，再用大量清水冲洗。切忌先用水洗，因为生石灰遇水会发生化学反应，产生大量热量，灼伤皮肤。禁用热水冲洗，头面部受污染时，要注意眼睛的冲洗，切忌不加处置急急忙忙将患者送医院。对于氢氧化钠和氢氧化钾等固体强碱性化合物，如果是固体接触皮肤，先用干纱布擦拭干净，然后用大量清水冲洗，或用 3%硼酸溶液冲洗。对于液体，皮肤接触后立即用水冲洗，若有灼伤，立即就医。眼睛接触时应该立即提起眼睑，用大量流动清水或者生理盐水彻底冲洗后立即就医。

二、吸入强碱性物质中毒

(一) 强碱中毒及其表现

强碱类中毒是指氢氧化钠、氢氧化钾、浓氨水、氧化钾、碳酸钾等经皮肤或消化道进入人体,引起局部烧伤及全身中毒。中毒表现如下:皮肤烧伤可见皮肤充血、水肿、糜烂。开始为白色,后变为红或棕色,并形成溃疡,局部伴有剧痛。眼烧伤可引起严重的角膜损伤,以致失明。消化道烧伤可出现口唇、口腔、咽部、舌、食管、胃肠烧伤。烧伤部位剧痛,伴有恶心、呕吐,呕吐物为褐红色黏液状物,并有腹痛、腹泻、血样便、口渴、脱水等症状。重者可发生消化道穿孔,出现休克,还可发生急性肾衰竭及碱中毒等。

(二) 强碱中毒时的急救处置

强碱吸入性中毒时需立即将中毒者转移至新鲜空气流通处,并注重抢救者的自我保护。强碱所致皮肤及眼烧伤时需立即用大量清水彻底冲洗创面及眼内,直到皂样物质消失为止。皮肤创面彻底冲洗后,可用食醋或2%乙酸冲洗或湿敷,然后包扎。吞食强碱时立刻用食管镜观察,直接用1%的乙酸水溶液将患部洗至中性。然后,迅速饮服500ml稀的食用醋(1份食用醋加4份水)或鲜橘子汁将其稀释。

三、泄漏处置

实验室强碱物质泄漏主要是浓氨水泄漏,应先疏散周围人员,建议穿全封闭防化服装及佩戴防毒面具后进行后续处置。尽可能先切断泄漏源,采用乙酸或者其他稀酸中和,也可用喷雾状水稀释、溶解、中和。对于吸入强碱的患者,应该迅速脱离现场至空气新鲜处,保持呼吸道畅通。如呼吸困难,需要给氧;如呼吸停止,立即进行人工呼吸。

第四节 易燃易爆化学品应急处置

2006年5月某高校化学楼实验室发生冰箱爆炸,幸亏当时实验室内空无一人,因而没有造成人员伤亡,但整个实验室被炸得面目全非。据调查该冰箱中共存放了17种不同的有机试剂,因有部分渗漏致使冰箱中积聚了易燃易爆气体,同时遇上“五一”长假,长时间没有开冰箱门,使得易燃易爆气体的浓度更高,冰箱温控启动时产生电火花而引起了爆炸。

2010年某实验室人员用电炉进行溶液除去乙醇实验,结果溶液沸腾溅出,遇明火引起局部火灾,幸好及时拔去电源,用湿布覆盖才得以灭火。

超出一定浓度范围的易燃易爆物品,遇着火源都能着火或爆炸,有的甚至只需极微小量就可燃爆。易燃气体与易燃液体、固体相比,更容易燃烧,且燃烧速度快,一燃即尽。燃烧必须同时具备3个条件:可燃物、助燃物、着火源,因此易燃易爆物品,必须分类妥善存放,严格管理,保持良好通风,并设置明显标志,远离火源。实验室试剂仓库及易燃易爆粉尘和气体场所均使用防爆灯具，使用时一定要在通风、无火源状况下进行，对引起火灾、爆炸的各种火源，包括明火、撞击与摩擦、化学反应、电火花和静电火花、高温物体、日光照射与聚焦、绝热压缩等，应根据其产生的原理和作用的不同采取相应的措施。同时实验室应配置一定数量的简易、方便、易于取用的应急灭火器材，如干粉灭火器、泡沫灭火器、沙子等。

一、易燃化学品

根据燃点的高低，可以将实验室易燃化学品分为以下几类：

1. 特别易燃化学品　常见的试剂包括乙醚、二硫化碳、乙醛、戊烷等。

2. 高度易燃化学品　常见的试剂包括石油醚、汽油、醇类、丙酮、己烷、戊烯、苯、二甲苯、二甲醚、乙酸酯类、乙腈等。

3. 中等易燃化学品　常见的试剂包括苯乙烯、环己醇、苯甲醛、甲酸、乙酸、煤油、硝基苯、乙二醇、苯胺等。

4. 低易燃化学品　常见的试剂包括邻苯二甲酸二丁酯等增塑剂、动植物油等。

易燃化学品的危险性，大致可根据其燃点的高低加以判断。燃点越低，危险性就越大。但是即使燃点较高的物质，当加热到其燃点以上的温度时，也是非常危险的。使用时必须加以注意，切忌麻痹大意而引发事故。易燃化学品引发的事故主要是火灾、烧伤或烫伤。

二、易爆化学品

易爆化学品是指在生产、存储、运输和使用过程中容易发生爆炸的物质。爆炸通常是指在极短的时间内，释放出大量的能量，产生高温，并放出大量气体，在周围介质中造成高压的化学反应或者状态变化。

爆炸极限或爆炸浓度极限是指可燃物质（包括可燃气体、可燃蒸气和粉尘）与空气（或氧气）必须在一定浓度范围内均匀混合，形成预混气，遇上火源才会发生爆炸的浓度范围。可燃性混合物能够发生爆炸的最低浓度和最高浓度，可分别称为爆炸下限和爆炸上限。

爆炸通常分为 3 种方式。

1. 可燃性气体与空气混合爆炸　达到其爆炸极限浓度范围时着火而发生燃烧爆炸。如氢气、乙炔、甲烷、丙烷等。

2. 易于分解的物质爆炸　易于分解的物质，由于加热或撞击而快速剧烈分解，瞬间产生大量气体的分解爆炸。如过氧化物、氯酸钾、硝酸铵、TNT 炸药等。

3. 反应性爆炸物质爆炸　某些反应性爆炸物质可发生快速反应。产生易燃易爆物质，并伴随着显著的发热反应。如金属钾、钠等遇到水。

在使用易燃易爆物质时，必须首先了解其可能的爆炸方式，爆炸极限或爆炸浓度极限，再考虑其使用方法和浓度，尽量降低爆炸的可能性，以确保安全。如果易爆物质发生爆炸，与火灾相比，爆炸发生的过程更短，一旦发生就没有时间采取有效措施进行控制，而且爆炸对人员所造成的伤害和冲击波影响的范围更大，损失也更严重。有些物质爆炸后还会产生有毒气体，严重危害人体的健康。

三、应急处置

(一) 发生泄漏

首先要疏散周围人员，了解泄漏物特性，保持通风良好，先控制好泄漏源，然后对泄漏物进行处置，范围较大时要及时报告公安消防部门进行处置，在泄漏物周围严禁出现各种火源，同时采用干粉灭火器、泡沫灭火器进行灭火或用沙子等进行覆盖或导流回收，或用大量水稀释，减少易燃易爆物品挥发，操作人员应该佩戴防毒面具，以免中毒。如乙醚具有麻醉作用，极易燃易爆，应避免与明火接触。泄漏时无关人员应该马上向上风口撤离至安全区。实验室小量泄漏，用干土、砂或者其他不燃性材料吸收或者覆盖并收集于容器中，使用洁净的非火花工具收集；引起小火时用干粉、二氧化碳、水幕或抗醇泡沫灭火。吸入的患者迅速脱离现场至空气新鲜处，保持呼吸道通畅。皮肤接触者脱去污染的外衣，用肥皂水或者清水彻底冲洗皮肤，如有不适请及时就医。

(二) 发生燃烧、爆炸

及时疏散人员并报警，报警时提供燃烧、爆炸物品名称，以供消防部门准备扑灭器材，准确选择灭火剂；如果范围少，可以采用抗溶性泡沫、干粉、卤代烷等灭火剂，也可以根据实际情况采用大量水冲洗稀释燃烧物品，以降低危险性。可以采用水幕、不燃物质将燃烧物品隔离，注意燃烧、爆炸物品可能因本身含氧、含碳量少，燃烧时呈蓝色，有时不容易发现，因此在灭火时要注意流淌的液体可能伤及人员，参与灭火的人员必须注意个人防护。

(三) 发生烧伤

由于实验室客观条件限制，人身着火事故往往因火灾爆炸事故或在火灾扑救过程中引起，也有的因违章操作或意外事故所造成。人身起火燃烧轻者留有伤残，重者直至危及生命。因此，及时正确的扑救人身着火，可大大降低伤害程度。

1. 人身着火的自救，因外界因素发生人身着火时，一般应采取就地打滚的方法，用身体将着火部分压灭。此时，受害人应保持清醒头脑，切不可跑动，否则风助火势，会造成更严重的后果；衣服局部着火，可采取脱衣，局部裹压的方法灭火。明火扑灭后，应进一步采取措施清理棉毛织品的阴火，防止死灰复燃。

2. 化纤织品比棉布织品有更大的火灾危险性，这类织品燃烧速度快，容易粘在皮肤上。扑救化纤织品人身火灾时，应注意扑救中或扑灭后，不能轻易撕扯受害人的烧残衣物。否则容易造成皮肤大面积创伤，使裸露的创伤表面感染加重。

3. 易燃可燃液体大面积泄漏引起人身着火，这种情况一般发生突然，燃烧面积大，受害人不能进行自救。此时，在场人员应迅速采取措施灭火。如将受害人拖离现场，用湿衣服、毛毡等物品压盖灭火；或使用灭火器压制火势，转移受害人后，再采取人身灭火方法。使用灭火器灭人身火灾，应特别注意不能将干粉、二氧化碳等灭火剂直接对受害人面部喷射，防止造成窒息。也不能用二氧化碳灭火器对人身进行灭火，以免造成冻伤。

4. 火灾扑灭后，应特别注意烧伤患者的保护，对烧伤部位应用绷带或干净的床单进行简单的包扎后，尽快送医院治疗。

第五节 有毒及剧毒化学品应急处置

2013 年 4 月 1 日某大学研究生黄某喝了寝室内饮水机中饮用水，觉得味怪，便将饮水迅速吐出，但剩余的部分有毒水已经咽了下去，4 月 16 日黄某医治无效死亡。4 月 12 日警方基本认定同寝室的林沐（化名）存在下毒嫌疑，在饮水机弯管的残余饮用水中，警方确认找到了少量 N-二甲基亚硝胺。N-二甲基亚硝胺是一种剧毒化合物，正是林沐从实验室带出进而对本寝室室友投毒。

有毒化学品是指通过接触、吸入、食用等方式进入机体，并对机体产生危害作用，引起机体功能或者脏器短暂性或者永久性的病理变化的物质。实验室中许多化学品是有毒物质，其毒性大小不一，在进行实验时，应根据所使用的化学品毒性及用量大小，对它制定严格的使用规则，以免引起中毒事故。

有毒化学品有各种各样的分类方法，其中按照毒性缓急可分为：剧毒、高毒、中等毒、低毒以及微毒等有害物质。

一、有毒化学品应急处置

有毒化学品泄漏现场随时都有可能发生恶性事故，可燃液体蒸气泄漏具有爆炸性，有的还具有毒性；大部分有毒物质以毒害为主，但同时也具有爆炸燃烧性。在泄漏事故处置中，既要进行有效地堵漏、稀释、驱散，同时还要注意控制火源、电源，注意处置人员个人防护。

（一）有毒气体泄漏物处置

1. 通风驱散，对于泄漏扩散的染毒空气，可以采用自然通风、机械通风、排风设施等驱散现场有毒物质。

2. 喷雾稀释，由于向空中喷洒水雾，能引起空气和水汽的对流，因此，喷雾状水能有效地降低空气中泄漏物质的浓度，通常根据到达现场的消防力量，组织一定数量的喷雾水枪排成一排或数排，从现场的某一处或几处，沿着由上风到下风向的方向，向有毒蒸气云喷射雾状水，加速气体向高空扩散。同时可根据气体性质，在水中加入酸或碱液进行中和处置。

3. 点燃放空，在易燃的有毒气体泄漏事故现场，如果条件允许，还可以采取点燃放空的工艺措施来降低气体的浓度。

（二）有毒液体泄漏物处置

1. 如果大量有毒物质泄漏到地面上，四处蔓延扩散、难以收集处置时，可以采用筑堤堵截或者引流到安全地点，这个是大量液体泄漏物最常用的处置方法。

2. 泡沫覆盖，为降低泄漏物向大气的蒸发，可用泡沫或其他覆盖物进行覆盖，在其表面形成覆盖后，抑制其蒸发，而后进行转移处置。

3. 吸附法，对于少量的液体泄漏物，可用沙子、黏土或其他吸附剂吸附，收集于容器内后进行处置。

4. 中和泄漏物，根据泄漏物质的化学性质，选择能与其发生反应的物质进行中和。对于陆地泄漏物，通常用强酸、强碱中和，这样比较经济；对于水体泄漏物，建议使用弱酸弱碱中和。

(三) 有毒固体泄漏物处置

1. 少量物品泄漏，小心扫起，收集于专用密封桶或干净有盖的容器中；对与水反应或溶于水的物品可视实际情况直接使用大量水稀释，污水排入废水系统。

2. 大量物品泄漏时，先用塑料布、帆布等覆盖，减少飞散，然后尽可能回收，恢复原状。若完全回收有困难，可在收集后进行转运。

二、剧毒化学品应急处置

剧毒物品是指一旦少量进入人体，在极短时间内，能引起人体局部或全身中毒，甚至造成死亡的物质。其中无机剧毒物品多为含有氰基、汞、磷、砷、硒、铅等化合物。有机剧毒品多为含有磷、汞、铅、氰基、氨基、卤素、硫、硅、硼等化合物。生物碱为含有氮、硫、氧的碱性有机物。剧毒物品毒性剧烈，少量或极少量进入人体内即可造成中毒，甚至死亡。

剧毒物品进入人体主要有经消化道吸收，经呼吸道吸收，经皮肤黏膜吸收，经血液直接吸收。许多的剧毒物品还具有易燃、易爆及腐蚀等特性，如四乙基铅遇明火，高温时能燃烧；苯乙酸汞等对人体有腐蚀作用；氰化物与硝酸盐、亚硝酸盐等混合时反应剧烈甚至引起爆炸，氰化物与酸接触，能生成剧毒易燃的氢氰酸气体；碱性磷酸酶(ALP)化合物与水作用能放出易燃的极毒磷化氢气体。

(一) 剧毒物品管理

对于剧毒物品管理应该严格按照国务院第 591 号令《危险化学品安全管理条例》进行管理，应当坚持安全第一、预防为主的方针，强化和落实主体责任，对剧毒物品做到双人运输、双人保管、双锁、双人领用、双人使用、双人登记，以免发生意外事件。

1. 使用剧毒物品的单位内部要明确责任分工，指定负责人负责剧毒物品的安全使用管理工作，各实验室负责人是本部门剧毒物品安全负责人，对本实验室使用的剧毒物品负责。

2. 使用部门要具有可靠安全的防护设施设备。

3. 使用单位须结合自身的具体情况，建立健全安全规章制度、安全操作规程及剧毒物品消耗记录。做到剧毒物品账物相符。

4. 防护用具和盛装研磨、搅拌剧毒物品的专用工具，要妥善保管，不得挪作他用，不得乱扔乱放。

5. 建立危险品库(保险柜)，要严格领取、清退制度，剧毒物品要经批准后随用随领，领取的数量不得超过计算使用量，剩余的要及时放回原处，禁止开架存放。

6. 剧毒物品的废渣、废液、废包装等不得自行处置和排放，须妥善保管，处置时要通过公安机关到指定的单位处置。

7. 剧毒气体，除应遵守一般剧毒物品使用的规定要求外，使用场所还必须备防毒面具和其他防护用具；使用中禁止敲击、碰撞气瓶；瓶阀冻结时，不得用火烘烤，应用热水浇开，开瓶时，人要站在出气口侧面；瓶内气体不得用尽，必须留有剩余压力。

(二) 剧毒物品应急措施

1. 体表部位接触到剧毒物品　剧毒物品采购应考虑使用量以及产品保质期，尽可能采用小容器或者最小包装，减少保管压力以及已经过期试剂的后续处置。使用过程要首先了解剧毒物品的性质以防万一，计算使用量，然后进行称取，如果剧毒物品是易挥发的（如氯气等），在称取（或量取）过程中，需要戴上活性炭口罩或者防毒面具，做好个人防护措施，登记后尽快放回原处，减少在外暴露时间，避免不必要的麻烦。在使用或者转移过程，由于不小心泄漏或粘到人体表部位，要根据剧毒物品性质进行处置。

2. 误服　在实验室内不得食用任何食品，如果误服剧毒物品，在清醒情况下，告知相关人员误服剧毒品名称及剂量，相关人员应该尽快帮助催吐，如果不清楚剧毒物品种类，应该携带供化验用，然后尽快将患者送医抢救。

(三) 常见剧毒品性质、储存、中毒应急措施

1. 氰化钠

(1)性状：白色圆球形硬块、粒状或结晶性粉末，剧毒。在湿空气中潮解并放出微量的氰化氢气。易溶于水，微溶于醇，水溶液呈强碱性，并很快分解。接触皮肤的伤口或吸入微量粉末即可中毒死亡。与酸接触分解能放出剧毒的氰化氢气体，与氯酸盐或亚硝酸钠混合能发生爆炸。

(2)储存要求：宜储存于干燥、通风的库房内，与易爆品、氧化剂、酸类应隔离存放。宜设专库、专柜或专用货架，并应加锁管理。

(3)急救措施：发现头昏不舒服现象时，立即转移至新鲜空气处，服1%硫代硫酸钠水溶液急救，并送医院救治。

2. 氰化钾

(1)性状：白色潮解性颗粒状、球状或粉末，具有氢化氰臭，剧毒。接触人体皮肤伤口或吸入微量的粉末能迅速中毒。在空气中遇二氧化碳及水则分解，易溶水及甘油，溶于醇，甲醇，水溶液呈强碱性，遇酸类迅速分解，同时放出极毒的氰化氢气体。与氯酸盐或亚硝酸钠混合能发生爆炸。

(2)储存要求：宜储存于干燥、通风的库房内，与易爆品、氧化剂、酸类隔离存放。设置专库、专柜和专用货架，并应加锁管理。

(3)急救措施：与氰化钠同。

3. 三氧化二砷

(1)性状：白色重制无定形结晶性粉末或块状，无臭，无味，剧毒。徐徐加热升华而不分解，急剧加热结晶时升华而不溶化，加热无定形粉末时，先熔融后升华。吸入可引起局部黏膜刺激或全身性中毒症状。

(2)储存要求:宜储存于阴凉、干燥、通风的库房内。与易燃品、氧化剂、酸类、碱类隔离存放,存于专库、专柜或专用货架,并应加锁严加管理。误服中毒者应及早用温水、生理盐水或1%碳酸氢钠洗胃,随后灌入活性炭30g、氧化镁20～40g或蛋白水;也可立即口服新配制的氢氧化铁,使其与砷形成不溶性的砷酸铁,再给予硫酸钠导泻。急性砷中毒有特效解毒药,二巯丙磺钠、二巯丁二钠等都有较好的驱砷效果。

4. 氯化汞

(1)性状:无色或白色结晶及颗粒粉末,剧毒。溶于水、醇、醚、丙酮和甲醇。水溶液呈酸性,常温时微量蒸发,遇光渐分解生成氯化亚汞。

(2)储存要求:宜储存于阴凉、避光、通风的库房内,储存于专柜或专用货架,并应加锁,严加管理。防止日光照射,隔绝火、热、电源。

(3)急救措施:误服中毒者速用鸡蛋清、牛奶或豆浆等灌胃,随即送医院洗胃。应尽早使用解毒剂如:二巯基丙醇注射液或二巯基丙磺酸钠,二巯基丁二酸钠等注射液。

5. 红磷

(1)性状:棕红色或紫色粉末,无臭,易燃烧,烟雾有毒,与氧化剂接触能燃烧爆炸。不溶于有机溶剂,而溶于三溴化磷,200℃以上能自燃,416℃升华,受日光暴晒易发生燃烧爆炸。在潮湿空气中易吸潮结块,受热或长期放置潮湿处易发生爆炸。

(2)储存要求:储存中应注意防热、防潮、防止日光直射。与氧化剂、易燃品、易爆品隔离存放。开启包装不宜使用铁工具和易产生火花的工具,可用铜制或包铜的工具。

(3)急救措施:皮肤灼伤,可涂石灰水或用5%硫酸铜溶液洗净,再用1∶1000过锰酸钾湿敷,并涂保护剂,不可涂油,用绷带包扎。误服中毒送医院催吐。无论急性或慢性中毒,应严格禁忌脂肪类饮食。

6. 氯　常温下为黄绿色气体。有强烈刺激性臭味。危险特性:氯气在空气中不燃,但一般可燃物大都能在氯气中燃烧,就像在氧气中燃烧一样。一般易燃性气体或蒸气也都能与氯气形成爆炸性混合物,如乙炔,乙醚、氨、烃类、氢气、金属粉末等。能腐蚀大多数金属和非金属。氯气对眼睛和呼吸系统黏膜有强烈的刺激性。与潮湿空气接触则生成初生态氧和盐酸,致使机体组织发生严重的炎症,可发生肺部淤血和水肿。当氯气浓度为3.5ml/m^3时,可感到臭味;浓度为15ml/m^3时,对眼睛和呼吸道有刺激作用,并感到疼痛、吐黏痰及咯血;浓度为100ml/m^3时立即死亡,对皮肤刺激可形成水疱或面部出现氯痤疮。贮运须知:装于钢瓶,贮于阴凉、干燥,通风良好的库房内,远离热源和火源,避免日光直射,与可燃物,有机物和其他易氧化物质隔离。防止容器碰撞受损,经常检验阀门有否漏气。须贴有毒气标志。

7. 秋水仙碱　淡黄色鳞片状、针状结晶或粉末,露光颜色变深。危险特性:秋水仙碱本身毒性较小,但吸收后在体内被代谢成具有极强毒性的氧化二秋水仙碱,对消化道有强烈的刺激作用。能抑制造血细胞,引起粒细胞缺乏症和再生障碍性贫血。对神经中枢、平滑肌有麻痹作用,造成血管扩张,呼吸中枢麻痹死亡。秋水仙碱对人致死量为6mg。本品早已用于治疗急性痛风,后发现其对细胞分裂具有极强的抑制使用。医疗上用于治疗各种癌症。秋水仙碱中毒有一定潜伏期，一般在口服或注射后3～6天出现症状，咽喉烧灼、恶心、呕吐、腹泻、水样便、尿血、尿闭、手足麻木四肢酸痛，肌肉痉挛，脱发，瞳孔散大，抽搐、中枢神经麻痹、呼吸抑制死亡。中毒者多因误服，或药物过量造成，亦有个别因自杀而用。

8. 氯化钡

(1)性状：无色或白色有光泽的单斜结晶，味苦，有毒。溶于水、甘油，甲醇，微溶于盐酸、硝酸、不溶于醇和醚。

(2)储存要求：宜储存于阴凉、干燥、通风的库房内，加锁管理。

(3)急救措施：如沾染皮肤用水冲洗，即使服毒超过4～6个小时也仍有送医院洗胃的必要。洗胃后即服硫酸钠或硫酸镁20～30g。

9. 溴化汞

(1)性状：白色结晶或结晶性粉末，露置日光中能分解，较高温度能升华。

(2)储存要求：宜储存于阴凉、避光、密闭的库房内。

(3)急救措施：如皮肤沾染则用清水冲洗，误服则送医院用催吐剂催吐。

10. 偏钒酸铵

(1)性状：白色至黄色结晶性粉末。

(2)危险特性：剧毒，粉尘能刺激眼睛、鼻、喉和肺，并伴有咳嗽、喘鸣和咳痰症状；严重者可导致肺水肿或肺炎。误服能产生呕吐、流涎不止与腹泻。

(3)贮运须知：贮存于阴凉、干燥、通风的库房。远离火种、热源。应与可燃物、还原剂和食用化工原料隔离贮运。做好个人安全防护。泄漏处置时，戴好防毒面具与乳胶手毒；用湿砂土混合收集后处置。

11. 硝酸汞

(1)性状：无色或微黄色结晶性粉末，有硝酸气味，有潮解性。

(2)危险特性：受热分解出有毒的汞蒸气，是一种温和的氧化剂，与有机物、还原剂、易燃物(硫、磷)等混合易着火燃烧，摩擦、撞击有引起燃烧爆炸的危险。误服或吸入粉尘会中毒。主要中毒途径是吸入和皮肤接触。接触将刺激、灼伤眼睛，中毒后将引起多涎，兴奋，牙龈炎，性情变异，损害脑、肺、肾等病症。远离火种及热源，使用时做好个人安全防护。泄漏处置时，对小量泄漏可用水冲洗，经稀释的污水放入废水系统；对大量泄漏须进行回收，残渣用10～20倍砂土混合收集后处置。

(3)急救措施：应使吸入蒸气的患者脱离污染区至空气新鲜处，安置休息并保暖，必要时进行人工呼吸、就医。眼睛受刺激用大量流动清水或生理盐水冲洗，严重者就医诊治。皮肤接触先用水冲洗，再用肥皂彻底洗涤。误服者立即漱口，给饮牛奶或蛋清。用清水或2%碳酸氢钠溶液反复洗胃，送医院救治。

12. 碘化汞

(1)性状：猩红色粉末，质重，无气味。对光敏感，热到130℃时变成黄色，冷时仍变成红色，分析上用以配制钠氏试剂等。

(2)危险特性:受热分解出有毒的碘化氢烟气。侵入途径是吸入、食入和经皮肤吸收。对眼睛、呼吸道黏膜和皮肤有强烈刺激作用,会引起烧灼感、咳嗽、喘息、喉炎、气短、头痛、恶心和呕吐,重者可能致死。避免光照,保持容器密封。做好个人安全防护,泄漏处置时须戴好防毒面具与乳胶手套,少量泄漏用湿砂土混合收集后处置。

(3)急救措施:应使吸入蒸气的患者脱离污染区至空气新鲜处,安置休息并保暖,必要时进行人工呼吸,就医。眼睛受刺激用大量流动清水或生理盐水冲洗,严重者就医诊治。皮肤接触先用水冲洗,再用肥皂彻底洗涤。误服者立即漱口,给饮牛奶或蛋清。用清水或2%碳酸氢钠溶液反复洗胃,送医院救治。

13. 氧化汞

性状:氧化汞有两种变体,一种是亮红色或橘红色鳞片状结晶或结晶性粉末重质的红降汞;另一种是黄色到橙黄色重质粉末的黄降汞。红降汞无气味,暴露在光线下分解成汞和氧,黄降汞为黄到橙黄色重质粉末,无气味。加热后变成红色,冷时恢复至黄色,粉末比红色氧化汞更细,作用也更活泼。本品与还原性物质接触剧烈反应,如镁粉、铝粉、硫、磷等混合后,经摩擦或撞击,能引起燃烧或爆炸。接触有机物有引起燃烧危险。吸入、摄入或经皮肤吸收可能致死。慢性作用可引起神经系统功能紊乱,对肝、肾有损害作用,动物实验表明,可引起生殖功能紊乱。使用时轻装轻卸防止包装及容器损坏,做好个人安全防护。泄漏处置须戴好防毒面具与胶手套,进行回收,残渣用10～20倍砂土混合收集后处置。

14. 2,4,6一三硝基苯酚　黄色结晶,味苦,有毒。遇火花、高热或受撞击,能发生强烈燃烧爆炸。与氧化剂,金属或金属氧化物作用,生成性质极不稳定的盐类,其危险性更大,即使遇到轻微摩擦,震动,都能产生剧烈爆炸,并迅速分解放出毒害性气体。吸入粉尘,能发生支气管炎,干咳、喉部有刺激感,头晕、头痛、接触皮肤,能发生皮炎。储存要求:在干燥的试剂内,应加35%以上的蒸馏水作稳定剂。宜单独储存。

15. 汞

(1)性状:银白色、质重、有光泽的液状金属,在室温下即能蒸发,温度越高蒸发越快,有毒。加热成氧化汞,长期吸入汞蒸气即患口腔炎、肌肉颤动、精神过敏等症。

(2)储存要求:宜储存于阴凉、低温、通风的库房,隔绝火、热、电源,与易爆品、氧化剂、酸类隔离存放,操作中应戴口罩、穿戴防护用具。如有撒漏,收集后用硫磺粉覆盖4小时后,用水冲洗,并应较长时间进行通风。

(3)急救措施:误服中毒后,服以药用小苏打加水1茶匙,并以牛乳及生蛋服下或用二巯基丙醇治疗,严重者速送医院。急性中毒可用二巯基丙醇、二巯基丙磺酸钠、二巯基丁二酸钠等解毒剂,药用硫化硫酸钠也有解毒作用。慢性汞中毒,一般疗法包括休息及合理的营养,对症疗法,首先是镇静剂、安眠药以及理疗等。

16. 液溴

(1)性状:深棕红色、质重液体,容易挥发,气温低时能冻结成固体。有极强烈的毒害性与腐蚀性。在常温时,能挥发出有强烈刺激性的烟雾,刺激眼睛和呼吸道的黏膜,使人流泪和咳嗽，能灼伤皮肤，产生剧烈刺痛，不易医治。

(2)储存要求：在保管中既要按腐蚀性又要按氧化性试剂要求处置。宜将溴埋入蛭石、干燥陶土或碳酸钙等的木箱内。发生火灾事故，抢救时要戴防毒面具、胶皮手套，站在上风头，用雾状水、干砂扑救。如沾及皮肤，用水冲洗后，再以10%硫代硫酸钠溶液洗涤，然后涂上碳酸氢钠糊剂处置。

17. 2,4-二硝基酚

(1)性状：黄色板状结晶，有特臭。

(2)危险特性：遇火种、高温、摩擦、震动或接触碱性物质、氧化剂均易引起爆炸。遇重金属粉末能形成盐类，增加危险性。粉末在流动和搅拌时会有静电积蓄，误食有恶心、口渴、肠痉挛、发热、出汗、脉搏加快。眼睛接触后有结膜充血、疼痛，与皮肤长期接触会发生皮炎。

(3)贮运须知：贮存于阴凉、通风良好的爆炸品专用仓库内，仓温不宜超过30℃。火灾时，消防人员应穿戴防护服，防护手套，还应佩戴设施齐全的呼吸面具，用黄砂、泡沫、二氧化碳、干粉等灭火。切勿与水接触，以免发生强烈反应，使蒸气扩大。

(4)急救措施：一旦吸入粉尘，应立即使患者脱离污染区，安置休息并保暖，眼睛受刺激用水冲洗，皮肤接触先用水冲洗，再用肥皂等彻底洗涤，如有炸伤速送医院救治，误食立即漱口，急送医院救治。

18. 乙酸汞

(1)性状：白色结晶或结晶性粉末，稍有乙酸臭，有毒。能溶于水及醇，比重3.25，加热则分解，感光灵敏。

(2)储存要求：宜储存于阴凉、避光的库房内。

(3)急救措施：参照氯化汞。

19. 丙烯腈

(1)性状：无色透明液体。

(2)危险特性：遇火种、高温、氧化剂有引起爆炸燃烧的危险，在火场高温下能发生聚合，使容器爆裂，与氧化剂、强酸、强碱、胺类、溴反应剧烈；液体经皮肤吸收能造成皮炎与过敏反应，蒸气能产生眩晕、恶心与失去知觉，贮运须知：贮存于阴凉通风干燥的仓库内，远离火种高热。一旦泄漏首先切断一切火源，戴好防毒面具与胶手套，用水冲洗，污水排入废水系统。火灾时用干粉、二氧化碳灭火。急救措施：如有吸入蒸气的患者，应迅速将其脱离污染区，安置休息并保暖，眼睛受污染用清水冲洗，皮肤接触先用水冲洗，再用肥皂洗涤，误服立即漱口，并服用氰化物解毒剂，应急送医院救治。

20. 马钱子碱

(1)性状：单斜形白色晶体或粉末、无臭、味极苦。

(2)危险特性：少量进入人体即能引起剧烈的生理反应而中毒，甚至死亡。

(3)急救措施：中毒者早期有头痛、头晕、烦躁不安、呼吸急促、肌肉抽搐、强直性惊厥、牙关紧闭渐至呼吸肌痉挛、全身发绀、无力，瞳孔放大等反应，对任何刺激无反应。多次连续发作最后呼吸麻痹而死亡。误服中毒时可用硫酸钠溶液洗胃、催吐。

（吴平谷）

参考文献

[1] 孙维生.常见危险化学品速查手册[M].北京:化学工业出版社,2013.
[2] 赵华绒,方文军,王国平.化学实验室安全与环保手册[M].北京:化学工业出版社,2013.
[3]《危险化学品目录》(2015 版)(国家安全生产监督管理总局).
[4]《危险化学品安全管理条例》(国务院 2011 年第 591 号令).

第八章 实验室物理性事件应急处置

某高校微生物实验室工作人员在使用酒精灯时不慎将酒精灯打翻到地上，引发附近的沙发起火，他一着急就用穿着凉鞋的脚去踩，想要踩灭火源，结果火未熄灭而脚却被烧伤。

分析与教训：实验室工作人员没有正确使用酒精灯，酒精灯应放置于安全的地方，避免发生打翻掉落等事故。同时实验室内需放置专用的实验桌凳，而不能放置沙发等家具。另外实验室人员遇到应急突发事件时，应沉着冷静，按照应急预案采取快速有效的措施，避免人员伤害事故的发生。

实验室发生的意外事件中，除了病原微生物引起的意外感染外，物理性损伤也是一个重要的事故来源。物理性损伤主要包括用火不当引起的烧伤烫伤、接触低温物质引起的冻伤、机械性损伤等。如果实验室有电离辐射存在，则电磁和电离辐射也会引起损伤。同时实验室的噪声一旦超标，会引起实验人员的听力损伤，这也是一种严重的实验室物理性伤害。本章主要介绍实验室可能发生的重要物理性损伤及应急处置方法。

第一节 烫伤烧伤

烫伤是由于高温的液体、蒸汽和灼热的物体直接与皮肤接触引起的创伤。烧伤是指火直接引起的皮肤创伤。实验室中常见的产生高温液体和蒸汽的仪器主要是高压蒸汽灭菌装置，如果操作不当可发生意外。另外细菌学实验中常用到的电炉、酒精灯和灭菌环使用不当，也是引起烫伤和烧伤的重要原因。严重的烧伤主要有实验室火灾引起，实验室管理不善，易燃物质保存不当，电线负荷过重或电炉等加热仪器使用不当均可引起火灾。

一、烫伤烧伤的分级和病程分期

实验室烫伤或烧伤视伤势轻重程度不同，可分为 3 级（或 3 度），不同级别的烧伤，急救措施也有不同。依据烧伤程度分为Ⅰ、Ⅱ度（浅Ⅱ度、深Ⅱ度）和Ⅲ度。

（1）Ⅰ度：皮肤红肿，疼痛剧烈多为火烧样痛。

（2）浅Ⅱ度：皮肤肿胀有水疱，伴有疼痛。水疱皮脱落后创面渗液较多，红肿。

(3)深Ⅱ度:水疱较小,创面呈淡红色或白中透红,可见小红点。深层可见黑紫色小血管网,渗液较少,感觉迟钝,但也有疼痛感。

(4)Ⅲ度:创面苍白或焦黄色,干燥、较硬,多能见到黑紫色树枝样粗大的皮下静脉网,无疼痛感觉。但比起烧伤的程度,烧伤面积更为重要。当人体表面的灼伤部分超过 1/3 时,即使是属于Ⅰ度烧伤,也是十分严重的,有时还会发生休克或感染。

烧烫伤后的病程变化分为 3 期,具体如下。

(1)体液渗出期:为烧伤后早期,轻者皮肤水肿起水疱,面积较大时体液的丧失量大,如治疗不及时会造成血量减少而休克,渗出在 36～72 小时后停止而开始消肿。

(2)急性感染期:主要来自创面的污染,加之伤后人的抵抗力低下,细菌在创面上繁殖,导致创面感染或菌血症。

(3)修复期:修复在创面出现炎症后即已开始。Ⅰ度烧伤于 3～5 天痊愈,不留瘢痕。浅Ⅱ度烧伤如无感染,半个月左右痊愈,不留瘢痕。深Ⅱ度烧伤 3～4 周可痊愈,多留瘢痕。Ⅲ度烧伤焦痂脱落后形成肉芽创面,须植皮才能愈合,并留大量瘢痕。

二、烫伤烧伤的应急处置

(一) 处置方法

1. 实验人员发生灼烫伤安全事故时,需立即开展应急处置和急救,并视情况严重程度决定是否立即报告实验室安全负责人。报告时应简要说明发生灼烫伤的原因、灼烫伤程度,有无重大危险,以便于做好处置方案的实施。接到现场报告后,实验室安全负责人应视事故严重程度立即做出指示或赶赴现场,按照实验室灼烫伤应急处置方案,组织应急处置,控制事态发展。

2. 对于烧伤面积较少或四肢部位的轻度烫伤或烧伤,应立即用大量冷水浸泡或冲洗,可起到减少伤害、减轻疼痛的作用,浸泡或冲洗时间一般为半小时。也可用 3～5%的 $KMnO_4$ 溶液擦拭损伤处至皮肤变为棕色,再涂凡士林或烫伤膏,直接涂烫伤药膏也可。

3. 如受伤部位出现水疱,则需要注意保护水疱避免破溃,以防感染,用消毒纱布轻轻包扎伤处后立即送医院治疗。到医院后在无菌条件下可采取抽吸的方法以保持水疱皮肤的完整,使其紧贴创面,待愈合后去除,这样做有利于再生创面的修复。

4. 大面积烧伤的患者只能给其喝淡盐水而不能大量喝淡水,否则会加剧水肿,出现低钠血症等并发症。

5. 因爆炸燃烧事故受伤的实验人员,创面污染严重,无须强行清除创面上的衣物碎片和污物,简单包扎后立即送往医院治疗。

6. 一旦发生火灾等严重灾害时,实验人员应立即报告火警,并按照火灾发生的应急处置方案进行报告和处置。

(二) 处置要点

1. 迅速脱离火源或其他热源。

2. 轻度烫伤烧伤,立即用大量冷水浸泡或冲洗。

3. 严重烫伤烧伤，保护创面，尽快就医。

(三) 处置流程

处置流程见图 8-1。

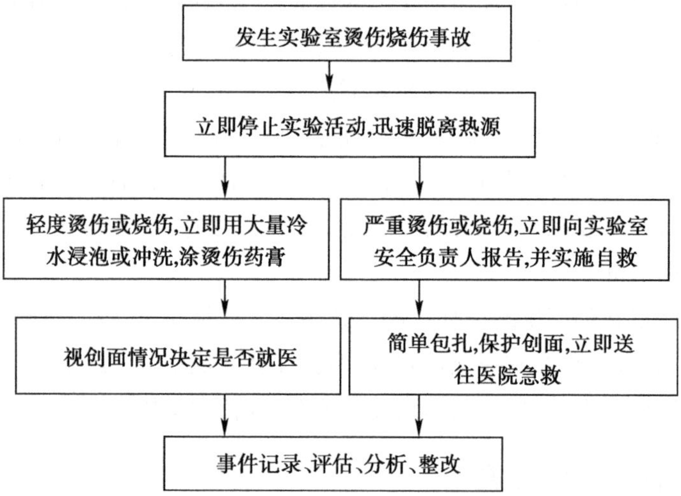

图 8-1 烫伤烧伤应急处置流程图

第二节 冻 伤

冻伤是人体遭受低温侵袭后发生的损伤。实验室发生冻伤事故的主要原因是实验人员在缺乏保护措施的情况下接触了液氮等冷冻剂。另外在-80℃或-150℃冰箱中拿取物品要戴厚手套，而且速度要快，时间要短，否则也有可能发生冻伤。

一、冻伤的分级

轻度冻伤时，虽然皮肤发红并有不舒服感觉，但经数小时后即会恢复正常。中等程度冻伤时，产生水疱；严重冻伤时，局部皮肤则会发生溃烂。冻伤可分为 4 度：①Ⅰ度冻伤：表现为局部皮肤从苍白转为斑块状的蓝紫色，以后红肿、发痒、刺痛和感觉异常；②Ⅱ度冻伤：表现为局部皮肤红肿、发痒、灼痛，早期有水疱出现；③Ⅲ度冻伤：表现为皮肤由白色逐渐变为蓝色，再变为黑色，感觉消失，冻伤周围的组织可出现水肿和水疱，并有较剧烈的疼痛；④Ⅳ度冻伤：伤部的感觉和运动功能完全消失，呈暗灰色，由于冻伤组织与健康组织交界处的冻伤程度相对较轻，交界处可出现水肿和水疱。

二、冻伤的应急处置

(一) 处置方法

1. 实验人员发生冻伤事故时，需立即开展应急处置和急救，并视情况严重程度决定是否立即报告实验室相关安全负责人。报告时应简要说明发生冻伤的原因、程度，有无重大危险，以便于做好处置方案的实施。接到现场报告后，实验室安全负责人视事故严重程度立即做出指示或赶赴现场，按照实验室冻伤应急处置方案，组织应急处置。

2. 发生冻伤时，如有条件可让患者进入温暖的房间，给予温暖的饮料，使患者的体温尽快提高。

3. 将冻伤的部位浸泡在 38～42℃的温水中，水温不宜超过 45℃，浸泡时间不能超过 20 分钟。即便恢复到正常温度后，仍需把冻伤部位抬高，在常温下，不包扎任何东西，也不要绷带，保持安静。

4. 没有热水或者冻伤部位不便浸水，如耳朵等部位，可用体温（手、腋下）将其暖和。

5. 发生严重冻伤者经过紧急处置后立即送至医院治疗。

（二）处置要点

1. 迅速脱离低温环境。

2. 冻伤部位迅速用温水复温，采取正确的保温措施。

3. 严重冻伤者经紧急处置后应立即送医院急救。

（三）处置流程

处置流程见图 8-2。

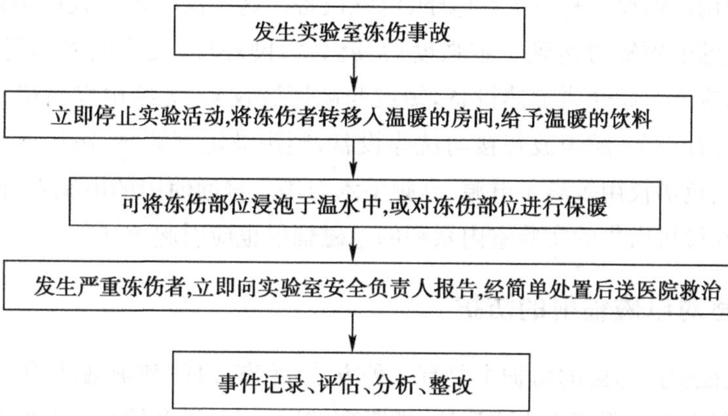

图 8-2　冻伤应急处置流程图

第三节　电磁辐射损伤

随着电子设备的广泛应用，在给人类生活带来极大的便利和舒适的同时，使用电子设备产生的电磁辐射，也日益成为一种重要的环境污染源。例如，由于室内计算机的操作，显示器的阴极射线管在室内会产生某一频段的低强度的电磁辐射。随着科学技术的发展，实验室内的电子仪器设备种类和数量越来越多，实验室内的电磁辐射污染日趋严重。

一、电磁辐射

电磁辐射（electromagnetic radiation）是一种能量以电磁波的形式在空间传播的现象。

电磁辐射可分为电离辐射和非电离辐射两大类。电离辐射是指通过直接或间接过程导致物质电离的带电粒子、不带电粒子组成的辐射，电磁辐射中的电离辐射特指 X 和 γ 射线，仅仅是频段覆盖范围非常广的电磁辐射中的一个频段。由于电离辐射具有放射性，电离辐射部分有专门章节，在此不作赘述。

电磁辐射包括微波、激光、可见光、红外线和紫外线等，频率覆盖范围非常广，从极低频段 0～30Hz（静电场和静磁场等极低频场合），到无线广播频段（300Hz～300GHz）、红外频段（300GHz～385THz）、可见光频段（385～750THz）、紫外频段（750～3000THz），一直到频率非常高（>3000THz）的电离辐射频段。红外、可见光、紫外以及激光频段（15～1500THz）统称为光频段，射频段指频率范围在 100KHz～300GHz 的电磁辐射。电磁辐射污染源可分为自然电磁辐射和人工电磁辐射污染两大类。自然电磁辐射污染源是某些自然现象所产生的辐射，主要是雷电辐射、太阳黑子活动等引起的辐射。人工电磁辐射污染源指人工制造的电气、电子设备所产生的污染。在实验室电磁辐射污染中，射频设备是最主要的污染源。

二、实验室电磁辐射的主要来源

实验室的专用仪器设备有不少是电子、电气设备。这些仪器设备大都是射频设备，在工作过程中所形成的电磁辐射达到一定强度后，就会污染环境，成为电磁辐射污染的主要来源。例如高频感应或高频介质加热设备，短波与超短波仪器、无线电发射机、微波加热器与放射设备、微波烹饪设备、超声波焊接与洗涤设备、超声波医疗器械、医用射频设备、电灼器械及透热疗设备、色谱仪用等离子电源、高频手术刀等。普通使用的电脑在开机时显示器会产生电磁辐射，在微机密集的实验室内累积的电磁辐射也应引起重视。

三、实验室对电磁辐射的防护

实验室对电磁辐射污染的防护主要有 3 种方法：距离、时间和屏蔽防护。第一是保持距离：因为电磁辐射强度与距离平方成反比，即距离越远，辐射强度越小，因此可用增加距离的方法来减少电磁辐射危害。第二是缩短接触时间：电磁辐射作用时间愈长，危害愈大，因此可用减少作用时间的方法来减少电磁辐射危害。第三是采用防护材料屏蔽的方法来减少电磁辐射危害。

实验室内利用高频电磁波作为加热热源，当前在光谱用光源和高真空技术中得到愈来愈多的应用。电磁辐射能对金属、非金属介质以感应方式加热的同时，也会对人体组织，如皮肤、肌肉、眼睛晶状体以及循环、内分泌、神经等系统造成损害。国际辐射防护协会规定电磁场安全强度为 0.2$\mu W/cm^2$，小于此强度的强度对机体健康基本无影响。

（一）减少电磁辐射的泄漏

减少辐射源的泄漏，是实验室内防护电磁辐射最有效的防护措施，将辐射局限在有限的范围内。当设备本身不能有效地防止电磁辐射的泄漏时，可采用能吸收或反射电磁波的材料，如多孔性生胶、金属和炭黑等做成网罩以屏蔽辐射源泄漏。操作电磁辐射源的工作人员应穿戴防护服和防护眼镜，镜片上涂一层能导电的二氧化锡和金属铬的透明或半透明胶。同样，应加大工作场所与辐射源之间的距离，实验室工作中不可避免要接触一定强度的电磁辐射时，应缩短工作接触时间。

（二）对紫外线、红外线和激光的防护

在实验室安装有产生紫外线、红外线和激光的设备，如紫外灭菌灯、激光发生器等，应注意紫外线、红外线和激光对人体，特别是眼睛的损害。紫外线的短波部分（200～300nm）能引起角膜炎和结膜炎；红外线的短波部分（760～1600nm）可透过眼球到达视网膜，引起视网膜灼伤症。激光对皮肤的烧伤情况与一般高温辐射性皮肤烧伤相似，但是局限在较小的范围内；眼睛受到激光照射后，严重的会引起角膜、虹膜和视网膜的烧伤，影响视力，甚至因晶状体浑浊后形成白内障。防护紫外线、红外线以及激光的有效办法是戴防护眼镜，但应注意不同光源，不同光强度时必须选用不同的防护镜片。操作时，切不可使眼睛直接对准光束进行观察，对于大功率的二氧化碳激光，为尽量避免激光照射后对中枢神经系统引起的伤害，实验者还需戴上防护头盔。

（三）电器微波污染的防护

实验室微波设备是一类用高频电磁波加热仪器，采用旋波技术、通过炉腔底部将微波均匀地辐射到微波加热区内，利用热量对流原理，最大限度地降低了被加热物体垂直方向的温差，具有加热快、效率高、实验重复性好、稳定性高、省时省力方便等特点。实验室微波设备有微波测量测试仪器、微波干燥仪、微波萃取仪、微波合成仪、微波消解仪、微波灰化仪等。

实验室的微波设备的微波工作频率一般为 50～60Hz，在这个频段上，人体最容易受到微波伤害的部位是眼睛的晶状体。如果人较长时间受到超过安全规定范围的照射，例如长时间使用微波超量泄漏的微波炉，严重者会引起视力下降甚至双目失明，还可引起头痛、头昏、乏力、咽干或全身不适等其他疾病。

为防止微波设备电磁波的泄漏，一定要保证微波设备炉门的密封，使用时要轻开轻关，保证炉门与炉体之间的密闭性；要定期检查微波设备炉门和门框各个部件，若有松脱或损坏，应立即停用，及时维修；保持微波设备炉门表面和炉门密封垫的清洁以不影响密封效果；在微波设备通电时，不要接近炉内器件；操作微波设备时，不要把脸贴近微波设备炉门的观察窗，以免眼睛受到伤害，因为眼睛微波辐射的敏感器官。有条件的实验室，可建立微波暗室或在微波主要辐射方向上使用微波吸能装置。

（四）电器工频电磁场的防护

计算机、电视机等实验室用电器在开动时能在周围产生电磁场。根据研究机构的测量，计算机产生的电磁场强度，在贴近显示器处为 $0.9\mu W/cm^2$，离开 5cm 处低于 $0.1\mu W/cm^2$，离开 30cm 处已测量不到。一般人操作计算机时，身体距显示器距离不会少于 5cm，所以操作计算机者受电磁场的危害可以忽略。但是，对于敏感人群如育龄期妇女和妊娠妇女，可产生不同程度的危害，特别是妊娠 8～15 周是胎儿器官形成敏感期，应暂时少接触或远离计算机，若仍需在该岗位工作，必须穿着特殊的防电磁辐射服装。长期使用计算机时，在工作 1

小时后应暂停 15～20 分钟，闭目养神或远眺前方景物，让眼睛得到充分休息。操作计算机时，距离屏幕要 30cm 以上，调整座椅和坐姿高度，以视线比屏幕略高为宜。

四、实验室电磁辐射泄漏的应急处置

（一）处置方法

当实验室发现设备故障或者产生微波、紫外线和激光等的设备炉门等部件气密性不佳，设备运行时发生电磁辐射泄漏时，应采取以下措施开展应急处置。

1. 有条件时穿上电磁辐射防护服和防护眼镜。

2. 立刻切断产生电磁辐射的电源，停止设备运行。

3. 请专业人员对设备进行维修，使设备能正常投入使用。

4. 维修后，最好请专业防护检测人员进行电磁辐射泄漏性检测，待电磁辐射泄漏水平达到国家规定要求时，方可重新投入使用。

（二）处置要点

1. 处置时穿戴个人防护用品（如防护眼镜、防护衣/裙、防护方巾、防护头盔等，这些防护用品一般用金属丝布、金属膜布和金属网等制作）。

2. 切断电源。

3. 维修后需进行电磁辐射泄漏性检测。

（三）处置流程

处置流程见图 8-3。

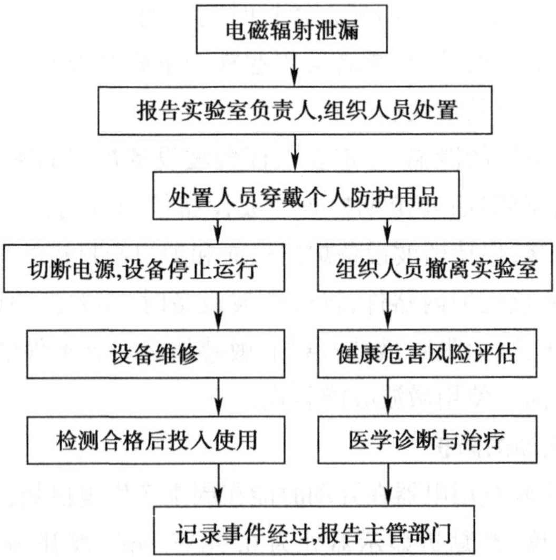

图 8-3 电磁辐射泄漏应急处置流程图

第四节　电离辐射损伤

某高校进行实验室搬迁，雇了一些农民工来负责搬运清理，其中有位民工发现某仓库中有十几只篮球般大小的铅罐，觉得好玩，就打开了一只，看看只有几颗小金属粒就准备重新盖好，这时正好有知情的老师过来，告诉他这是放射性物质专门储藏罐，并告之这位民工他已受到了放射源照射，可能会产生健康损害，需马上送医院检查。所幸的是该放射性物质的活度较小，而且接触时间较短，接触的剂量较小，送医院及时，这位民工住院半个月后，身体就逐渐恢复了健康。

分析与教训：该实验室的管理虽已采取了一定的措施，但仍不规范，台账不是很清楚，铅罐外醒目位置未贴电离辐射警示标识，搬运时又没有专门人员负责，存放放射源的场所未实现双人双锁，需要加强放射源的管理。而从民工的角度来说，缺乏基础知识，好奇心强，盲目操作，终于造成伤害。因此，对于放射性物质的采购、保管、使用和废弃都必须严格按照规定执行，杜绝随意、不负责任的行为，保障人身安全与健康。

自然界中天然存在电离辐射，人类从诞生之日起就一直生活在这种天然辐射之中。电离辐射主要来自自然界的宇宙射线及地壳岩石层的铀、钍、镭等，也可来自各种人工辐射源。电离辐射技术在工农业、医学、军事、科研和日常生活中的应用都非常广泛，在一些行业的实验室中均涉及放射性核素或射线装置的使用。

一、电离辐射

广义上讲，辐射（radiation）包括电离辐射（ionizing radiation）和非电离辐射（nonionizing radiation），后者如激光、微波及紫外线等；狭义上在辐射防护领域，有时“辐射”一词仅包括电离辐射。电离辐射定义为能通过初级过程或次级过程引起电离事件的带电粒子和非带电粒子。电离辐射又分为直接电离辐射和间接电离辐射，前者定义为由具有足够动能的、碰撞时能引起电离的直接电离粒子（如电子、质子、α 粒子、重粒子等）组成的辐射；而间接电离辐射是由与物质作用时产生直接电离粒子的间接电离粒子（中性粒子，如光子、中子等）组成的辐射。

二、实验室电离辐射的主要来源

实验室中电离辐射污染源分为天然辐射源和人工辐射源两大类。

（一）天然辐射源

天然辐射源产生的总辐射水平成为天然放射性本底，它是判断环境是否受到放射性污染的基准。天然辐射源包括宇宙射线和地球上天然放射性核素对人体的外照射以及进入人体的天然放射性核素（宇生放射性核素和原生放射性核素）的内照射。宇宙高能粒子组成的宇宙线以及这些粒子进入气层后与大气中的氧氮原子核碰撞产生的次级宇宙射线是一种天然辐射源；地球是另一种天然辐射源，地球的成分中本来就存在着天然的放射性物质，如铀(U)、钍(Th)核素以及钾(^{40}K)、碳(^{14}C)、和氚(^{3}H)等；人体内的微量放射性核素是人类通过呼吸、饮水和饮食不断地将放射性核素，如^{14}C、^{22}Na、^{40}K、^{226}Ra等摄入体内而累积的。

（二）人工辐射源

实验室中的放射性污染指的是由人工辐射源产生的污染，实验室中的放射性污染源有两种主要的人工辐射源。

1. 专用仪器设备产生放射性污染　放射性技术在医学上的广泛应用，也使其成为实验室的主要污染源。例如医用X射线诊断、肿瘤放疗、介入放射学诊疗和核医学检查等医用辐射仪器，如X射线仪、放射性核素仪等仪器在检查时释放出的X、β和γ等射线。部分实验室用来盛放放射性核素或接触放射性物质的注射器、药水瓶、玻璃器皿、吸水纸等，也成为放射性污染的来源之一。

部分实验室的专用仪器设备，如一些控制、分析、测试设备使用放射性物质，做放射免疫学实验，也成为放射性污染的来源。例如安装有粒子加速器、X射线机以及大型放射源并能产生高强度辐射场的构筑物或射线装置、配有电子捕获检测器的气相色谱仪等。大多数气相色谱仪配有电子捕获检测器，其放射源为氚或镍(^{63}Ni)。核素在衰变过程中有β射线释出，当电子捕获检测器工作时，或者在拆换色谱柱时很容易释放出放射性物质，造成室内放射性物质的污染，同时还有挥发性有机物的释出。因此国外对配有电子捕获检测器的气相色谱仪规定每6个月必须进行放射性泄漏试验，检漏试验要进行多次，在不同的使用条件下以及每更换一根柱子都必须进行检漏试验，以防止放射性物质的泄漏。

有些实验室还可能产生废水、废气和废渣，由于含有放射性核素或被放射性核素污染、暂时没有重复利用价值、其放射性比活度或污染水平超过国家规定限值成为放射性废物。

2. 含放射性的建筑材料产生放射性污染　某些实验室使用了含有放射性元素，如铀、镭含量高的花岗岩、煤渣砖等作为建筑材料。虽然这些材料是天然形成的，但是人为的被用在实验室建造和装修上，成为室内放射性污染源之一。

三、实验室电离辐射危害的控制措施

实验室内的辐射源，主要就是射线装置和使用放射性核素，会对机体产生外照射和内照射，因此电离辐射的控制措施也主要是针对内外照射的。为了达到防护目的，按照剂量限制的基本原则，减少各类人员的内、外照射剂量，有以下控制措施。

1. 控制辐射源的质与量　是根治放射损害的方法，在不影响应用效果的前提下，应尽量减少或降低辐射源的强度、能量和毒性。

2. 减少照射时间　外照射的总剂量与总照射时间成正比，因此必须尽量减少受照射时间。可采取减少不必要停留时间、轮换作业、提高操作技术等措施，减少个体受照射时间。

3. 加强屏蔽防护　在放射源与人员之间设置防护屏，吸收或减弱射线的能量。对于X射线和γ射线，可选用铅、铁、水泥、砖等做防护材料。在实验时由于X射线和γ射线有一定的出射方向，因此实验者应注意不要正对射线出射方向站立，而应站在侧面操作，防止身体受到射线直接照射。注意X射线管窗口附近应用1mm以上的铅皮屏蔽，使X射线尽量限制在一个局部小范围内，不使射线散射到整个房间，在进行(尤其是对光)操作时，应佩戴上防护用品(特别是铅防护眼镜)。

在操作浓度较大的α射线源时，可戴上封闭式手套；对β射线，可用铝、有机玻璃、塑料等材料做防护屏；对于中子辐射，可用石蜡、硼酸材料防护。

4. 距离防护　点状放射源的剂量与距离平方成反比，操作中应尽可能远离放射源，切忌直接手持放射源。

5. 围封隔离　对于开放源及其作业场所必须采取“封锁隔离”的方法，把开放源控制在有限空间，防止向外环境中扩散。

6. 除污保洁　操作开放型放射源，使用开放型放射性元素时，要随时清除工作环境介质的污染，监测污染水平，控制向周围环境的大量扩散。

7. 注重个人防护　实验室工作人员必须重视对放射性污染的防护。防止放射性物质进入人体是放射防护的重要前提，一旦放射性物质进入人体，其他防护措施就失去意义。

放射性物质要尽量在密闭空间内操作，操作时须佩戴防护手套和口罩。加强室内通风换气，以减少由于高电压和X射线电离作用产生的O_3、NO_X等有害气体对人体的影响，严防放射性物质飞溅而污染空气，避免操作时交叉污染，操作结束后应全身淋浴，切实地防止放射性物质从呼吸道或食管进入人体内。要合理使用配备的个人防护用品，如口罩、手套、工作鞋帽、服装等。遵守个人防护规则，在开放型放射性工作场所中，禁止一切可能使放射性核素进入人体的行为，如饮水、吸烟、进食、化妆等。对于暂时不用或多余的放射性核素放射源，应及时采取有效的屏蔽措施，储存在适当的场所，加强管理。

四、实验室电离辐射泄漏的应急处置

(一) 处置方法

实验室一旦发生放射事故，必须立即采取措施防止事故继续发生和蔓延而扩大危害范围，并在第一时间向本单位领导小组报告，同时启动应急指挥系统，具体程序如下。

1. 迅速报告　发生事故的单位必须立即将发生事故的性质、时间、地点、科室名称、联系人、电话等报告给放射事故应急领导小组，并做好应急处置准备。

2. 现场控制　现场处置小组接到事故发生报告后，立即赶赴现场，首先采取措施保护工作人员和公众的生命安全，保护环境不受污染，最大限度控制事态发展；负责现场警戒，划定紧急隔离区，不让无关人员进入，保护好现场；迅速、正确判断事件性质，将事故情况报告应急指挥中心。

3. 启动应急系统　放射事故应急指挥中心接到现场报告后，立即启动应急指挥系统，指挥其他各应急小组迅速赶赴现场，开展工作；后勤保障组同时进行物资准备。

4. 现场报告　根据现场情况，由本单位应急指挥中心将事故发生时间、地点、造成事故的核素、核素现有活度、危害程度和范围及射线装置的名称等主要情况报告卫生计生、环保、公安等相关部门以及上级行政主管部门。

5. 现场处置　等待相关部门到达现场的同时，采取相应措施，使危害损失降到最小。

若是发生放射性核素与射线装置失控导致大剂量 X 摄线误照，如果射线装置出现故障，应立即切断装置电源，同时立即进行现场救助，采取措施，以使人员损伤、环境污染降到最小，组织人力将受照人员送往医院，并同时请放射防护专业机构进行检测。

若是放射性核素丢失、被盗，可以组织人力在单位内进行排查，并对放射源的名称、状态、特性、危害及射线装置等进行通告，广泛引起本单位职工与公众的重视，最大限度降低危害。工作人员发生体表污染时，应用大量自来水冲洗，直到体表辐射水平降到接近本底水平。工作人员体内污染时，若是摄入了 H_3，须大量饮水或茶，服用利尿剂增加排泄而减少其在体内的滞留时间；若是吸入放射性碘则服用碘化钾，阻止放射性碘进入甲状腺。

若发生人体受超剂量照射事故时，实验室所在单位应当迅速安排受照人员接受医学检查或者在指定的医疗机构救治，同时对危险源采取应急安全处置措施。

6. 查找事故原因　配合上级有关部门对现场进行勘查以及环保安全技术处置、检测等工作，查找事故发生的原因，进行调查处置。将事故处置结果及时报上级行政主管部门。

7. 警报解除　总结经验教训，制定或修改防范措施，加强日常环境安全管理，杜绝类似事故发生。

（二）处置要点

1. 现场控制，迅速、正确判断事件性质，并迅速报告相关部门。

2. 根据放射源不同种类，不同事件性质，现场处置人员穿戴个人防护用品，采取针对性有效处置措施。

3. 人体受超剂量照射事故时，尽早安排受照人员接受医学检查或者在指定的医疗机构进行救治。

（三）处置流程

处置流程见图 8-4。

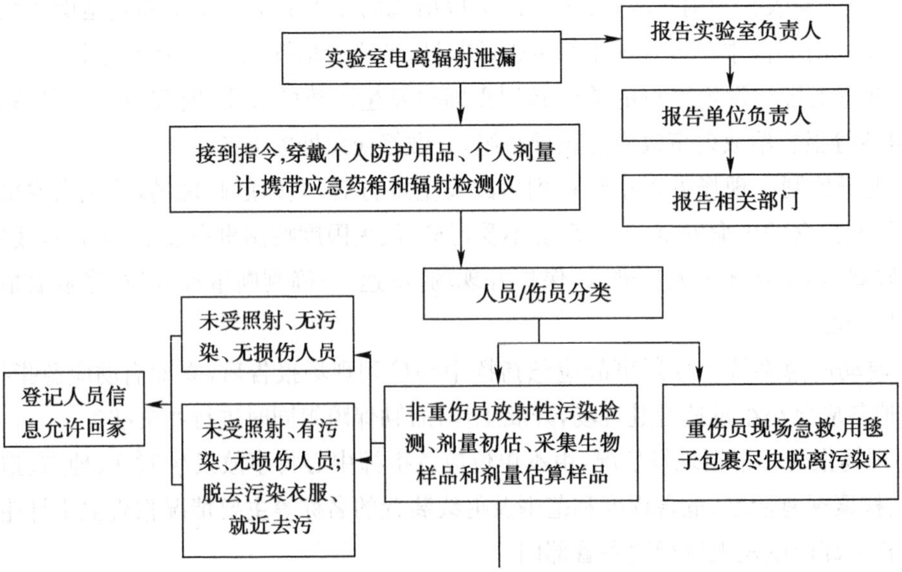

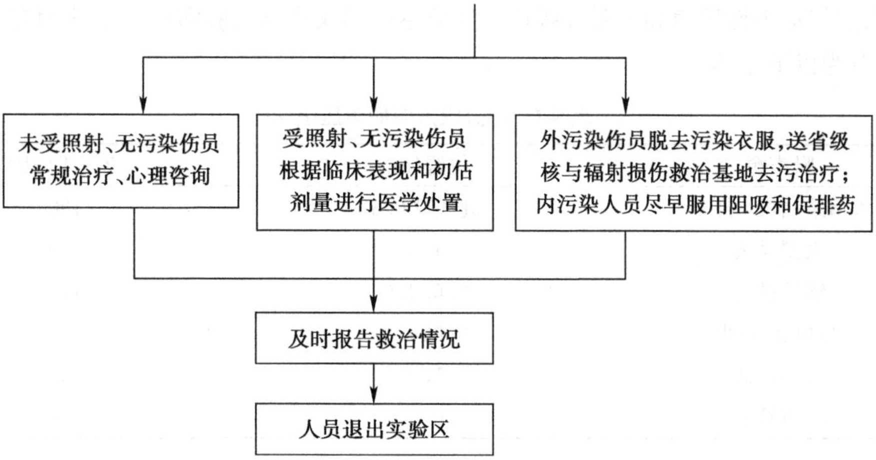

图 8-4 实验室电离辐射泄漏应急处置流程图

第五节 噪声损伤

声音在人类生活中有着极其重要的作用。人类用声音交流思想、传播信息，人类的生活离不开声音。但有的声音并不是人们所需要的，比如噪声。噪声是一种人们不期望听到的声音，听到噪声后会影响人的情绪和听力，干扰人们的正常工作、生活和学习，已成为社会公害之一。

一、噪声

人耳能感受到的声音频率在 20～20 000Hz 之间，这一频率范围的振动波称为声波(sound wave)，小于 20Hz 的声波称为次声波(infrasonic wave)，大于 20 000Hz 的声波成为超声波(ultrasonic)。从广义上讲，凡是不需要的，使人感到厌烦并对人类生产和生活带来妨碍的声音都是噪声(noise)，即一切杂乱无章的、无序的、不需要的声音就是噪声，噪声的单位是分贝(dB)。

按噪声的发射方式和持续时间可分为：连续性噪声，其中包括声压级波动很小的稳态噪声和波动在 5dB 以上的非稳态噪声；间断性噪声，指两声音间隔大于 1 秒，间隔期声压级降到背景噪声的水平，脉冲噪声也属于间断性噪声，但其声音持续时间小于 0.5 秒，间隔时间大于 1 秒，声压有效值变化大于 40dB 的噪声。根据稳态噪声的频率特性，可分为低频噪声(主频率在 300Hz 以下)、中频噪声(主频率在 300～800Hz)和高频噪声(主频率在 800Hz 以上)。此外，还可以分为窄频带和宽频带噪声等。

二、实验室噪声污染的主要来源

实验室噪声污染的主要来源与实验室所使用的设备有关，设备的振动产生的声压级超过了人们声环境功能区的标准值(表 8-1)，产生了噪声。按照噪声产生的机制，可分为机械性噪声、空气动力性噪声和电磁性噪声。实验室中的噪声与实验室的设备使用有关，来源大致可以分为以下 4 类。

表 8-1 部分噪声源的声压级(dB)

噪声源	位置(m)	声压级(dB)
大型柴油机增压器	进气口 0.3	130
大型风机	1.0	110
锅炉排气	喷口 1.0	140
发电机车间	电机 1.0	95
大声讲话	1.0	80
轻声耳语	0.3	40

(一) 机械性噪声

由于机械的撞击、摩擦和转动引起大部件发生振动而产生的声音，如织布机、球磨机、破碎机、电锯、汽锤和冲压机等在运转中发出的声音。

(二) 空气动力性噪声

由于高速气流、不稳定气流中涡流或压力的突变引起气流的振动而产生的声音，如通风机、鼓风机、空压机、燃气轮机、锅炉排放机等在运转中发出的声音。

(三) 电磁性噪声

由于电机中不平衡电磁力或磁致伸缩性震动作用而发生的，如发电机、变压器等发出的嗡嗡声。

(四) 电声性噪声

由于电声转换而产生的声音，如广播、电视、录音机、电话机、电子计算机等发出的声音。另外还有声乐噪声和人类言语性噪声。

噪声对环境污染的特点具有局限性，污染的范围与声源位置和传播形式有关。噪声污染随着声源的消失而自动消失，在环境中不留下物质，也不会积累。

三、实验室噪声控制措施

构成噪声污染有声源、声音传播途径与接触者 3 要素，所以，控制噪声污染可从此 3 方面着手，即控制声源、控制传播途径(吸声、消声、隔声和阻声)和个人防护。根据实验室的具体情况不同，可以采取单一的控制噪声方法，也可以是两种及以上方法交叉综合使用。主要有如下几种降低和消除实验室内噪声的方法。

(一) 控制声源

控制噪声的根本措施是降低声源本身的噪声。城市环境噪声主要为：在工业生产活动中使用固定机械设备产生工业噪声；在建筑施工过程中产生的建筑施工噪声；各种交通工具运行产生的交通运输噪声；各种人为活动产生的社会生活性噪声。根据近几年的统计，在影响城市环境的各种噪声来源中，城市交通噪声是干扰环境的主要噪声污染源。将临街的实验室窗户改造成隔声窗，一般隔声窗由两层 5mm 厚的玻璃组成，每层均密封，中间间隔

5mm 厚的不流动空气,此措施可降低 50%左右噪声。

对于实验室内的噪声源,要尽可能采用噪声小的实验室仪器,消除已有实验室仪器的噪声。对于产生噪声较大的仪器设备,要单独放置,并用隔声门、窗等将此房间与其他房间隔开,以免噪声传播扩散。要设法消除或降低实验室内已有设备的噪声。通过改进实验室仪器结构和实验操作工艺或流程,可以减少振动和摩擦产生的噪声。

(二) 减弱噪声的传播

树木、花草是控制噪声的有效办法,植物能吸收噪声,搞好实验室周围的绿化可以减少噪声。注意实验室楼建筑物的良好分区和合理布局,也是控制噪声的有效措施。实验室内也可以种花养草,既可以减弱噪声,又可以观赏,调节实验室内微小气候。

利用棉、麻、毛等纤维和玻璃棉、矿渣棉、泡沫塑料等吸声材料,可以吸收实验室内的噪声。用墙壁、门窗等屏蔽物可以阻挡实验室外噪声的传入。实验室墙壁不宜过于光滑,光滑的墙壁会使声音产生发射,略粗糙些可以吸收部分噪声。贴挂一些图片、仪器原理图等物品,可帮助吸收噪声,减少室内回声,又可使实验室保持美观。在有条件的情况下,实验室最好选用吸声材料如玻璃棉、加气混凝土等进行装饰。实验室内光线要柔和,柔和光线能使人宁静,从而降低对噪声的敏感度。

使用木质实验室家具能吸收噪声。家具的木质纤维具有多孔性,能一定程度吸收噪声。不宜把噪声大的电器放在实验室内,电梯不应与实验室紧邻,否则必须采取隔声、减振措施。在实验室仪器产生噪声部分加隔声罩可以控制噪声向外传播。对于气流产生的噪声可以用消声器来减弱。消声器广泛应用于柴油机、鼓风机、通风机等机器,消声器能使噪声降低 20～40dB。

(三) 个人防护

当实验室内存在无法避免的噪声源时,必须采取个人防护措施。可以采取暂时避开的办法。若不能长时间避开,可以采取合理组织劳动时间和合理管理,若短时间也离不开,可以采用个人防护措施。个人防护是减少噪声对听觉和人体危害的有效措施之一,可以选用耳塞、耳罩、防声棉和防噪声头盔可以有效降低噪声 10～50dB。

四、实验室噪声污染应急处置

(一) 处置方法

当实验室设备发生故障发出刺耳噪声,或者某些设备由于安装不当,持续发出超过国家标准规定的噪声时,应采取以下应急处置程序加以控制。

1. 及时控制和消除噪声源　控制和消除噪声源是防止噪声危害的根本措施。应根据不同的机械噪声来源采取不同的噪声控制工艺方式等技术措施来解决。如发电机、空气压缩机实行全封闭隔声隔离处置。其他机械器具可采用工艺技术措施解决并加强维修,减低由不必要的或松动的附件撞击的噪声。

2. 项目部合理规划与设计　生产强烈噪声的机械应与民工宿舍及居民区有一定的距离。产生噪声的机械常常伴有较强的振动,应在机座下、地基上装设减振装置。

3. 控制噪声传播和反射的技术措施。

4. 个体防护　根据具体作业环境及作业时间长短，配备合适个人防护用具。

5. 卫生保健措施　进行就业前检查，定期对接触噪声的工人进行职业健康检查，特别是听力的检查，发现听力损伤应及时采取有效的防护措施。合理安排操作时间，经常检测工作场所噪声强度，监督检查预防措施执行情况及效果。

(二) 处置要点

1. 处置时穿戴个人防护用品。

2. 控制和消除噪声源。

3. 对可疑受到噪声损伤人员开展医学检查和治疗。

(三) 处置流程(图 8-5)

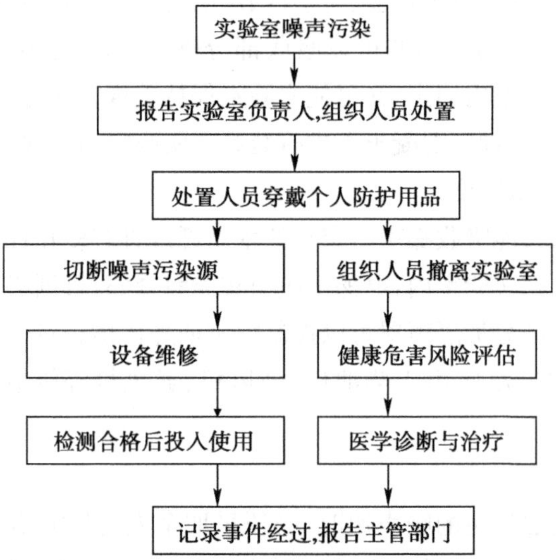

图 8-5　实验室噪声污染应急处置流程图

第六节　触　　电

某实验室正准备开启的一台 102G 型气相色谱仪柱箱忽然爆炸，柱箱的前门飞到 2m 多远，已变形，柱箱内的加热丝、热电偶、风机等都损坏。

分析与教训：2 个月前一名维修人员把色谱柱自行卸下，而另一名实验人员在不知情的情况下，开启氢气，通电后发生了这起事故。幸亏这名实验人员站在仪器旁边，幸免了伤害事故。因此实验人员在每次开机前都应该检查气路，仪器维修人员对仪器进行改动后，应通知相关使用人员，并挂牌标识。以上安全事故，都是因两人均违反操作规程、疏忽大意造成的，既伤害了自己，又伤害了别人，值得深思。

人体触电主要是由于直接或间接接触带电物体以及跨步电压导致，常见触电原因包括单极接触、双极接触和静电接触。单极触电是指人体接触一条火线，电流从火线通过人体流入大地，如安装错误、带电操作、导线绝缘损伤。双极接触是指人体同时接触电网的两根相线发生触电，通常都是在带电操作时发生，而且一般保护不起作用，危害极大。对人体来说，电压低于 36V 才是安全的。实验室中的照明电路和动力电路都大大高于 36V，因此必须防止触电发生。

一、处置方法

(一) 设备使用异常的处置

用电设备在使用时如发生以下异常：设备外壳或手持部位有麻电感觉；开机或使用中熔断丝烧断；出现异常声音，如噪声加大，有内部放电声，电机转动声音异常等；出现异味，常见为塑料味，由于绝缘漆会发甚至烧焦而发出的气味；机内打火，出现烟雾；指示仪表数值突变超出正常范围。发生上述异常情况之一，应尽快断开电源，拔下电源插头，对设备进行检修。对烧断熔断器的情况，决不允许换上大容量熔断器继续工作，一定要查清原因后再换上同规格熔断器。及时记录异常现象及部位，避免检修时再通电查找。

(二) 发生触电事故必须用最快的速度使触电者脱离电源

切记当触电者未脱离电源前本身就是带电体，同样会使抢救者触电。脱离电源最有效的措施是拉闸或拔出电源插头，如一时找不到或来不及找的情况下可用绝缘物（如带绝缘柄的木棒、塑料管等）移开或切断电源线。

(三) 脱离电源后如果患者呼吸、心搏尚存，应尽快送医抢救

若患者呼吸停止应立即采用人工呼吸方法，若心搏停止应采用人工心脏挤压法维持血液循环。若心搏、呼吸完全停止应立即拨打急救“120”，并向医院告急求救。

(四) 电气消防

如发现电子装置、电气设备、电缆等冒烟起火，要尽快切断电源（拉开总开关或关闭电路开关），使用沙土、二氧化碳或四氯化碳等不导电灭火介质，忌用泡沫或水进行灭火；灭火时不可将身体或灭火工具触及导线和电气设备。

二、处置要点

处置触电人员一要快，二要不使自己触电。

三、处置流程

处置流程见图 8-6。

四、预防措施

(一) 安全使用电设备

设备接电前检查，有的数十万的设备接电瞬间变成废品，有的设备本身有故障会导致整

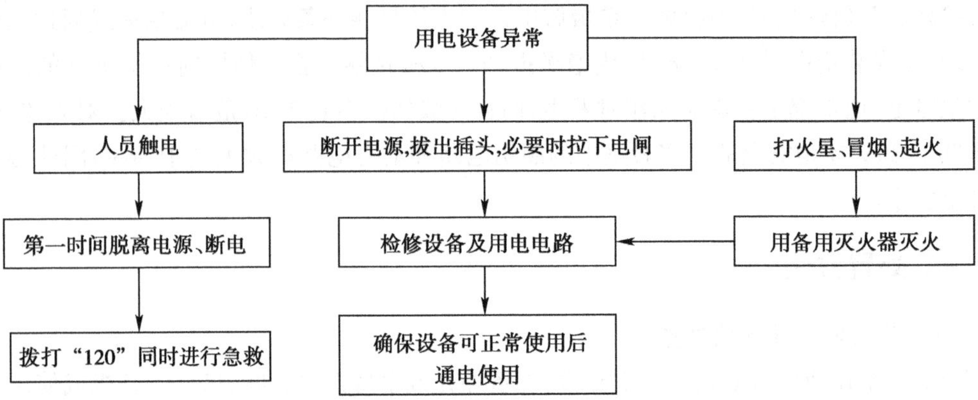

图 8-6　触电应急处置流程图

个电网瘫痪,因此电设备接电前建议进行“三查”,即查设备铭牌、环境电源(电压、电容是否与设备吻合)、设备本身(电源线是否完好、设备外壳是否带电)。

(二) 避免错误使用带电设备

如使用烘箱、恒温水浴箱、离心机、电炉时,严防触电,绝不可用湿手触碰时开关电闸和电器,应该用试电笔检查电器设备是否漏电,凡是漏电的设备一律不得使用。使用烘箱、烤箱、马弗炉等高温设备时,必须确认自动温控装置可靠,同时需人工定时监控温度,防止温度过高。进行计量认证的实验室应确保设备在检定有效期内。不得把含有易燃、易爆溶剂的物品放入烘箱、马弗炉。

(三) 应防止以下不安全电气设施的存在

线头裸露、电线明线布置无保护套管,插座同时连接多个用电设备,超载或使用破损插座。

(四) 应防止以下常见误操作的存在

变压器及加热设备接头裸露、冒火花,液体进入吹风机机壳内,搅拌器未调速前飞转,旋转蒸发仪、电炉、高压灭菌锅在使用中无人值守。

(五) 养成良好的安全操作习惯

人员接触任何电气装置或设备时应先断开电气装置和设备的电源,断开电源不仅是断开电源开关,还需拔下电源插头,断开刀闸开关或断开电源连接。

(六) 测试、装接电力线路采用单手操作,触及电路的任何金属部分之前都应进行安全测试。

(茅海燕　宣志强)

参考文献

[1] 世界卫生组织编. 陆兵,陈惠鹏,译. 实验室生物安全手册[M]. 北京：人民卫生出版社,2004.
[2] 国家卫生计生委卫生法制与监督司,中国疾病预防控制中心职业卫生与中毒控制所. 建设项目职业病

危害评价[M]. 北京：中国人口出版社，2003.
[3] 任天山，程建平，朱立，等. 环境与辐射[M]. 北京：原子能出版社，2007.
[4] 金泰廙，孙贵范. 职业卫生与职业医学[M]. 第 5 版. 北京：人民卫生出版社，2003.
[5] 祝优珍，王志国，赵由才. 实验室污染与防治[M]. 北京：化学工业出版社，2006.

第九章

实验室安保事件应急处置

防火、防盗、防事故是实验室安全保卫工作的核心。生物安全实验室由于工作需要，在使用、储存和运输感染性材料的过程中，还容易发生各类意外。如果病原微生物感染性材料在实验室操作、运送、储存过程中，因自然灾害、意外事故或违规操作，发生病原微生物意外泄漏造成人员暴露、环境污染的事件即为实验室生物安全事件。如果在实验室发生蓄意破坏实验室设施、利用实验室菌（毒）种设施传播传染病病原体，以达到引起社会恐慌、威胁社会安全与安定，对人员、财产、生态环境及国家政治、经济、文化造成危害的事件即为实验室生物恐怖事件。生物安全事件和生物恐怖事件都属于实验室安保范畴。

在目前复杂的国际形势下，实验室需要格外关注和加强安全保卫工作，及时对现有的安全制度和标准进行调整以确保不发生各类危险事件。加强安保意识，防火、防盗、防事故，共同杜绝病原体从进行微生物研究或生物医学研究的实验室中泄漏、被窃取和被滥用，不仅是实验室人员的职责，也是全世界共同的职责。

本章将重点讨论实验室感染性材料储存、使用、运输过程中发生意外以及火灾的防范措施和处置程序，以提高实验室针对安全保卫事件的处置能力。

第一节　感染性材料被盗、被抢、丢失

2014 年 11 月 23 日，一则突发信息成为各大报纸国际综合版面的头条新闻：2014 年 11 月 21 日，几内亚红十字会的一名工作人员与人拼车，从南盖凯杜省前往康康省中部的一个实验室，他随身携带了几瓶血液样本，这些血液样本从埃博拉疑似患者身上抽取，被装进密封瓶内塞进一个保温袋里。当汽车行进至吉西杜古镇附近的高速路段时，突然出现了 3 名骑摩托车的劫匪，他们截停了汽车，从乘客身上抢走手机、现金和珠宝首饰，并向天鸣枪恐吓红十字会的工作人员交出保温袋。好在事故中无人受伤。

几内亚埃博拉反应协调委员会得知血样被劫后，立即通知该国安全部门，并于 21 日晚些时候在全国性广播电台上要求这些不知名的劫匪归还血样。当局担忧，劫匪很可能在发现保温袋里没有财物后，已经将血液随意倾倒，这将导致无辜民众感染埃博拉病毒。

分析：因为缺少交通工具，红十字会的工作人员外出时选择拼车，不符合高致病性病原微生物相关的运输管理要求，是意外发生的首要原因。

从事高致病性病原微生物相关实验活动的实验室的设立单位，应当建立健全安全保卫制度，采取安全保卫措施，严防高感染性材料被盗、被抢、丢失、泄漏，保障实验室及其病原微生物的安全。实验室发生感染性材料被盗、被抢、丢失、泄漏的事件，实验室的设立单位应当依照《条例》要求进行报告。

一、管理要求

生物安全实验室应严格按要求妥善保存感染性材料，设立专门储存感染性材料的样本库或毒种库。感染性材料样本库应上锁并指定专人管理。对存放感染性材料的区域要进行监控，冷藏柜、冰箱、培养箱和存放生物试剂、化学危险品、放射性物质的容器，如果置于工作人员视线之外的地点时应上锁。相关单位应建立相关使用、运输的审批制度。

二、处置方法

(一) 信息报告

1. 责任报告单位　各区县卫生局、实验室设立单位(或其主管单位)等均有责任报告实验室生物安全事件。

2. 报告时限和程序　实验室设立单位发现实验室感染性材料被盗、被抢、丢失的，应立即分析事件的严重程度，评估潜在的危害风险，在 2 小时内上报当地卫生行政主管部门和公安机关。对于突发在敏感地区、可造成重大社会影响和危害的实验室生物安全事件，实验室设立单位要在第一时间上报当地卫生行政主管部门。

接到实验室生物感染性材料被盗、被抢、丢失信息报告的区县卫生行政主管部门，应当立即组织进行现场调查确认，进一步判断事件级别，并按照要求进行逐级上报。对于重大实验室生物安全事件在 2 小时内向本级人民政府报告，同时向上级卫生行政主管部门报告。

上级卫生行政主管部门在接到实验室感染性材料被盗、被抢、丢失信息报告后，立即组织现场处置组、专家组进行现场调查，采取相应处置或救援、洗消防护等措施，并进行危害评估和事后恢复评估。现场处置组应会同专家组及时向上级卫生行政主管部门提交相关报告。

(二) 报告内容

1. 事件信息　主要内容包括实验室设立单位名称、实验室名称、涉及病原体类别、发生时间、地点、涉及的地域范围、感染或暴露人数、主要症状与体征、可能的原因、已经采取的措施、事件的发展趋势、下一步工作计划等。

2. 事件发生、发展、控制过程信息

(1)初次报告：内容包括事件名称、发生地点、发生时间、事情经过、涉及病原体、可能原因、已采取的措施、初步判定的事件级别、报告单位、报告人员及通讯方式等。

(2)过程报告：内容包括事件的发展与变化、处置进程、势态评估、控制措施等内容。同时，对初次报告内容进行补充和修正。重大实验室生物安全事件至少按日进行进程报告。

(3)总结评估：在确认事件终止后 2 周内，对事件的发生和处置情况进行总结，分析其原因和影响因素，并提出今后对类似事件的防范和处置建议。

(三) 应急程序与处置

出现感染性材料被盗、被抢、丢失事件时，实验室设立单位应根据职责和规定的权限启动相关应急预案，及时、有效地进行处置，控制事态。

1. 实验室设立单位应立即启动本单位应急预案，并做好以下工作　立即关闭事件发生的实验室；对周围环境进行隔离、封控；核实并提供在相应时间段内进入实验室的人员名单；配合卫生计生行政部门和公安部门做好现场调查和处置工作，提供实验室布局、设施、设备、实验人员等情况信息。

2. 辖区卫生计生行政部门应采取以下措施　组织应急人员封控现场；了解核实事件信息；初步认定事件等级；组织现场自救；立即上报公安部门和上级生物安全领导小组并协助其控制事件发展。

3. 上级生物安全领导小组应采取以下措施　立即组织应急人员组成现场处置组，赶赴现场；调查丢失病原微生物菌(毒)种或样本种类、规格及数量、包装等信息；协助公安部门追踪丢失病原微生物菌(毒)种或样本去向；对现场采取必要封控、消毒措施；对感染人员及疑似感染人员进行隔离、救治。对在相应潜伏期时间段内进入实验室人员及密切接触人员进行隔离；根据事件涉及的病原微生物组织相应专家组对事件发生原因以及存在的生物安全隐患进行分析，认定事件等级，提出指导和评估意见，制定防控和医疗救治方案。

(四) 信息发布

实验室感染性材料被盗、被抢、丢失信息发布应当及时、准确、客观、全面。必要时，在事件发生第一时间向社会发布简要信息，随后发布初步核实情况、应对措施和公众防范措施等信息，并根据事件处置情况做好后续发布工作。事件信息由生物安全领导小组负责沟通并向上级部门、相关部门和新闻媒体等发布。

三、处置要点

感染性材料被盗、被抢、丢失事件发生时，实验人员应立即向单位生物安全负责人报告。实验室设立单位应立即启动本单位应急预案，迅速判断事件可能造成的危害，在向相关部门报告的同时采取有效措施，保护实验室人员安全，控制病原微生物扩散，尽可能将事件危害降到最低。

四、处置流程

处置流程见图 9-1。

五、主要预防措施

1. 高致病性病原微生物相关实验活动的实验室应当向当地公安机关备案，并接受公安

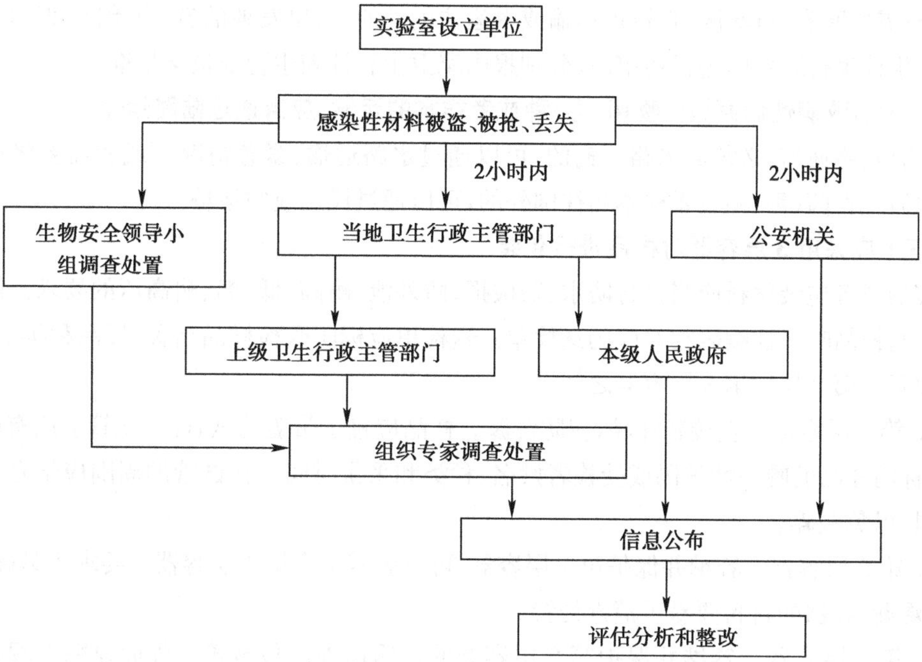

图 9-1　感染性材料被盗、被抢、丢失处置流程图

机关有关实验室安全保卫工作的监督指导。

2. 实验室设立单位、高致病性病原微生物菌(毒)种和样本库的保藏机构应与辖区公安派出所建立报警联动机制和突发事件处置联动机制,保证突发事件发生时能够及时迅速采取有效应对措施。

3. 治安维护,要加强对重点区域、重点场所、重点人群、重要物资和设备的安全保护,依法严厉打击违法犯罪活动,维护社会秩序。

4. 实验室设立单位应针对本单位具体情况进行病原微生物安全事件危险性分析和评估,进一步完善应急预案,开展人员培训、应急演练和安全检查,及时上报有关信息。

第二节　感染性材料运输过程发生泄漏

2006 年 2 月 1 日,《可感染人类的高致病性病原微生物菌(毒)种或样本运输管理规定》发布,感染性材料运输应按照该规定要求进行操作。如果在运输途中发生泄漏事件,也要及时采取措施,控制污染范围和事件影响。

一、运输要求

(一) 高致病性病原微生物菌(毒)种或者样本的运输,应当经省级以上人民政府卫生计生行政部门批准

在省、自治区、直辖市行政区域内运输,由省、自治区、直辖市人民政府卫生计生行政部门批准；需要跨省、自治区、直辖市运输或者运往国外的，由出发地的省、自治区、直辖市人民政府卫生计生行政部门进行初审后，分别报国家卫生和计划生育委员会批准。

（二）高致病性病原微生物菌（毒）种或者样本的运输，应当通过陆路运输

没有陆路通道，必须经水路运输的，可以通过水路运输；紧急情况下或者需要将高致病性病原微生物菌（毒）种或者样本运往国外的，可以通过民用航空运输。

（三）应采用3层容器对样品进行包装

容器或者包装材料应当符合防水、防破损、防外泄、耐高（低）温、耐高压的要求。随样品应附有与样品唯一性编码相对应的送检单。送检单应标明受检样品名称、样品种类等信息，并应放置在第2层和第3层容器之间。

1. 第1层容器　直接装样品，应防渗漏。样品应置于带盖的试管内，试管上应有明显的标记，标明样品的唯一性编码或受检者姓名、种类和采集时间。在试管的周围应垫有缓冲吸水材料，以免碰碎。

2. 第2层容器　容纳并保护第1层容器，可以装若干个第1层容器。要求不易破碎、带盖、防渗漏、容器的材料要易于消毒处置。

3. 第3层容器　容纳并保护第2层容器的运输用外层包装箱。外面要贴上醒目的标签，注明数量、收样和发件人及联系方式，同时要注明生物危险标识、警告用语和提示用语，还应易于消毒。

（四）运输过程应符合生物安全要求，由具有资质的人员专程护送

运输高致病性病原微生物菌（毒）种或样本，应当专人护送，护送人员不得少于两人。申请单位应当对护送人员进行相关的生物安全知识培训，并在护送过程中采取相应的防护措施。

（五）运输途中，应随身携带消毒防护包，包括手套、镊子、有效消毒剂、消毒巾、吸水纸、生物安全垃圾袋等等，以备不时之需。

二、处置方法

（一）隔离控制区域

运输途中发现感染性材料泄漏，如果是在交通工具上发生，应立即对交通工具及其周围环境进行隔离、封控。如果是在露天环境发生，应立即疏散人群，隔离污染区域。

（二）小范围的泄漏可使用随身携带的消毒防护包进行应急处置

戴好手套，溢漏处用经0.5%次氯酸钠浸泡的吸水物质覆盖；消毒剂作用10～15分钟后，用镊子将吸水性物质放入生物安全专用废物袋，再次用0.5%次氯酸钠冲洗，用水清洗。如果含有碎玻璃或其他锐器，则要小心收集，并将它们置于可防刺透的容器中以待处置。

（三）感染性材料泼溅

发生大范围感染性材料泼溅事故时，应立即通知实验室主管领导和安全负责人到达事故现场，查清情况，确定消毒的程序。如果发生重大泼溅事故，应根据病原性质、泄漏范围，泄漏量等情况采取以下措施。

1. 从污染处疏散人员，但要防止污染扩散。

2. 控制污染扩散，锁门并禁止人员进入。

3. 由生物安全专家查清情况后，确定消毒处置的程序。

4. 交通工具上发生空气污染时，可采用甲醛熏蒸灭菌器对车辆等可密闭空间空气进行消毒。

5. 出现大量病原微生物泄漏，并有迹象出现严重危害公众健康事件时，可报请政府取消集会性活动，采取必要的停工、停业、停课和人员疏散措施。

(四) 个体防护的应急处置

感染性材料泄漏导致个体污染时应及时处置。

1. 皮肤污染　用水和肥皂冲洗污染部位，并用适当的消毒剂浸泡，如 70%乙醇或其他皮肤消毒剂。

2. 黏膜污染　用大量流动水或生理盐水冲洗污染部位，时间要求 15～20 分钟。

3. 衣物污染　尽快脱掉污染的衣物，进行消毒处置。

(五) 核实并提供在相应潜伏期时间段内进入泄漏区域的人员及密切接触人员名单；配合生物安全负责人做好现场调查和处置工作况。

(六) 事故的登记、报告和检测

对感染性材料泄漏事故应进行登记。内容包括以下几个方面。

1. 事故发生的时间、地点及详细经过　明确病原性质、泄漏范围，泄漏量等情况。

2. 事故处置方法和经过　包括专家或领导赴现场指导和处置的情况，消毒处置方法及经过。

3. 密切接触者的追踪、随访、检测和用药情况　如果需要，也可为密切接触者提供疫苗、抗血清或免疫球蛋白的应急接种。

4. 对重大意外和事故必须进行报告和检测　发生小型事故时可在紧急处置后立即将事故情况和处置方法报告生物安全主管部门负责人。发生重大事故时，在紧急处置的同时要立即向单位主管领导报告。

三、处置要点

感染性材料运输途中发生泄漏事件，护送人员应立即疏散无关人员，控制污染区域，并向实验室负责人和生物安全主管部门负责人报告。根据病原性质、泄漏范围，泄漏量等情况，护送人员可对小范围的泄漏进行应急处置，范围较大的区域则应按照生物安全专家确定的方案进行消毒处置。泄漏事件发生后，应对所有密切接触者进行追踪、随访、检测或用药，有疫苗的还可以应急接种疫苗。事件发生后应及时进行总结，分析评估事件原因，并确定整改方案，以避免类似事件的再次发生。

四、处置流程

处置流程见图 9-2。

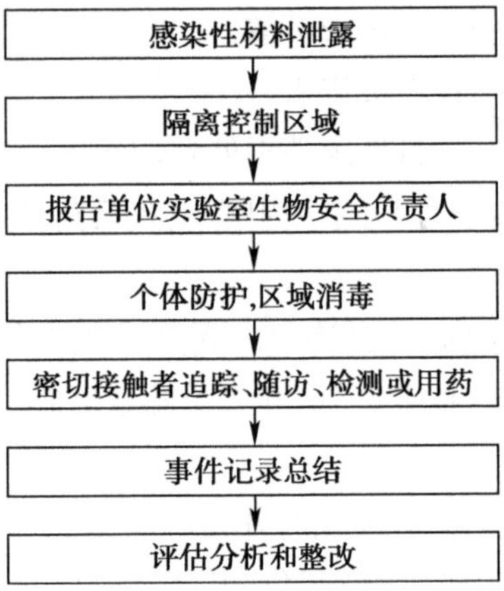

图 9-2　感染性材料运输泄漏处置流程图

五、主要预防措施

1. 按照规定要求,做好感染性材料运输包装、运输审批和专人护送制度。
2. 随身携带应急处置防护包。
3. 加强培训,提高业务人员对突发意外事故的处置能力。
4. 做好相应病原的应急救治药品和疫苗的储备工作。

第三节　感染性材料被恶意使用

2001 年“9・11”恐怖袭击发生约 1 个月后,美国国会和一些新闻机构接连收到装有炭疽粉末的信件,造成 5 人死亡、17 人受伤。据美国媒体报道,2011 年 4 月 13 日,美国驻巴西里约热内卢领事馆收到一个装有不明粉末的信封。该信封随后被美国领事馆移交给里约热内卢市消防队并送往科研机构进行成分检测。美国领事馆方面认为,该信封含危险物质的可能性不大,他们只是遵循程序将其移交给巴西当局处置。

生物恐怖事件是指在实验室发生的,以蓄意破坏实验室设施、利用实验室菌(毒)种传播传染病病原体为手段,存在以达到引起社会恐慌、威胁社会安全与安定为目的的可能,对人员、财产、生态环境及国家政治、经济、文化造成危害的事件。感染性材料恶意使用可归类于生物恐怖事件。

我们经常可以从网络和报纸上看到这样的新闻:某男子自称艾滋病感染者,手持针管在公共场所扎人,过往群众避之不及,一片混乱。当然,拿针管扎人的做法是利用了公众对艾滋病的恐惧及防艾知识的缺乏来制造社会不安,这种行为应该受到法律的制裁和社会道德的约束。但是对于生物安全实验室来说,做好防范措施,避免感染性材料被恶意使用也是实验室安全保卫工作的重点。

一、管理要求

实验室应按有关规定设立专门储存空间存储感染性材料，落实相应的安保措施。感染性材料应指定专人负责保管，保管员应具有高度责任心和熟练操作技能，防止感染性材料外流。建立感染性材料登记册，详细填写感染性材料名称、编号、来源、使用、污染、销毁等情况。按照感染性材料保存时间长短的不同，选择合适的方式保存，比如冷藏、冷冻、液氮、半固体等等。感染性材料不得随意对外使用，确需使用的需经实验室负责人审批同意。感染性材料的请购与销毁须经实验室负责人审批，销毁必须彻底并做好记录，首选高压灭菌。在准备及实验过程中，必须严格执行安全操作规程，定时、定点、安全、妥善放置感染性材料；一旦发现污染情况，必须及时采取有效消毒措施，消除污染。检测完毕的感染性材料，必须先经灭菌、消毒处置后再进行清洗。

为保证高危菌(毒)种及相关感染性材料的安全，防止恶意使用，实验室菌(毒)种库应实施双人双锁共同负责制，并实行24小时红外线或影像监控，监控室工作人员应随时监控菌(毒)种库的情况，保障安全。实验室生物安全领导小组每年应定期全面检查感染性材料的保存和使用情况。

二、处置方法

发生感染性材料恶意使用事件后应立即启动应急机制。实验室设立单位生物安全领导小组应进入应急状态，配合公安部门对突发事件进行侦测、调查，综合评估，采取应急处置措施，控制事态恶化。

(一) 对感染性材料恶意使用事件进行综合分析

1. 流行病学调查　包括事件发生的原因、接触人员的发病情况、引起疾病流行的可能因素等。

2. 标本、样品采集和检验　对污染的物品、区域、感染的人员进行采样和检测，对可疑生物进行样本检查，进行病原的分离鉴定，以确定事件的性质与危害。

3. 污染区域划定　对污染区及其周围的地区进行卫生评估，评估环境受污染范围和严重程度，现场调查和取证人员应采取适宜的防护措施。

(二) 现场控制措施

1. 根据分析结果确定事件的规模、危害的程度和可能波及的范围，封闭或封锁相关实验室和实验区。

2. 对于受到事件影响的现症患者实行就地报告，通过“绿色通道”送至实验室人员感染救治的定点医院，疑似患者和接触者进行入院观察。事件中的高暴露人群根据实际情况进行预防性服药、留检、医学观察或隔离。在可能波及的范围内，开展疑似病例的搜索，开展传染源、传播途径及暴露因素的调查。

3. 对于被污染的场所、物品要对其进行消毒处置，必要时进行封存和销毁。

4. 对易受感染的人群和其他易受损害的人群采取紧急接种、预防性服药、群体防护等。

5. 针对事件性质，开展针对性的卫生知识宣教和心理咨询，消除区域民众心理障碍和精神应激。

（三）追踪监测

追踪事件可能波及地区的高暴露人群，开展主动监测工作，做到早发现、早报告、早隔离、早治疗。

（四）报告与部门协调

对于感染性材料被恶意使用事件，应立即上报单位生物安全领导小组和公安部门，并配合其尽快控制事件形势。相关当事人如违反法律法规的，应依法追究其法律责任。

三、处置要点

1. 报告制度，感染性材料被恶意使用后，相关人员应立即报告单位生物安全负责人，生物安全负责人应根据情况报告公安部门。

2. 封闭被感染性材料污染的实验室或者可能造成污染扩散的场所。

3. 配合公安部门开展事件发生情况调查。

4. 对密切接触者进行医学观察，对患者进行隔离治疗，对相关人员进行医学检查。

5. 对可疑污染进行现场消毒。

6. 其他需要采取的预防、控制措施。

四、处置流程

处置流程见图 9-3。

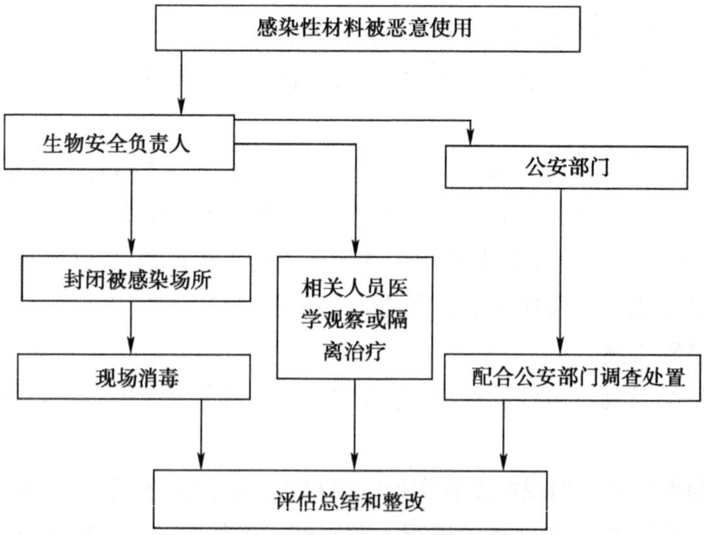

图 9-3　感染性材料被恶意使用处置流程图

五、主要预防措施

1. 加强实验室标准化建设，对实验室设备的配置、个人防护和实验室安全行为应按《实验室生物安全通用要求》做出明确规定。

2. 建立实验室病原微生物保藏库，对病原样本建立严格的监督管理制度。

3. 增强安全意识，合理完善实验室生物安全的各项规章制度。把生物安全管理责任和措施落到实处，消除安全隐患。实验室工作人员应自觉遵守实验室生物安全管理规定，严格按照操作规程和技术规范开展研究工作。

4. 实验室设立单位要建立生物安全应急处置预案，组建生物安全领导小组，发生意外时能够迅速按照预案采取预防控制措施。实验操作人员应该熟悉安全防护措施并具备突发事件处置能力，一旦发生意外，能够沉着应对。

5. 提高警惕，加强安全保卫，防止不法之徒盗窃感染性材料，用于对人群进行生物化学恐怖攻击，对公众健康产生严重损害，影响社会稳定。

第四节　火灾应急处置

> 2010年6月3日下午，兰州安宁区培黎广场一私人化学实验室内，随着一声猛烈的爆炸声，浓烟滚滚，火苗随即从烟雾中冒出。随后火势迅速蔓延，并引燃了与其相邻的仓库。而原因是在实验过程中，实验员不小心将装有石油醚的玻璃瓶打翻在地，里面的石油醚自燃了起来，引燃了旁边的木头柜。虽然在场的实验人员立即救火，无奈火势太大，工作人员没有办法将其扑灭。幸运的是由于撤离及时，事故并未造成工作人员伤亡。

火灾是影响实验室安全的重要原因之一，引起实验室火灾的原因有多种，如违反电气安全使用规定，或违反安全操作规定等。就目前发生实验室火灾的情况分析，由实验人员疏忽造成的火灾事故是主要原因之一。因此要有效地防止实验室火灾事故的发生，不仅要有完善的灭火和应急疏散预案，还要使全体实验人员提高消防安全意识，一旦发现火情，一定要迅速冷静地采取措施，确保将损失减少到最小。

一、处置方法

(一) 火灾确认及报警

当实验室发生火灾，消控中心监测设备发出火警信号时，实验人员应立刻根据火情报警或自行灭火。一旦确认火情不可控制后，应立即通知消控值班人员把消控主机全部投入自动(允许)档，启动所有消防联动设备，并随时观察消防联动设备的工作情况；迅速拨打“119”火警电话，详细讲明火灾地点、联系电话、着火楼层、燃烧物质等情况，并做好火警记录。

(二) 应急疏散

火灾确认的同时，实验室负责人应协同消控值班人员及时通过消防广播，通知实验人员及实验室所在建筑物其他人员迅速撤离火灾现场，各楼层的疏散引导人员及时进入现场组织、引导人员从安全出口通道、消防通道疏散到安全地方，并及时报告现场情况，确保人员不滞留火灾现场。

(三) 组织安全警戒

实验室负责人在火情未蔓延的情况下，应指挥人员及时疏散可能扩大火势和有爆炸危险的物资，如易燃、易爆化学品和可燃气体钢瓶等；及时清理火灾现场的障碍物，为火灾扑救的有序进行提供保障；保护火灾现场，防止现场遭到人为的破坏；组织人员将疏散出来的物资堆放在上风向的安全地方，并做好安全防盗工作。

(四) 扑救初期火灾

火灾发生时，如火势不大，发现人应迅速报告实验室负责人和分管领导，并立即召集相关人员灭火。火源初起时，灭火人员应立即使用实验室内灭火器对火源进行扑灭，如为带电设备起火，应立刻切断电源或拉掉电闸；如为有机溶剂起火，应迅速用备用消防砂或消防毯扑灭火源；火势凶猛时，扑救人员应戴好防毒面具等保护用品，听从指挥部安排，按灭火预案进行扑救；如着火点上方的消防喷淋还未工作时，应立即击碎玻璃塞头使其喷水灭火；需用消火栓灭火时，将消火栓打开或击碎玻璃，拉出水龙带，接上水栓喷头，拿稳后方可打开阀门，射水灭火。同时按下消火栓手动报警按钮，远程启动消防加压泵加压，确保水柱压力；根据现场情况，按“先救人，后救火”、“先重点，后一般”、“先大火，后小火”、“先隔断，后集中”的方式进行扑救。

(五) 现场清理

火灾扑灭后，临时灭火指挥部应组织好现场人员，协调消防监督机构查明火灾原因、核实或查清火灾损失情况。

(六) 实验室清理与复原

确认火灾完全扑灭后，根据消防人员的指导对实验室进行清理和复原。清除烧毁的物品和设施，检查电线管路和供水、供气管路，对报废设备进行搬除。完成清理后恢复供水、供电，在正式开始通水电前应彻底进行一次安全检查，确认无安全隐患后方可启用实验室。

二、处置要点

1. 及时报火警并根据火情选择灭火措施或第一时间逃生。
2. 逃生或紧急疏散应按规定的路线撤离到指定临时集合点。
3. 火灾后实验室的清理与复原应严格确认无余火和其他安全隐患后再进行。

三、处置流程

处置流程见图 9-4。

四、预防措施

1. 注意实验室用火安全、用气安全，尽量不使用明火，使用明火时火源应远离易燃易爆液体和气瓶。

2. 注意实验室试剂使用安全，化学品试剂若不使用，勿将容器敞开以免可燃气体挥发；有机溶剂的使用应在通风柜内进行；酒精灯内乙醇的添加应在酒精灯熄火后进行；在工作区

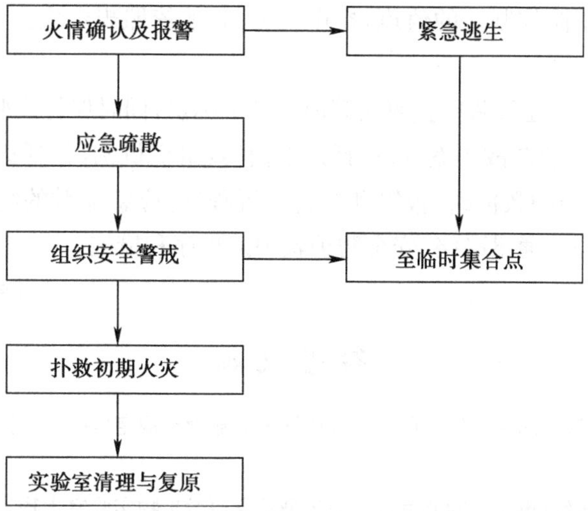

图 9-4 火灾的处置流程图

域尽可能减少易燃化学品，使用或储藏的易燃化学品不能超过规定的最大量。

3. 注意用电安全，保险丝熔断，是用电过量预告，不可愈换愈粗，以免短路时不能及时熔断，引起电线着火；电线陈旧，最易破损，应注意检查更换；衣柜内不可装设电灯烘烤衣物；电暖炉不可设置易燃物品或靠近衣服；电热水器检查其自动调节装置是否损坏，以免发生过热，引起爆炸后火灾；电气机房及配电所开关附近应备干粉灭火器以备防火。

4. 确保消防逃生通道及临时集合点畅通，安全门或楼梯及通道应保持畅通，不得任意封闭，加锁或堵塞；楼房窗户不应装置防窃铁栅或广告牌等阻塞逃生的路途，如装置应预留逃生口；高楼楼顶平台，为临时避难场所，除蓄水池与瞭望台外，不可加盖房屋或作其他设备，以免影响逃生。

5. 定期进行消防设施设备的检查，对灭火器、消火栓、沙子、烟感、水喷淋系统等进行常规检查和保养（检查表可参照案例二），确保设施正常，供水正常；缺水或消防车抢救困难地区，应配置灭火器材或自备充足的消防用水；使用有机溶剂的实验室配备灭火用的沙子或消防毯。

6. 定期进行消防安全演练，使实验人员掌握灭火器的使用和紧急逃生方法、路线。消防安全重点单位应按照灭火和应急疏散预案，至少每半年进行 1 次演练，并结合实际，不断完善预案。其他单位应当结合本单位实际，参照制定相应的应急方案，至少每年组织 1 次演练。消防演练时，应当设置明显标识并事先告知演练范围内的人员。

7. 单位应当通过多种形式开展经常性的消防安全宣传教育。消防安全重点单位对每名员工应当至少每年进行 1 次消防安全知识培训。内容应包括：有关消防法规、消防安全制度和保障消防安全的操作规程；本单位、本岗位的火灾危险性和防火措施；有关消防设施的性能、灭火器材的使用方法；报火警、扑救初起火灾及自救逃生的知识和技能。单位应当组织新上岗和进入新岗位的员工进行上岗前的消防安全培训。

8. 下列人员应接受消防安全专门培训，单位的消防安全责任人，消防安全管理人；专、兼职消防管理人员；消防控制室的值班，操作人员；其他依照规定应当接受消防安全专门培训的人员。

9. 实验室应在醒目处张贴禁止明火等消防安全标识，同时保持实验室充分通风。

10. 制定灭火和应急疏散预案，应包括以下内容：组织机构，包括灭火行动组、通讯联络组、疏散引导组、安全防护救护组；报警和接警处置程序；应急疏散的组织程序和措施；扑救初起火灾的程序和措施；通讯联络、安全防护救护的程序和措施。

（俞　莎　姚亚萍）

参考文献

[1]《可感染人类的高致病性病原微生物菌(毒)种或样本运输管理规定》，中华人民共和国国家卫生计生委令第 45 号，2005.

[2] 北京市卫生局关于印发《奥运期间北京市人间传染的病原微生物实验室生物安全管理和生物恐怖防范工作暂行规定》的通知，京卫办字[2008]5 号.

[3]《病原微生物实验室生物安全管理条例》，中华人民共和国国务院令第 424 号，2004.

[4] GB1948-2004.《中华人民共和国国家标准实验室生物安全通用要求》. 2004.

[5] 中华人民共和国传染病防治法，主席令第 17 号，2013 年修正本.

[6] 宋宏涛，郭晓燕. 美国实验室生物安全管理与安保措施及其启示[J]. 实验室研究与探索，2012，31(2)：158-163.

[7] 刘浴辉，向东，陈少才. 英国牛津大学实验室安全管理体系[J]. 实验室技术与管理，2011，28(2)：168-171.

[8] 邢鸿飞. 实验室之殇[J]. 科学与社会，2011，7：32-34.

[9]《中华人民共和国消防法》(2009 年 5 月 1 日实施).

[10] 张弘. 保卫与安全管理理论研究综述[M]. 北京：中国人民公安大学出版社，2013.

[11] 公安部消防局编. 消防安全管理. 北京：新华出版社，2005.

第十章

自然灾害事件的应急处置

自然灾害是人类赖以生存的自然界中所发生的异常现象，自然灾害对人类社会所造成的危害往往是触目惊心的。它们之中既有地震、火山爆发、泥石流、海啸、台风、洪水等突发性灾害，也有地面沉降、土地沙漠化、干旱、海岸线变化等在较长时间中才能逐渐显现的渐变性灾害，还有臭氧层变化、水体污染、水土流失、酸雨等人类活动导致的环境灾害。以目前人类的科学技术水平和能力，还无法阻止自然灾害的发生，也无法抵御自然灾害的破坏，但是完全可以根据自然灾害发生的规律和特点，采取积极有效的措施，尽量减少损失。

当地震、台风、洪水、雷电等不可抗力灾害发生时，实验室不可避免地会受到一定的影响。但是，只要实验室对这些常见自然灾害有足够的认识，在实验室硬件建设上有所考虑，并对实验人员进行防灾减灾知识教育，一般来说，这样的事故引起的损害都不会特别突出，或者说自然灾害事故发生后能够将损失降到最低。因此，实验室管理部门要对防灾减灾工作高度重视，多措并举做好预防工作，经常性对全体实验人员进行防灾减灾思想教育，经常性地开设各种专题讲座，对各种常见灾害发生的原因、后果、防灾措施、应急处置方法等进行讲解和示范，有条件的还可以进行防灾救灾演习，这样不仅可以使部分灾害消于无形，而且还能在灾害发生时，将灾害损失降低到最小程度。

实验室负责人应通过电视、报纸、广播、电子显示屏等多种渠道发布气象灾害和地质灾害方面的预警，快速地把有可能出现的灾情第一时间传达给每一位实验人员。另外，要努力提高实验室人员对自然灾害的防范意识，随时关注气象变化有可能对实验人员的生命安全带来的危害，进行灾害应急演练，让实验人员学会防险避灾、自救互救。

第一节 地 震

1999 年 9 月 21 日台湾南投县集集镇发生 7.6 级大地震，随后 22 日嘉义南部地区又发生 6.4 级地震，接近震中的台湾中正大学理学院 5 间实验室发生火灾，初步估计损失至少新台币 1000 万元，并造成其他一些学校化学实验室或多或少的受损。2013 年 10 月台湾花莲地震，12 所学校受灾，损失逾 16 万台币。

地震是一种常见的灾害现象，地球每年约发生 500 多万次，平均每天 13 700 多次，被人们称为群灾之首。地震可能导致菌(毒)种保存容器摔倒、破裂等，甚至可能造成实验室的坍塌，引起菌(毒)种的播散与传染，造成生物安全威胁。若万一发生地震，应根据损坏程度进行处置。在地震发生时逃生是第一要务，但为了保证实验室的安全，应至少做好以下事项。

一、处置方法

发生地震时，如在实验室内，应立即熄灭正在使用的明火，关闭水、电，处置掉正在使用的有害危险品，以最快速度从逃生通道跑到就近的内墙根、墙角作为避震空间；远离玻璃，避开悬挂物，离开药品柜，保护好自己的眼睛、口鼻和头部。

如接到地震预警，应立刻按紧急程序停止实验，关停实验室。在逃生时间允许的情况下，将实验中的材料连同废弃物装袋。尽可能将化学品试剂柜或菌(毒)种保存柜上锁。震后实验室的复原从以下几方面入手。

(一) 现场勘查

根据地震预报情况，确定余震清除，考虑实验室的复原。先检查是否可以进入建筑物，如果可以进入，再执行其他实验室复原工作。

进入实验室前应先与各实验室负责人员联系，最好取得化学品柜内存放化学物质清单及材料安全数据单，以便了解其中潜在的危害，检查是否有不相容的物质。

进入实验室前应该从楼层最安全的入口进入，逐步清查各实验室状况，并应从最近入口处查起，以防发生意外时来不及逃生。进入之前应先规划好逃生路线。

应先切断实验大楼水电，避免易燃溶剂类物质泄漏被电器火花点燃而发生火灾或爆炸等事件。日本地震时曾因供电过快而引起许多火灾。人员在勘查时应尽量使用防爆型照明设备，如果没有防爆型手电筒，可以用塑胶袋密封包裹手电筒来代替。

(二) 个人防护

进入实验室前应穿戴个体防护装备等必要防护用品。不要穿着尼龙等材质的衣物，因为那些材质一受热就会黏在皮肤上增加烫伤的程度。如果使用钢瓶式呼吸防护用品，请注意每个钢瓶使用持续的时间。先由少数穿着防护用品的人员勘查各实验室，检查是否有不相容的化学物质已经混合，或者是否有易燃物外泄。在进入实验室时应该小心，不要将金属门弄出火花，虽然小火花肉眼看不到，但是足以引燃易燃物的蒸汽或易燃气体。最好携带可燃性气体侦测器，如果测得可燃气体已经超过爆炸下限，人员应避免进入，此时应请求消防队的支援。

(三) 实验室清理

实验室菌(毒)种保存容器破裂，首先应立即封闭菌(毒)种储存室，清理人员应穿戴好防护服、口罩、手套等进入储存室，进行彻底有效的消毒灭菌，确保其无播散。将未破裂的容器转移至安全地点存放。清理完成后对清理人员进行适当的医学观察。

实验室房屋坍塌，首先在实验室适当范围内设立封锁区，防止不知情人员进入；其次对周边进行适当的消毒和清理工作；随后由专业人员穿戴好防护服等个人防护设备进入实验室，检查各实验室的损毁情况及有无菌(毒)种储存容器的破坏，如无损坏，将其转移至安全地点存放；最后对整个实验室进行消毒清理，同样，对清理人员进行适当的医学观察。

如果已经有易燃物泄漏，可以先喷化学泡沫防火，再轻轻打开门窗通风，注意不能用电扇，否则可能会引发爆炸。

人员进入实验室后，如果没有发生火灾的危险，应将所有仪器插头拔除以免恢复送电时损毁仪器。如果有浓烈可燃蒸汽，先确定插头没有接电池等电源，再拔除插头，以免产生火花。

如果已知泄漏物成分，尽量寻找材料安全数据单，查看是否有特殊处置程序，以及消除危害的方法。逐步勘查各实验室，由多人同时勘查、记录各实验室状况，勘查时应与在远处监督的人员随时保持联络。当完成整层楼的实验室勘查后，再从最危险的场所(如化学品柜及钢瓶储存场所等)开始处置，有爆炸或火灾危险的及有剧毒物质泄漏的，必须先处置完毕，再处置其他问题。

对不明成分的化学物质不要以猜测来判断成分，要把它当作是有危险的物质来处置。

处置打破的瓶瓶罐罐时，要注意防止割伤、穿刺伤等。应该使用防割伤材质手套以及安全鞋。

待整层楼的问题实验室都逐步处置完毕后，没有安全隐患时，再处置单纯的物件损毁。

地震期间鼠类的生态因素会有所改变，可能导致鼠类进入实验室筑窝或啃咬设施设备。可采用器械灭鼠，如放置鼠笼鼠夹等，或者使用国家准用的鼠药毒鼠，尽可能使用高效、安全的抗凝血灭鼠剂，如0.025%敌鼠钠、0.0375%杀鼠迷、0.01%氯敌鼠等，但不能使用电网捕鼠。发现鼠患后，要对裸露的电线、供气、供水管路进行检修，及时更换或修复被鼠啃咬的损坏段，同时彻底清理角落边缝部位，清理鼠类尸体。

(四) 实验室复原

供水电前应检查墙壁中水电管线是否已经损毁。危险实验室处置完毕，再逐一恢复各层楼实验室的供电供水，不要同时供电供水，尽量以小单位恢复供应为准，这样才能逐一确认是否有问题。

二、处置要点

1. 处置人员需熟悉实验室的结构、平面布局、实验室潜在危险物质，并做好个人防护，安全操作，防止受伤。

2. 实验室清理过程要防止菌(毒)种或化学品溢洒、泄漏，防止气瓶翻倒以及由于不恰当处置危险品导致的次生火灾、爆炸等危险。

3. 实验室复原时对松动的家具、器械等进行加固，不可加固的要及时搬除，破碎容器及时安全清除。

4. 复原工作完成后对实验室进行彻底的消毒灭菌后方可使用。

5. 所有处置人员需进行一定时间的医学观察。

三、处置流程

处置流程见图 10-1。

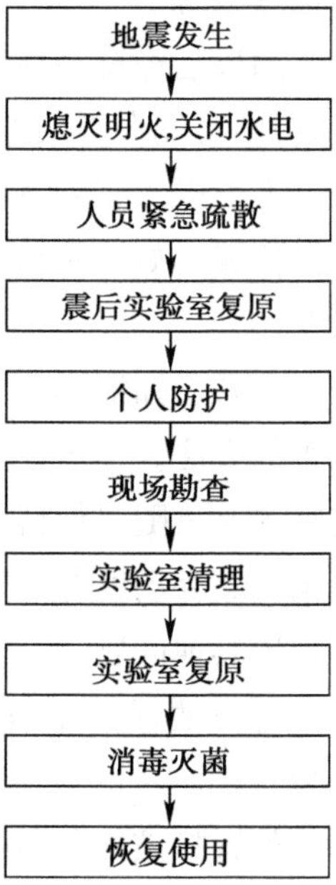

图 10-1　地震发生的应急处置流程图

四、主要预防措施

1. 实验室负责人应注意地震灾害预报,密切关注地震预警,提前告知实验人员做好灾害应急准备。

2. 建立完整的材料安全数据单　材料安全数据单可以提供各种化学药品的危害相关资料,每间实验室都必须拥有完整的材料安全数据单,而且须准备两份,一份存于实验室内,另一份存于实验室外的安全场所。实验室发生意外事件无法进入实验室时,可由实验室外的资料确认化学物质的危害。

3. 实验室试剂柜固定及试剂分类　地震时最怕试剂柜倾倒,容器破裂。为避免此类问题,可将试剂柜固定于墙壁并随时保持上锁,防止倾倒。此外,不相容的试剂不要放在同一试剂柜中。如果有试剂未放在试剂柜中要低放,且防止坠落物击中容器。

4. 钢瓶及设备的固定　目前国内的实验室虽然已将大多数的钢瓶加以固定,但许多建筑物的隔断墙只是轻质隔断材质,墙面以石膏板、彩钢板为主,没有足够的强度固定钢瓶架,因此需多点固定以确保安全。仪器设备则可在桌边加凸缘,或以固定式角架加以固定。

5. 气柜及实验台架固定　抽气柜有时在地震较强时也会倾倒,须妥善固定。实验用各种架高的台架、固定架亦应固定于强度足够的墙面。

6. 实验箱柜须加锁　有些实验设备箱、柜等在地震时可能因门被震开而击打到附近其他设备造成灾害,所以箱、柜门应有锁定装置。

7. 充足的防护用品储备　如发生药品倾倒意外,要进入实验室前必须佩戴适当防护用品,在实验室外至少须配置一套防护用品,以防实验室无法进入时,依然可以取得防护用品,实验室内须有足够数量的防护用品。

8. 紧急照明　紧急照明系统对一般实验室而言都是绝对必要的,经过停电后更须确认蓄电池是否尚有电力。

9. 应急演练和培训　每个实验室各有其特性,各实验室均须依其特性,考虑人力及现有的设备,依实际状况完成自己的应急演练计划,并进行实战演练。在演练的同时对应急处置的各项事宜进行培训。

10. 化学品溢洒的处置设备　须在事先对危害较大及较大量的化学品进行评估,依照材料安全数据单找出化学品溢洒的处置方法和物资，事先购置存于指定的场所。

11. 医疗保障　实验室应确定人员紧急救治的定点医院和急救渠道，确保联系方式的有效和畅通，必要时签订紧急救治协议书。一旦发生人员受伤等情况立刻联系就医或在电话指导下进行急救处置。

第二节　洪　　水

2011 年 4 月 22 日下午，重庆沙区大学城暴雨，因为学校的排污管被校外公路施工方堵死，学校 4 个市级重点实验室被泡在半米深的雨水中，里面价值上千万元的仪器设备“生死不明”。据悉，1 个多月前，学校冶金科技大楼围墙外的市政公路纵一路开始施工，后导致大量土石方滚落下来，将学校直径 1.5m 的排污管堵塞。4 月 20 日晚，当地突下暴雨，第二天冶金科技大楼一楼积水深达 60cm，大量积水涌入一楼实验室。冶金科技大楼一楼的 4 个市级重点实验室，分属学校冶金学院和机械学院，其中航空航天功能材料与元件研究中心曾为国家的航天事业作出贡献，内有大量高技术仪器设备，总价值超千万元。

分析：未做好暴雨预警和排水预防措施，在将学校排污管堵塞后未第一时间进行疏导，导致雨水淹进实验室后无法及时从下水管道排出从而导致了严重损失。

我国洪涝灾害有多种类型，如暴雨洪水、融雪洪水、冰凌洪水、溃坝洪水、山洪、风暴潮灾害等。就全国而言，对社会和经济发展影响最频繁、范围最广泛、危害最严重的是暴雨洪水。我们要做好各种措施积极应对洪涝灾害，将洪涝灾害对实验室的损失减至最低。

一、处置方法

1. 实验室发生水灾时应停止工作，转移菌(毒)种和相关材料，对实验室进行彻底消毒。对仪器设备进行消毒转移和做好有关防水处置。

2. 受到洪水威胁，如果时间充裕，应按照预定路线，有组织地向山坡、高地等处转移；在措手不及，已经受到洪水包围的情况下，要尽可能利用船只、木排、门板、木床等，做水上转移。

3. 洪水来得太快，已经来不及转移时，实验人员要立即爬上屋顶、楼房高屋、大树、高墙，做暂时避险，等待援救。不要单身游水转移。

4. 山区连降大雨，容易暴发山洪，还易产生山体滑坡、滚石、泥石流等灾害。在靠近山体地区不建议建设 3 级及以上生物安全实验室。

5. 发现高压线铁塔倾倒、电线低垂或断折，要远离避险，不可触摸或接近，防止触电。

6. 洪水过后，要做好卫生防疫工作，避免发生传染病。如出现鼠患，要加强鼠源性疾病如出血热、鼠疫等的监测，及时排除隐患。

7. 洪涝期间因洞穴被淹会导致鼠类大量进入建筑物，由于实验室属于特殊环境，首选器械灭鼠(详见本章第一节地震)，慎用毒饵。当鼠密度很高，或实验室受到鼠源疾病严重威胁时，则应在严密组织、充分宣传的基础上，开展毒饵灭鼠。毒鼠只能用国家准用的鼠药。清理出的鼠类尸体应用含氯石灰或生石灰处置后进行深埋。

8. 水淹后首先应由专人对实验室的建筑质量进行安全性检查，确认其结构牢固性未受洪水影响后方可进入实验室内进行清理工作。

9. 实验室清理　洪水退后，对实验室进行彻底的清理，做到洪水退到哪，环境清理就清到哪。疏通下水管道和室外沟渠，修复基础设施，进行环境消毒，消除水灾痕迹，通风换气，使实验室的环境卫生面貌在短期内恢复到灾前水平。可移动的设施和实验家具搬出室外进行清洁和日晒。

10. 灾后媒介生物监测　实验室过水后可能导致部分区域潮湿而滋生蚊蝇，需及时喷洒杀虫剂，并结合流行病学资料对可能发生由蚊蝇传播的疾病如乙型脑炎、登革热、疟疾等进行病媒生物密度和病原携带情况监测，再根据监测结果采取适当的防控措施。

二、处置要点

1. 转移重要实验材料。

2. 保护设施设备，做好防水处置，能搬离的尽量搬离实验室，放置到高楼层位置。

3. 下水口及管道淤泥等的彻底清理，利于迅速排出积水。

4. 对过水设备、设施进行检修，修复的设备必须经过重新检定、校正，数据正常后方可投入使用。

5. 电线、供气管路的检修，必须由专业人员进行，防止漏、触电，对漏电、气线路及时更换和修复，确保所有涉电部位和供气都安全后，方可正式开闸通电、恢复供气。供气系统和钢瓶的压力表头在重新供气前需进行检定校准。

6. 设施设备完全干透后，由实验室负责人组织实验人员对实验室进行全面安全检查，确定环境、设施、设备、实验材料等都可正常使用后，方可移除实验室的隔离标识，重新启用实验室。

三、处置流程

处置流程见图 10-2。

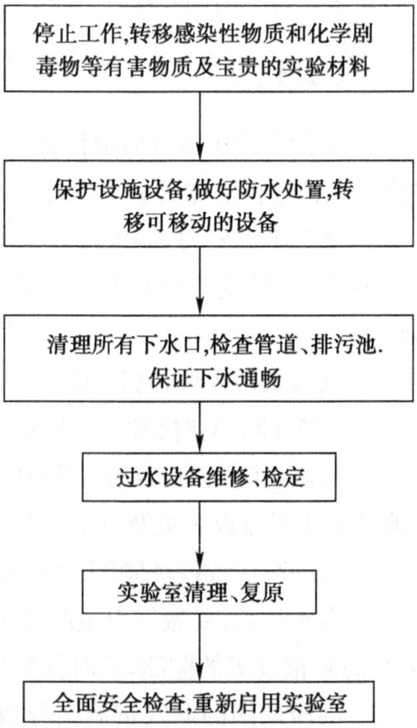

图 10-2　洪水发生的应急处置流程图

四、主要预防措施

1. 实验室负责人应注意气象灾害预报，密切关注汛期的洪水情报和暴雨预警，提前告知实验室人员做好灾害应急准备。

2. 房屋的门槛、窗户是进水部位，可用沙袋、土袋在门槛处筑起防线。用多层胶带纸密封所有的窗户缝隙。

3. 提前搬离可移动的贵重设备设施和实验材料，将放置菌（毒）种的冰箱和容器，剧毒及强酸、强碱化学品等转移至高楼层适当位置，尽量将吸水性材料搬离实验室，不能搬离的物质如放射性物质，要确保其存放容器的密封并上锁。

4. 检查下水系统、排污池、与市政排污及雨水连接管道的检查，疏通泄水、排水设施，确保排水畅通。

5. 抗洪应急物资储备，联系后勤管理部门做好应急物资储备工作，尤其是实验室必需的应急处置物品的采购和储备，包括化学品泄漏清理设施、放射性物质泄漏清理设施，人员防护用品雨具、雨靴、乳胶手套等，清理漂浮物、淤泥等用的工具铁铲、尖锹等，加快过水场所干燥的电风扇、电吹风等，用于场所消毒的消毒剂等。可列出抗洪抢险物资材料表（附录 1）。

6. 实验室负责人组织实验人员开展洪水应急处置的培训和演练，做到意识上有预防，行动上有准备，物资上有保障。

第三节　台　　风

2013 年 10 月台风“菲特”过境余姚，70%以上的地区被淹，而其他地方如奉化，湖州安吉，绍兴上虞等 18 县（市、区）城区受淹，多个实验室恒温恒湿试验箱被水淹。仪器公司接到大量客户来电，集中反映的就是关于高低温试验箱或者是一些恒温恒湿箱等试验设备在被水淹后该如何处置的问题，关于这些情况上海柏毅技术团队第一时间做出方案，具体操作可以参考如下。

1. 切断所有实验室设备的总电源。

2. 打开设备四周所有的检修门。

3. 清理设备内部所有脏物，一定记住动作要轻，尽量避免设备二次伤害。

4. 用万用表检测每个电器件的两极电阻与对地电阻。两极阻值视配件功率而定，对地电阻为 8∞或 1mΩ 以上。

5. 检测三相短路阻值与对地电阻。

6. 检测控制保险丝与零线之间的阻值与对地电阻。

7. 确认设备接地是否良好，确认接电配盘与电器上无水珠。

8. 打开总电源，测两外壳对地电压与电线电流（正常，外壳对地电压 20V 以下，电流为 0）。

分析：专业人员经过检修后再使用设备，切不可在专业技术人员进行检修前使用设备，以免造成意外事故发生。

台风经常发生在沿海地区，可引起大面积停电，伴有暴雨、洪水和泥石流等，其无法控制性和巨大的破坏性常能造成严重的经济损失和人员伤亡。

一、处置方法

1. 熟悉岗位工作，紧急停止作业程序，台风来前关好门窗，断开设备电源，断开电脑网线。

2. 台风来前检查各下水口是否通畅，有无被物品堵塞，如有需移开物品，台风过后检查各排水口是否通畅；如实验室在建筑物顶层，台风来前检查屋顶是否漏水或有积水，如有漏水需及时修补，积水及时清除，同时清除顶层的杂物，加固招牌等结构。

3. 实验室外部堆放的物品及时转移至库房，如无法转移确保堆放不超过 2 米，叠放不超过 2 层。

4. 做好应急物资如抽水泵、应急电源、应急沙包、应急药箱等的准备，列出台风来时应急处置的联系人电话，告知所有实验人员和应急处置人员，并确保在台风期间联系畅通。

5. 台风过后调查灾害损失，首先确认建筑物的结构是否安全，水、电、通信、供气等的管线是否受损，应按台风前的检查，重新再次核查，并排除潜在的隐患，有无漏水、漏电、漏气等情况发生，确保实验室无安全隐患时开始清理工作。

6. 因台风多伴随暴雨，台风过后实验室进水的处置可参照第二节洪水的处置步骤。

7. 实验室复原后进行彻底的消毒，设备确保状态正常后方可重新启用实验室。

二、处置要点

1. 转移贵重实验室设施设备和宝贵实验材料、感染性物质、剧毒及强酸、强碱化学品、放射性物质。

2. 加固门窗，气体钢瓶，切断电源和供气，锁上所有可上锁的橱柜、抽屉门，停用实验室并加封条或醒目标识，禁止无关人员入内。

3. 台风过后先由专业人员检查实验室的结构是否牢固，确保安全后方可入内进行清理。

4. 由于台风可导致玻璃窗及玻璃物品破碎，清理实验室时需做好个人防护，防止割伤及被破损的实验家具、器械等扎伤。

5. 实验室全面清理后需进行彻底消毒，以防止传染病发生或被有毒有害物质污染的可能。

6. 倾倒或过水的仪器设备需重新进行检定校准后方可正常使用。

三、处置流程

处置流程见图 10-3。

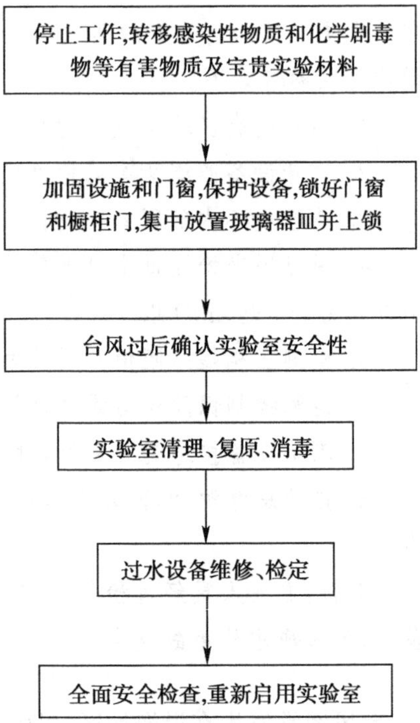

图 10-3　台风发生的应急处置流程图

四、预防措施

1. 实验室负责人应注意天气预报，做好预防准备工作，进行台风预防检查(参见附录2 实验室预防台风检查表)。

2. 需要及时加固实验室中有隐患的地方，关好门窗。

3. 准备照明灯具、雨具及必需的急救药品等应急物资(参见附录1 抗洪抢险物资材料表)。

4. 疏通泄水、排水设施，保持通畅。

5. 密切注意周围环境，在出现洪水泥石流、山体滑坡等危及住房安全的情况时，要及时转移。

6. 台风过后，要注意卫生防疫，对实验室进行彻底的清理消毒，灭除蚊蝇、鼠患，减少疾病传播。鼠患的消除可参见第二节洪水的处置措施。

7. 做好应急处置培训和演练。

第四节　雷　　击

2000年4月22日，广东省云浮市卫生防疫站门诊楼遭雷击，击坏一批心电图等设备，直接经济损失达5.6万元。2000年5月至2000年7月，惠州市中心人民医院遭雷击，击坏多个科室的电脑终端设备，直接经济损失达10多万元。2000年6月20日，清远市广东新北江制药厂遭雷击，击坏自动控制系统2块控制板、多个控头，直接经济损失达3万元。2000年7月，山东省菏泽医专遭雷击，击坏电脑网络，直接经济损失达14万元；菏泽市人民医院遭雷击，击坏微机室，直接经济损失达10万元。

分析：建筑物的避雷措施不到位，设备未断电，未及时根据雷暴预警做好预防工作。

雷电是自然界中的一种大规模静电放电现象，具有极大的破坏力，其破坏作用是综合的，包括电解质、热性质和机械性质的破坏，可以在瞬间击伤、击毙人畜，毁坏发电机、电力变压器等电气设备绝缘，引起短路导致火灾或爆炸的事故。雷击可以在极短的时间内转成大量的热能，造成易燃物品的燃烧或造成金属熔化飞溅而引起火灾。地球上任何时候都有雷电在活动。根据全球雷电的卫星观测结果估计，全球每秒钟约有46次雷电，而我国每一分钟发生70余次。华南地区和西南部地区是多发地区，尤其是广东省和海南省，而西北地区则是雷电最少的地区。

一、处置方法

(一) 雷击导致的火灾处置

按本书第九章第四节火灾的处置方法。

(二) 设备遭受雷击的处置

如设备被雷击中着火，立刻使用实验室备用的灭火器进行扑灭，烧毁设备及时搬离实验室。如仅为电路烧坏，联系设备管理部门送修，确定功能正常后方可启用。

(三) 人员遭受雷击的处置

如人员被雷击，可导致电流伤，即电流迅速通过人体，导致肌肉、脏器损伤，严重可导致心搏、呼吸停止。雷击可能使伤者的衣服着火，也可能会熔化伤者的金属饰物和表带。当人体被雷击中后，往往会觉得遭雷击的人身上还有电，不敢抢救而延误了救援时间，这种观念是错误的。如果出现了因雷击昏倒而“假死”的状态时，应立即将触电者安置成卧式，使其保持温暖、舒适，施行触电急救、人工呼吸。

口对口人工呼吸。雷击后进行人工呼吸的时间越早，对伤者的身体恢复越好，因为人脑缺氧时间超过十几分钟就会有致命危险。如果能在 4 分钟内以心肺复苏法进行抢救，让心脏恢复跳动，可能还来得及救活。口对口吹气法的具体步骤：首先，使受害者仰卧，并在其颈下垫一软枕，使头尽量后仰。然后，抢救者跪在一侧，捏住受害人的鼻孔，猛吸一口气后将口对准受害者的口吹气。吹气的次数保持在每分钟 17 次左右，并且，每吹入一口气后，可用手压迫受害者的胸部，帮助受害者把吹入的气体排出，如此反复，不要间断。如果有两个人，则可以一个人负责吹气，一个人配合着负责压胸。这种方法操作简单，切实可行。抢救时要注意尽量把受害者移到空气流通的地方，清除掉受害者口中的杂物，才开始进行口对口吹气。若受害者有了轻微的自主呼吸时，人工呼吸应和受害者的呼吸一致，不可相反。待受害者呼吸正常或尸斑出现确实已经死亡，才可停止人工呼吸的抢救工作。人工呼吸示例图见附录附件 1。

要及时对伤者进行心脏按压，并迅速通知医院进行抢救处置。如果遇到一群人被闪电击中，应先抢救那些已无法发出声息的人。体外心脏按压法的具体步骤：首先，应尽量创造条件使受害者仰卧在木板等硬物上；抢救者跪在受害者的一侧，双手重叠地放在受害者前胸正中，相当于胸骨下 1/2 处，约在两乳头连线中点位置；然后，抢救者用力向下挤压，应有使胸骨下陷 2～3cm 的感觉，随后放松，挤压次数掌握在每分钟 60 次左右为宜，如此反复有节奏地进行下去。这样做的作用，是当抢救者用力压下受害者的胸部时，可使受害者的心脏把血液压出去；而放松时，胸骨又恢复到原来的位置，可使静脉血液回流到心脏，从而使受害者的心脏功能逐步恢复正常。

在做心脏按压的同时进行口对口吹气法，效果更好。具体步骤：每做一次口对口吹气，便挤压心脏 4～5 次，这样效果更佳。要注意挤压心脏用力要均匀，切不可用力过猛，否则容易使受害者胸骨过度下陷而造成骨折。

如果伤者衣服着火，马上让他躺下，使火焰不致烧及面部。也可往伤者身上泼水，或者用厚外衣、毯子把伤者裹住以扑灭火焰。伤者切勿因惊慌而奔跑，这样会使火越烧越旺，可在地上翻滚以扑灭火焰，或趴在有水的洼地、池中熄灭火焰。用冷水冷却伤处，然后盖上敷料，例如用折好的手帕清洁一面盖在伤口上，再用干净布块包扎。

(四) 雷暴过后对实验室进行全面检查

首先确认实验室结构是否安全，水、电、气的供应是否受损，确保实验室无安全隐患后，进行清理、消毒，恢复使用。

二、处置要点

1. 在雷电导致火灾时应根据火势大小采取灭火措施，如为设备起火，应第一时间用灭火器扑灭，如为房屋着火则应第一时间按照紧急逃生路线从消防通道逃生，然后拨打火警电话并报告上一级管理部门负责人。

2. 雷击导致电线断裂切不可徒手处置，可能导致触电危险，如电线影响交通路线，应用木棍挑开。

3. 设备被雷击出现故障后，应和检修部门联系是否可安装避雷装置保护设备免受二次雷击。

4. 如出现人员被雷击，应第一时间施行人工呼吸或心脏按压，以免延误最佳急救时机。

三、处置流程

处置流程见图 10-4。

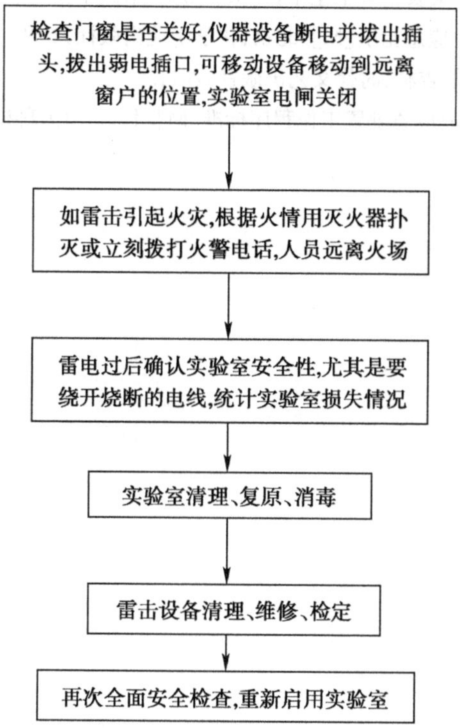

图 10-4　雷击发生的应急处置流程图

四、预防措施

1. 雷雨天应关好门窗，防止球形雷窜入室内造成危害。

2. 雷暴时，人体最好离开可能传来雷电侵入波的线路和设备 1.5m 以上。室内人员应远离门窗、室内的金属设备如暖气片、自来水管、下水管；尽量离开电源线、电话线、广播线，以防止这些线路和设备对人体的二次放电。另外，不要穿潮湿的衣服，不要靠近潮湿的墙壁。

3. 关闭设备电源，拔掉电源插头，防止雷电从电源线入侵。

4. 在雷电发生时不要打电话，减少使用手机等通讯设备，不宜使用水龙头和淋浴喷头。

5. 建筑物安装防雷装置，避免雷击伤害。

6. 人员在实验室外部要远离建筑物的避雷针及其接地引线，远离各种天线、电线杆、高塔、烟囱、旗杆，不要拿金属器具。

7. 人在遭受雷击前，会突然有头发竖起或皮肤颤动的感觉，这时应立即躺倒在地，或选择低洼处蹲下，双脚并拢，双臂抱膝，头部下俯，尽量缩小暴露面积。

（俞　莎　李　婵）

参考文献

[1] 王绍玉. 城市灾害应急与管理[M]. 重庆：重庆出版社，2005.

[2] 刘利兵. 实验室生物安全与突发公共卫生事件[M]. 西安：第四军医大学出版社，2009.

[3] 郭新彪. 突发公共卫生事件应急指引[M]. 北京：化学工业出版社，2009.

[4] 冯小晏. 城市应急手册[M]. 吉林：时代文艺出版社，2011.

[5] 公共卫生事件突发安全事故应急处置工作程序标准[M]. 北京：中国科技文化出版社，2014.

第十一章

实验室消毒方法与技术

清洁的实验室环境是实验室生物安全管理工作的基础，目前多数实验室实行外聘临时人员来承担实验室清洁和消毒工作，这类人员受教育水平参差不齐，流动性非常大。因此，应及时对相关人员进行岗前培训，使其了解和掌握防止实验室生物安全意外事故发生的基本技术及应急处置的基本内容与报告流程等。一旦发生实验室生物安全意外事故，能正确鉴别事故的性质，及时开展人员的洗消，实施环境消毒，将实验室生物安全意外事故所造成的感染危害降低至最小限度。

第一节　消毒的原则与程序

在实验室生物安全意外事故中选择何种消毒方法，是有效防止病原体扩散的关键步骤。为此，了解病原微生物对于消毒因子的抵抗力，有助于正确选择合适的消毒方法。病原微生物对消毒因子的抵抗力，由强到弱的排序如下。

1. 朊毒体，系感染性蛋白质，如人类克雅氏病的病原体。
2. 细菌芽胞，如炭疽杆菌芽胞、艰难梭菌芽胞等。
3. 分枝杆菌，如结核分枝杆菌、龟分枝杆菌等。
4. 亲水类病毒，系无脂质包膜的病毒，如甲肝病毒、诺如病毒等。
5. 真菌，如念珠菌、曲霉菌等。
6. 细菌繁殖体，金黄色葡萄球菌、大肠杆菌、霍乱弧菌等。
7. 亲脂类病毒，系有脂质包膜的病毒，如乙肝病毒、埃博拉病毒等。

依据环境和物品表面使用的消毒因子杀灭病原微生物的能力，可将消毒方法分为高水平消毒、中水平消毒和低水平消毒三级水平。这个分级依据的是微生物本身固有的对物理或化学消毒剂的抵抗力来进行的分类，以此确定不同的环境和物品表面，结合所涉及的病原微生物的抵抗力，选择最适合的消毒水平。

高水平消毒可以灭活所有的细菌繁殖体、分枝杆菌、病毒、真菌和一些细菌芽胞。高水平消毒是指那些具有强有力的并可杀灭芽胞的物理和化学的方法。涉及实验室高水平消毒的主要物理方法包括：热力消毒（压力蒸汽灭菌法、干热灭菌法、微波和煮沸消毒法）、紫外线辐射和臭氧消毒等。化学类消毒包括：过氧化氢消毒、二氧化氯消毒、过氧乙酸消毒、甲醛消毒以及含氯消毒剂消毒等。应注意的是，通常在环境和物体表面消毒时应慎重使用这些高水平消毒剂，因为这些化学消毒剂具有一定的毒性与腐蚀性。因此，选用化学消毒剂应严格按照产品使用说明书执行，不应用于说明书以外的范围。

中水平消毒方法可以杀灭细菌芽胞以外的病原体和灭活包括结核分枝杆菌在内的病原微生物。因为分枝杆菌比普通的细菌繁殖体、真菌对化学消毒剂的抵抗力更强。中水平的消毒方法，物理的方法包括超声波消毒等，化学类方法包括醇类、碘类和双链季铵盐类消毒等，还有一些经过复配的消毒剂也能达到中水平的消毒能力。

低水平消毒可杀灭细菌繁殖体、有脂质包膜的病毒（如人类免疫缺陷病毒 HIV 和流感病毒）。低水平消毒方法，物理的方法包括：通风换气、流水清洗和表面擦拭等；化学消毒剂包括：季铵盐类（单链）、双胍类消毒剂等。清洁剂在一定程度上有助于表面的去污。

化学消毒剂的选择和使用须遵守产品的说明书、相关的技术指南等，应根据微生物特点与消毒表面的性质，选择正确的消毒剂，并不是只要选择高水平消毒剂就是对的，如被结核分枝杆菌污染的环境表面，采用高水平消毒剂戊二醛进行消毒是错误的，正确的选择是醇类消毒剂（中水平消毒剂），虽然含氯消毒剂在一些实验室被经常使用，但这类消毒剂对人体和环境有一定危害作用。实验室应选用正规途径购置的消毒剂，因为正规的消毒剂具有明确的标识和技术资料，并在产品说明书中明确标注了用途及其抗微生物的范围。

影响环境与物品表面的消毒效果的因素包括：①被污染的病原微生物特点与数量；②被污染的环境和物品的性质；③被污染的病原微生物对消毒剂杀灭效果的天然抵抗力；④污染面的有机物存在与否和数量；⑤使用的消毒剂的类型和浓度；⑥消毒剂作用的时间和温度。

清洁是任何消毒措施的前提，清洁是通过清除干扰杀灭微生物作用的有机物、盐和可见污染物的过程，使环境和物品表面上病原微生物能充分接触消毒剂，达到有效的消毒效果。而清洁措施本身属于低水平的消毒措施，因为在去污的过程中，可以将包裹在污物中的病原微生物一起清除。洗涤剂、表面活性剂和流动水冲洗均能够去除环境和物品表面的微生物。如果没有有效地清除有机物等污染物，该消毒过程必定会失败的。因为有机物会中和消毒剂的杀菌功效，降低其杀灭作用，同时污染物质又会保护微生物，避免与消毒剂的接触。

在实施生物性意外事故处置程序中，一个非常重要的环节是，应根据事故发生性质，如含有生物标本的试管在操作台面倾倒，或从操作台面掉落地面等，进行快速而正确的判断，估算可能污染的范围。由于人类肉眼无法看见＜200μm 的微粒或液滴，因此，应将 1～2m 范围之内的所有环境和物品表面，均视为被潜在污染的对象，均应列入消毒的对象。如污染现场有破损的标本器皿存在，如破损的试管、培养皿等，首先应将这些物品收集至利器盒中，并彻底清除诸如碎玻璃类的物品。一旦环境表面有遗漏的碎玻璃类的物品，后续的消毒人员在实施擦拭消毒过程，极易扎破手部皮肤，为病原微生物入侵机体创造便利条件，给消毒人员留下极大的感染隐患。

第二节　常用的消毒方法

一、物理消毒方法

(一) 热力消毒

常用的热力消毒方法包括湿热消毒与干热消毒。湿热消毒方法包括压力蒸气灭菌、流通蒸气消毒及煮沸消毒等。干热消毒主要指电热烘箱消毒，另外还有用于接种环消毒的酒精灯、电热消毒器消毒等。

热力消毒主要是针对微生物蛋白质和酶的凝固、沉淀和变性，这种破坏通常是不可逆的。而不同的微生物对于热力消毒的关键因子，消毒温度与作用时间存在较大的差异，通常细菌繁殖体、亲脂类病毒、真菌类，采用湿热消毒，80℃、5～10 分钟，即可杀灭；亲水类病毒 100℃、5 分钟、细菌芽胞 120℃、15～20 分钟才能将其杀灭。煮沸消毒所需时间则要超过压力蒸气消毒法，如细菌繁殖体、亲脂类病毒需要在 100℃、5～10 分钟可杀灭，亲水类病毒需要在 100℃、15 分钟，而细菌芽胞则作用时间要求达到 30 分钟以上。干热消毒的温度-时间窗则不同于湿热消毒，对细菌繁殖体、亲水类病毒、真菌类，要求在需要在 120℃、30 分钟，但杀灭细菌芽胞要求在 160℃、120 分钟；170℃、60 分钟；或 180℃、30 分钟。造成湿热灭菌与干热灭菌的差异与传递热能的介质有关，湿热灭菌是以饱和蒸气为介质，而干热灭菌则是以空气作为介质。

热力消毒主要用于耐热、耐湿或一次性使用的污染物品的消毒，由于热力消毒能有效杀灭各类微生物，因此被广大的微生物实验室所采纳。采用压力蒸气灭菌器消毒时，应选择生物安全性的压力蒸气灭菌器，用于污染物品的消毒。这类灭菌器的排气特点是重力置换型排气，排气方式为内循环式，可以减少对人员及环境的潜在污染。

(二) 紫外线辐射消毒

紫外线(UV)的波长范围为 328～210nm。它的最佳杀菌活性在 240～280nm。汞蒸气灯 90%以上的辐射波长在 253.7nm。微生物杀灭机制是由胸腺嘧啶二聚体诱导所致的核苷酸破坏。UV 辐射可用于实验室的空气、环境与物品表面的辐射消毒。常见的微生物，从细菌的芽胞至亲脂类的病毒都对 UV 射线敏感。目前，国外已研发出大功率、高强度的紫外线消毒器，这类消毒器为移动式、可 360 度自动旋转，对环境表面照射 2 分钟，可杀灭金黄色葡萄球菌，照射 5 分钟可杀灭艰难梭菌芽胞。

影响 UV 杀灭效果的因素包括环境的温湿度、风速、照射的距离及表面有机物的污染程度等。另外，UV 灯管表面的清洁度也影响其消毒效果。目前 UV 辐射是生物安全柜柜内空气和表面消毒最常见的物理消毒方法。本方法在应用中应注意 UV 辐射区内的个人防护，皮肤与眼部不得直接暴露于 UV 辐射。理想的使用条件是在静态下应用，即无人员的情况下使用。

(三) 微波消毒

微波消毒是有效的消毒手段，但仅仅用于那些能够兼容的产品。微波是射频波，通常使用的频率为2450MHz。微波会使水分子在交流电场产生摩擦，分子之间的摩擦源于震动而产生热量。通过家庭型微波炉(2.45GHz)产生的微波在60秒～5分钟内能完全杀灭培养基中的细菌繁殖体、分枝杆菌、病毒和嗜热芽胞杆菌芽胞。

研究证明在有水的情况下需要更高功率的微波才可能起到消毒的作用。牛结核分枝杆菌经过4分钟的微波暴露(600W、2450MHz)能被完全破坏。

二、化学消毒方法

(一) 甲醛消毒

甲醛主要是通过蛋白质氨基和巯基及嘌呤碱基的环氮原子的烷基化有效杀灭病原微生物。但是，值得注意的是甲醛作为潜在的致癌物质在工作场所应进行控制，并且制定员工甲醛暴露标准，限定8小时暴露时间加权平均暴露浓度为0.75mg/L。标准包括第2个允许暴露限制，即短期暴露限值(STEL)是2mg/L，这是15分钟内最大允许暴露值。误食甲醛会致命，长期暴露于含低水平甲醛的空气中会导致哮喘样呼吸困难和皮肤过敏，导致皮炎和瘙痒。因此应限制直接接触甲醛，并且在灭菌和消毒操作中做好个人防护。

不同浓度的甲醛溶液能杀灭多种微生物。8%甲醛在10分钟内就能灭活脊髓灰质炎病毒，4%甲醛杀结核分枝杆菌剂在2分钟内能杀灭结核分枝杆菌，并且2.5%的甲醛在有机物存在情况下能在10分钟内杀灭伤寒沙门氏菌。

多聚甲醛，是固体甲醛聚合物，当生物安全柜维护工作或更换过滤器需要进入柜子的密封部分时，加热多聚甲醛使其汽化后用于生物安全柜空气消毒。

甲醛是高水平消毒剂，即使是低浓度(<1mg/L)甲醛也有刺激性烟雾和刺鼻的气味，因此甲醛在医院的使用是被限制的。由于这些和其他的原因，甲醛被疑似为与鼻癌、肺癌有关的人类致癌物质。

(二) 过氧化氢消毒

过氧化氢系广谱杀菌剂，包括细菌、酵母菌、真菌、病毒和芽胞。过氧化氢可直接氧化细胞外层结构，使细胞的通透性屏障功能失去作用，结果使细胞体内外物质平衡受到破坏导致细菌死亡。0.5%过氧化氢在1分钟内可杀灭细菌和病毒，在5分钟内可杀灭分枝杆菌和真菌，但完全杀死芽胞则需要用10%过氧化氢作用60分钟。

影响过氧化氢消毒效果的主要因素包括浓度、温度、作用时间、相对湿度等。通常浓度越高，杀菌作用越强，如杀灭伤寒杆菌的稀释系数为0.5，但杀灭枯草杆菌黑色变种芽胞的稀释系数则为0.7～0.9；温度对消毒效果的影响体现在杀菌作用随温度升高而加强，通常每升高1℃，消毒速度加快0.5～3.0倍；有机物对过氧化氢消毒效果影响较小，这是该类消毒剂的最大特点，在试验菌悬液中含有5%、10%小牛血清对杀灭枯草杆菌芽胞基本无影响，当小牛血清浓度提升至25%则有轻度影响；另外，作用时间、相对湿度等也都不同程度影响其消毒效果。

过氧化氢用于环境和物品表面的消毒，同时也可以用于空气的消毒。目前，用于环境与物体表面的消毒主要采用擦拭消毒，尤其是含有过氧化氢的消毒湿巾的出现，为各实验室提供了便捷、有效的消毒产品。而过氧化氢气雾器(HPV)的研发,也为病房、实验室等室内环境的终末消毒提供了一项全新的技术。研究表明,HPV 消毒技术能有效杀灭环境中耐甲氧西林金黄色葡萄球菌(MRSA)、耐万古霉素肠球菌(VRE)以及艰难梭菌(CD)等常见耐药菌。

(三) 过氧乙酸消毒

过氧乙酸具有快速杀灭所有微生物的作用特征,其作用机制通常被认为是和其他氧化剂一样,即能使蛋白质变性,破坏细胞壁通透性,并且氧化蛋白质、酶和其他代谢物中的巯基和硫键。

过氧乙酸的特殊之处在于它不产生有害的分解产物(即乙酸、水、氧、过氧化氢),能增强去除有机物的能力并且不会有残留。它在有机物中能保持杀菌作用并且甚至在温度较低时也有杀芽胞作用。仅 100mg/L 的过氧乙酸杀灭革兰阳性菌和革兰阴性菌、真菌和酵母菌只需 5 分钟;在有机物存在时则需要 200～500mg/L 的过氧乙酸。对于杀灭病毒,剂量范围变动很大(12～2250mg/L),在 15 分钟内灭活酵母菌提取物中的脊髓灰质炎病毒需要的浓度为 1500～2250mg/L。无论有机物存在与否,0.26%过氧乙酸暴露 20～30 分钟对分枝杆菌(结核分枝杆菌、胞内鸟分枝杆菌、龟分枝杆菌、偶发分枝杆菌)均有效(减少大于 5 个对数值)。对于细菌芽胞而言,通过芽胞悬液试验发现,500～10 000mg/L(0.05%～1.00%)的过氧乙酸杀灭芽胞需要 15 秒～30 分钟。

过氧乙酸能腐蚀黄铜、青铜、普通钢和白铁,但是这些作用能通过加入添加剂和改变 pH 值而减小。过氧乙酸被认为是不稳定的,尤其是在稀释后,例如 1%溶液 6 天后通过水解其强度能降低一半,而 40%过氧乙酸每个月能丢失其活性成分的 1%～2%。

(四) 含氯制剂消毒

次氯酸盐在含氯消毒剂中使用最广泛,有液体(次氯酸钠)和固体(次氯酸钙)两种。它们有广谱杀菌活性,没有毒性残留,不受水的硬度影响,价格低廉,作用迅速,能够清除环境与物体表面上微生物。

次氯酸盐的缺点包括在高浓度下(大于 500mg/L)腐蚀金属,被有机物中和,使织物褪色或漂白,氯的杀菌活性归功于不游离的次氯酸(HOCl)。从 HOCl 解离成杀菌能力较弱的次氯酸根离子(OCl^-)主要取决于 pH。随着 pH 的增加氯的消毒效果会下降。潜在危险是当次氯酸盐溶液与甲醛接触时会产生致癌物质二氯甲基醚,并且高浓度次氯酸钠受热会产生动物致癌物质三卤甲烷。

临床使用的能释放氯的替代消毒剂包括二氧化氯、二氯异氰尿酸钠和氯胺 T。这些消毒剂的作用特点优于次氯酸盐的是因为它们能保持较长时间的氯和维持较长时间的杀菌效果。二氯异氰尿酸钠的杀菌作用较稳定,用该消毒剂片剂配制溶液的杀菌活性,比含相同有效氯的次氯酸钠溶液强大。

含氯制剂在没有有机物存在的条件下,低浓度游离有效氯对支原体和繁殖体细菌在几秒钟内就有杀灭作用。较高浓度的氯(1000mg/L)杀灭结核分枝杆菌;酸化漂白剂和常规漂白剂(含有效氯 5000mg/L)在 10 分钟内能灭活艰难梭菌芽胞。100mg/L 游离氯能在 10 分钟内可杀灭10^6～10^7的金黄色葡萄球菌、猪霍乱沙门菌和铜绿假单胞菌。

(五) 醇类消毒

实验室所用的醇类，通常包括两种水溶性制剂，乙醇和异丙醇，人们普遍低估其杀菌特性。醇类物质对细菌繁殖体的作用是快速杀菌而不是抑菌，能杀死结核分枝杆菌、真菌和病毒，但不能破坏细菌芽胞。当浓度稀释至50％以下时它们的杀菌活性会急剧下降，所以醇类最合适的杀菌浓度是60％～90％的水溶液（V/V）。醇类的杀菌活性是通过使蛋白质变性来达到的。

不同浓度的乙醇对各种微生物的杀菌活性不同，作用时间从10秒到1小时不等。如铜绿假单胞菌、大肠杆菌、伤寒沙门菌在有效浓度下，作用10秒就可杀灭，而金黄色葡萄球菌和化脓性链球菌抵抗力稍微强一些。异丙醇对细菌繁殖体的杀菌能力比乙醇稍强，但毒性也大于乙醇。醇类能杀灭所有的亲脂性病毒（如疱疹、牛痘和流感病毒）和一些亲水性病毒（如腺病毒，鼻病毒等），但不包括甲肝病毒（HAV）和脊髓灰质炎病毒。但异丙醇对非脂质肠道病毒的杀灭作用远不如乙醇。

由于醇类对环境和人体较为友好，因此被广泛用于实验室的应急消毒，如人员手指被血液污染的锐器刺伤后，可采用70％～75％乙醇溶液浸泡消毒；设备仪器被微生物污染也可以直接采用醇类擦拭消毒。但是，当大面积、大剂量、高浓度使用醇类进行环境消毒时应慎重及避免明火的暴露。长时间接触醇类消毒剂，会导致橡胶和某些塑料管膨胀和变硬，橡胶和塑料瓷砖变白等现象。由于醇类消毒剂是易燃品，因此应存放于阴凉、通风处。

(六) 季铵盐类消毒

季铵盐类消毒剂是广泛使用的消毒剂，同时也是很好的清洁剂。季铵盐的杀菌作用被认为是灭活细胞的产能酶，使蛋白发生变性，并且使细胞膜破碎而死亡。季铵盐消毒剂可杀灭真菌、细菌和亲脂类病毒。对于结核分枝杆菌、亲水类病毒的效果相对较弱，不能杀死芽胞。实验表明，季铵盐消毒剂能在短时间内有效地去除或杀灭计算机键盘上的污染菌，如MRSA，VRE，铜绿假单胞菌，且擦拭300次后不会引起计算机键盘功能损害或外表变化。

季铵盐对于革兰氏阴性菌的杀灭效果不如革兰氏阳性菌。医疗机构中采用的季铵盐消毒剂有烷基二甲基苄基氯化铵、烷基二癸基二甲基氯化铵和二烷基二甲基氯化铵。新的季铵盐消毒剂（即第四代），被称为双链或二烷基季铵盐（如二癸基二甲基溴化铵和二辛基二甲基溴化铵），具有更强大的杀菌作用，受硬水的影响也较小，且对阴离子有兼容性。

季铵盐消毒剂主要用于医疗机构环境与物品表面的消毒，如患者的床单位、操作台面以及各类设备仪器表面。尤其是季铵盐消毒剂使用后具有残留效果，因此具有持久的杀菌作用。

三、环境消毒的新技术

(一) 过氧化氢超低容量消毒

将过氧化氢消毒溶液通过超低容量装置喷雾至室内环境中，由于释放至环境中的液滴直径<100μm，可以长时间悬浮在空气中，因此又称其为气溶胶法消毒。研究显示，过氧化氢气溶胶消毒是一种比较理想的空气消毒方法。过氧化氢不仅具有广谱、高效杀灭微生物的效果，且毒性低、无残留物，并可以从病房、家具、物体或设备表面有效清除 MRSA、VRE、黏质沙雷菌、肉毒杆菌芽胞和 CD 芽胞等。

本方法消毒要求在无人的状态下实施，因为过氧化氢对于人员的眼睛和呼吸道有轻微的刺激作用。消毒实施过程中应将空调系统、门窗等关闭。由于气溶胶法消毒液滴在空气中悬浮时间较长，故对于环境表面的消毒时间应适当延长，通常喷雾后计时不少于 60 分钟。

（二）消毒巾（disinfection wipes）消毒

消毒巾，又称之为载体消毒剂，根据其吸附的消毒剂的性状为液体还是粉剂，又可将其区分为消毒湿巾和消毒干巾两类。

消毒湿巾是以无纺布为载体，吸附消毒液（液体量为载体的≥1.7 倍）或消毒液＋表面活性剂。通过对环境表面的擦拭，释放消毒因子，对环境表面病原微生物实施杀灭。由于这类消毒产品含有表面活性剂，因此对于轻度污染的表面可以做到清洁-消毒一步完成（one-step），故深受实验室人员的广泛接受。由于消毒湿巾使用后抛弃（disposal），省略了卫生用品的复用环节，避免了交叉污染，节约大量人力与时间。消毒湿巾可以放置在实验台上、生物安全柜内或周围墙壁上等处，做到即取即用。

消毒干巾则是将消毒剂以粉剂形式存在于无纺布中，当发生含有病原微生物的液体污染环境表面时，可将消毒干巾覆盖在感染性液体上，消毒干巾将感染性液体吸入，并激活粉状消毒剂，使其发挥消毒作用。另一类的消毒干巾是将消毒剂以粉剂形式存在于无纺布中，使用前将其在自来水龙头下淋湿（或称为预湿处置），挤出多余的水分，以达到不流水为宜；1～2 分钟后干巾中的消毒剂被激活，即可对污染表面实施擦拭消毒。

（三）新型过氧乙酸消毒

针对二元过氧乙酸使用所带来的不便，目前市场上出现了一种新型的过氧乙酸制剂，系碱性的过氧乙酸（粉剂）。该剂型过氧乙酸在保留了广谱快速杀菌能力的同时，能维持较长效的杀菌能力，稳定性佳，且对人体刺激性较小，对金属类腐蚀性较小，使用方便，即配即用。

第三节　感染性物质溢洒场所的消毒

患者的各类标本，尤其是患者的血液、排泄物、分泌物等感染性体液在运送或实验室接种过程中，因各种突发事件或意外事故而发生的场所感染性物质溢洒，容器破损标本泄漏等，均会造成对人员、环境的污染，以及对标本本身的污染。这不仅是对于人员、环境的潜在感染风险，对于标本而言也会发生交叉污染。因此，实验室应做好感染性物质溢洒与泄漏的应急预案，预防感染性物质溢洒与泄漏事件的发生。实验人员应熟悉并掌握此类事件的处置措施。

场所感染性物质溢洒的消毒原则：①凡进入实验室的所有人员均应经过生物安全知识培训，了解感染性物质溢洒的现场消毒方法与程序。②任何新进、进修和实习人员不得单独处置感染性物质溢洒或泄漏，须在有经验人员指导或协助下实施。③有大量感染性物质（>10ml）的溢洒环境表面时，应首先采用吸附性材料或消毒干巾进行吸附后，再实施清洁消毒。④污染场所有玻璃等碎片，首先进行清除后，方可进行清洁消毒。⑤相关人员应做好个人防护，尤其是手部与脸部的防护。⑥感染性物质溢洒或泄漏事件处置后，应以书面形式及时向有关部门报告，内容涉及事件原因与性质、污染波及人员与范围、采取的应对措施以及就本事件所采用的整改与预防措施等，杜绝类似事件的再次发生。以下列举常见的感染性物质溢洒环节。

一、标本运送中环节

患者各类标本送至实验室过程中，无论是院内运送，还是院外运送，均要求做到患者标本的检验申请单与标本分开；通常选择具有一定抗刺破、防渗透且具可视性的包装袋包裹患者标本试管（盒、瓶）等，要求一个标本一个包装袋，以防止错误识别与交叉污染。标本容器尽量选用塑料制品，塑料制品的抗摔性强于玻璃制品。一旦发生溢洒或泄漏，首先检查标本的包装袋是否破损，如未破损直接采取高水平的消毒方法对其进行消毒，并按感染性废物处置；如包装袋有破损，则首先检查同一运送箱的其他标本试管外表及转运箱是否污染。应先取出其他标本，进行试管外表的擦拭消毒，在明确病原微生物时，可选择敏感的消毒剂；不明病原微生物则选择2000～5000mg/L含氯消毒剂或其他适合的消毒剂进行擦拭消毒；标本转运箱内部，首先清除感染性物质，再选择2000～5000mg/L含氯消毒剂或其他适合的消毒剂进行擦拭消毒。擦拭消毒中应注意避免对标本的标识标签的损坏。

二、标本送达环节

在将标本放入摇床、离心机、试管架或放入密封采样系统、自动进样器、自动涂片系统以及标本传输带过程中，如发生溢洒和泄漏，应立即终止操作，寻找原因，如标本容器破裂、盖子未拧紧或松开等。检查其他标本或设备设施是否被污染，确定污染性质与范围，选择有效的清洁与消毒方法，如采用2000～5000mg/L含氯消毒剂或其他适合的消毒剂，对标本试管外表和设备内外进行擦拭消毒；由于含氯消毒剂具有较强的腐蚀作用，凡采用含氯消毒剂处置的，通常作用30分钟后应采用清水进行清洁，清除消毒剂残留。推荐使用消毒湿巾进行擦拭消毒，可以反复多次，以保障消毒效果。

三、应将实验室内的所有标本均视为具有感染性，应在收取标本环节中加强对标本容器的完整性审核

有明显泄漏的标本可以拒收，或请送检部门重新采集后再送检；对于一时无法重新采集的标本，或临床要求紧急送检的，应谨慎操作，并就该标本外部已污染的情况进行备注说明。破损的标本对于实验室人员与环境是一种潜在的感染隐患。这类不合格的标本放弃后，应按感染性废物处置要求进行安全处置。怀疑有外部污染时，在标本上机前就应采取消毒措施，如采用消毒湿巾擦拭后再上机，以防止设备设施的污染。

第四节 污染设备的消毒

做好实验室设施设备的日常清洁与消毒是保护实验人员、环境和其他进出实验室人员安全的重要的基础性工作。实验设施设备的清洁与消毒措施应成为每个实验 SOP 的一部分，内容应包括如何进行清洁与消毒，采用何种化学清洁剂与消毒剂，清洁与消毒流程与步骤以及如何采取个人防护等。为了便于操作，可以制定图文并茂，简明扼要的清洁与消毒指南，将其放置在设施设备旁或容易获取的位置。

一次性垫料的使用可以减少设备设施清洁与消毒的频次，但不能替代对设备设施常规清洁与消毒。当上述垫料丢弃后应及时对垫料接触过的表面与周围表面进行清洁与消毒。每次实验结束后或发生污染后应立即丢弃垫料，并立即实施清洁与消毒。使用后或污染的垫料应按感染性废物进行安全处置。

值得注意的是，实验室中无论是使用全(半)自动仪器，还是手动仪器，只要有可能产生微生物气溶胶或液滴(如拔塞子，漩涡混匀，打开或穿刺真空管，使用自动样品分配器)均要求实验人员穿戴个人防护用品，尤其是口罩、手套等，以预防微生物气溶胶的暴露。

(一) 生物安全柜

由于剩余的培养基可能会使微生物生长繁殖，因此在实验结束时，包括仪器设备在内的生物安全柜里的所有物品都应清除表面污染，必要时实施擦拭消毒后方可移出生物安全柜，所采用的消毒剂应对所操作的微生物能有效杀灭。

生物安全柜在每次使用前后，要清除生物安全柜内表面的污染。工作台面和内壁要用消毒剂进行擦拭，所用的消毒剂要能够杀灭安全柜里可能发现的任何微生物。在每天实验结束时，应擦拭生物安全柜的工作台面、四周以及玻璃的内外侧等部位来清除表面的污染。在确定目标生物体以后，可以采用有效的消毒剂进行消毒，如含氯消毒剂或 70%乙醇消毒。在使用如含氯制剂等腐蚀性消毒剂后，应在消毒作用时间达到后应立即采用清水进行擦拭，去除消毒剂残留，以避免金属面板腐蚀生锈。而消毒湿巾的引入不仅可以保障消毒的有效性、提高表面消毒的及时率，更重要的是可以减少去消毒剂残留的步骤。

推荐在整个工作日中让生物安全柜处于运行状态，实验结束在完成柜内常规清洁与消毒后，需让生物安全柜继续运行 5 分钟，以净化内部的气体后方可关闭电源开关。

生物安全柜在使用过程中一旦发生污染应立即清除污染，所采用的消毒措施以擦拭消毒为主。消毒剂的选择应根据病原微生物对消毒的剂敏感性，推荐采用消毒湿巾，可以即取即用，做到清洁-消毒一步完成。

生物安全柜在使用中发生气溶胶污染，移动生物安全柜或需要更换高效过滤器等情况时，应采用空气消毒方法，以清除生物安全柜内部管道、高效过滤器等污染。推荐的方法是甲醛熏蒸法。

方案 1：甲醛 40ml/m^3、高锰酸钾 15g/m^3；两者混合后立即关闭柜窗，并打开电源开关让安全柜运行 3～5 秒后关闭，以保证甲醛气体进入内部管道；连续消毒作用 6 小时(或过夜)；

启动碳酸氢铵熏蒸，以中和柜内残留的甲醛气体，碳酸氢铵的使用剂量为 60ml/m^3；最后再开启电源开关，连续运行 30 分钟，以净化柜内的空气。本方案消毒效果较好，经验证可有效杀灭菌量在 $1\times10^5\sim1\times10^6$ 的嗜热脂肪杆菌芽胞、枯草杆菌黑色变种芽胞。本方案消毒成本低廉，不需任何特殊的设备设施，但本方案操作步骤繁琐，需有经验的人员指导。

方案 2：采用专用的自动空气消毒器，按产品使用指南进行操作，使用前在各个加药槽内加注甲醛与碳酸氢铵后，插上电源即可。自动空气消毒器即按所设置时间，分别自动实施空气消毒（甲醛）与残留消毒剂的中和（碳酸氢铵）。

如果发生生物安全柜外的传染性气溶胶泄漏，推荐参照以下应急处置程序进行。

1. 当溢出发生时所有人员必须立刻撤离实验室。

2. 已暴露的人员应得到医疗建议和个人风险评估。

3. 立刻将事故性质与类型报告实验室主管和生物安全监督员。

4. 自净的时间不得少于 30 分钟，因为气溶胶消散以及较重的粒子的沉降都需要有一定的时间，相关人员方可进入。

5. 如果实验室没有中央排气系统，人员进入的时间要延长至 24 小时以后。

6. 在入口处张贴标识禁止入内。

7. 在自净的时间达到以后，由生物安全监督员的指导下，对各类环境与物品实施消毒。相关人员必须穿戴合适的个人防护装置，甚至包括呼吸防护装置。

（二）离心机和细胞离心机

离心机是每个实验室的标配设备，若不采取正确的清洁、维护及操作，会成为感染风险较大的设备，因此要对实验室人员进行离心机的正确操作和相关风险评估等方面的培训。

离心机操作最大的潜在感染风险是当离心机盖打开时，离心机转子还在旋转。尤其在旧式离心机的使用过程中时常会发生这种情况。因此在操作时要极其小心，实验室应该有操作 SOP 和风险评估记录，以指导正确操作和明确风险，避免生物安全事故的发生。值得注意的是，每一款离心机都有各自的使用指南，因此实验室应根据其实际情况制定操作 SOP。所有相关人员都应进行操作 SOP 和感染风险评估培训，内容包括设备正确开启和关闭，平衡管子，使用安全的杯罐子和盖子，转子和容器的选择，高速及超速离心的要求，容器盛放量或高度限制。所有高速和超速离心都要在平稳无共振的表面（地面、工作台面或牢固坚实的桌子上）进行。

生物安全等级为二级或者更高的区域，转子需要有预防气溶胶的密封环和密封安全杯。尤其是在病毒学和分枝杆菌实验中，应在生物安全柜中装上和卸下转子。

严格按照产品用户指南进行离心机的使用和维护，尤其是转子，应防止转子失灵造成的严重危害和暴露危险。按生产商要求的环境条件将转子存放在特定的清洁区域。每次使用后要清洁离心机，溢出后要立刻清洁。有明显血液及体液溅出时，绝不使用离心机。

在正常操作过程中，空气从离心机通风口高速溢出，使得感染性粒子随着气流快速扩散到环境中。在离心过程中管子破裂会产生大量的气溶胶，造成的污染风险最大。离心管不带密封盖，也会造成相当大的潜在环境污染风险，因为离心管周围的气流会产生虹吸效应，使离心管内的液体通过缝隙溢出来，而高速气流又会让液体标本雾化，更容易溢出离心管外，污染设备与环境。所以应坚持使用密封盖和密封的转子，即选用生物安全型的离心机，可以最大程度减少离心机污染，或具潜在感染性的标本在离心过程中的环境污染风险。

为了及时、正确和有效处置离心机生物安全事故，实验室应配备生物安全处置箱，物品包括适用于离心机的消毒剂，防刺穿手套，镊子或钳子，吸附材料以及锐器盒等。如果含有样品的试管在离心筒内破裂，按以下步骤操作。

1. 立即关闭离心机的电源，静置 30 分钟后，待机内气溶胶完全沉降下来方可启盖。

2. 将离心筒移至生物安全柜中(注：操作人员应做好个人防护，生物安全柜已开启)。

3. 向实验室主管报告，并通知在该实验区域内的其他工作人员。

4. 应在生物安全柜运行状态下，小心开启离心罐。

5. 用镊子或钳子将罐内破损的试管取出，丢入锐器盒内。

6. 采用相应的消毒剂或消毒湿巾，对于未破损离心管外表至少擦拭消毒 3 次。

7. 根据病原体特点，向离心罐内倒入相应的消毒剂溶液，如可选用 2000～5000mg/L 的含氯消毒剂溶液，其液体平面尽量达到罐口；也可选用非腐蚀性的消毒剂，作用时间 30 分钟后，将消毒剂溶液吸至污物桶内。

8. 采用相应的消毒剂或消毒湿巾，对于离心罐外表至少擦拭消毒 3 次。

9. 所有在清理过程中所涉及物品，使用后均按感染性物品进行有效清洁与消毒后，方可备用。

10. 特殊的离心机应严格按产品生产厂家提供的生物安全事故处置流程执行。

(三) 自动分析仪(器)

采用自动分析仪(器)检测标本可以减少操作者的职业暴露，但并不能完全消除感染性物质的潜在暴露。在新方法中普遍采用封闭样品系统，但样品探针在快速移动或者快速转移液体可能产生气溶胶和液滴。

为了避免自动分析仪(器)运行中对环境的污染，应严格按照产品用户指南操作，确保标本检测在有生物安全防护装置下运行。应限制在样品探针和液体水平感应器附近手的移动，由于操作员被要求在取样后要擦拭样品探针，所以要求佩戴手套，在仪器的一侧放置纱布块和防渗的塑料服。新一代的仪器有自动探针洗涤循环系统，消除了这一潜在暴露环节。

取样品托盘和样品盘时应谨慎，在不取样时应将其盖住以防止溢出。采用仪器自动加样，不得直接手动加样。经生化分析仪流出的废水被认为是已污染的，要按照国家和地方的规定进行处置。

严格按照产品用户指南进行日常清洗和样品溅出时的消毒措施，在处置这类生物安全事故时，应穿戴合适的个人防护设备，采用适当类型的清洁剂和消毒剂。如果用户指南中没有列举标本溅出时清洁与消毒，以及个人防护等说明，应与供应厂商沟通，共同完成相应的SOP，并列入实验室生物安全应急预案中。如有关细胞分选仪的安全指南中建议在废物盒中加入 5000mg/L 的含氯消毒剂，设备的内外表面可采用适当的清洁剂、消毒剂进行日常清洗和消毒及发生生物安全事故时的清洁与消毒。推荐采用清洁-消毒“一步法”(one-step)产品，即取即用，以提高日常清洁与消毒的依从性。

(四) 培养箱和冰箱

培养箱与冰箱是实验室最常见的设备，主要用于标本的存放和培养孵育。实验人员在开启培养箱或冰箱的门时会形成气溶胶，这些气溶胶不仅会污染内存的培养物和实验室环境，更重要的是对实验人员造成潜在感染风险。因此，实验室应建立培养箱和冰箱的管理与使用操作SOP，做好日常清洁与维护。相关人员应养成良好的使用习惯，尤其是真菌实验室人员，如在开启生化培养箱时，不得用力过大、过猛，开启生化培养箱时，操作人员应谨慎开启门，即拉开门上的磁性门吸(约3～5cm宽的缝隙)后，应停留30～60秒，方可缓慢将门开启至最大。实验人员的脸部不得正对着门缝，以避免吸入微生物气溶胶。

培养箱与冰箱内培养物、存放物发生生物安全事故时，如人为不慎打破玻璃容器或自然灾害等引发设备倾倒等致使内存的培养物容器破损、外溢等事件。在事态发生允许情况下，按以下步骤实施。

1. 首先立即关闭设备电源。

2. 张贴或放置生物安全警示标志。

3. 做好个人防护，必要时穿戴呼吸防护装置。

4. 缓慢开启培养箱或冰箱的门，最大限度避免产生气溶胶，以减少对环境和人员的污染。

5. 查明事故的性质与范围，采用镊子等工具将已破损的玻璃容器、碎片等取出，丢入锐器盒中。

6. 经擦试消毒，然后转移至别的培养箱与冰箱内。

7. 如冰箱有明显的结冰现象，应待其自然解冻，不得强行铲冰。对于溶化的冰水采用吸附材料，推荐消毒干巾(内含有消毒剂粉剂)吸附冰水，按感染性废物管理的SOP处置。

8. 待内容物品完全清理完毕，选择适当的清洁剂、消毒剂对箱内表面、货架等进行彻底清洁与擦拭消毒。

(五) 水浴器和盛水盘

水浴器和盛水盆容易滋生细菌、藻类和真菌，实验人员在打开水浴器盖子或者打开培养箱的门时会形成气溶胶，这些气溶胶不仅会污染培养物和实验室环境，更重要的是对人员造成潜在感染危害。为此，这类设备即使在水中添加了消毒剂也要定期进行清洗与消毒。为了减少生物负荷，必要时可在水中添加入消毒剂，如杀菌剂、除藻剂等，但不得使用叠氮化钠来阻止微生物的生长，因为它与某些金属结合会产生爆炸混合物。

物理消毒也是一种理想的消毒方法，每周可将温度提高到90℃及以上1次，维持30分钟，以达到有效的杀灭作用。但是，无论选择化学消毒还是物理法消毒措施，均要求实验室建立制度，并有效果考核方法，以有效控制微生物的滋生与繁殖，尤其是应避免细菌形成生物膜，从而增加了清洁与消毒的难度。

水浴器和盛水盆一旦发生标本的溢出或者破损时立即清洗。首先应将所有标本取出，破损的标本应丢弃，因已被污染而终止培养的标本，按感染性废弃物处置；完整的标本应仔细清除外表面的污染，可采用消毒湿巾擦拭等方法消毒；对水浴器和盛水盘进行彻底清洁与消毒，可以选择化学方法，如配制适合消毒剂溶液进行浸泡消毒，或采用消毒湿巾反复多次擦拭，或采用物理的方法，如高温处置等。

第五节　污染交通工具的消毒

涉及生物安全的交通工具通常是指移动式实验室，即车载式实验室，装有传染性患者及其标本的车辆等。移动式实验室在设计时可安装固定式的消毒装置，并根据其设计特点与流程，建立日常清洁与消毒SOP、应急处置方案等。因此，使用移动式实验室的人员应熟练掌握相关的SOP，一旦发生生物安全事故，应立即启动应急预案。

目前，大多数单位或机构通常采用普通车辆装载传染性患者与各类标本。建议在条件允许的情况下，传染病患者转运应采用专用车辆，推荐经呼吸道传播的传染病患者采用负压式车辆进行运送。患者的血液、排泄物、呕吐物等体液标本应采用符合生物安全标本包装的运送装置。一旦发生生物安全事故或潜在污染事故，推荐采用以下步骤。

1. 车辆使用完毕或发生污染后，应驶至指定的洗消场所；该场所应设计包括污水处置在内的洗消设施。

2. 洗消人员应做好个人防护，必要时应佩戴呼吸防护装置。

3. 应根据所污染病原体特点以及车厢材质，选择清洁剂和消毒剂；如亲水类病毒推荐用双链季铵盐类消毒剂浓度配至1000mg/L浓度，即10ml原液（4.5%～5.5%复合季铵盐）加水至500ml，进行擦拭或超低容量喷雾消毒；或采用3%（30g/L）过氧化氢喷雾消毒；或直接采用消毒湿巾擦拭消毒。

4. 门窗密闭，作用时间30分钟后用清水冲洗干净。

5. 车上所有物品均应视为感染，应根据物品材质选择清洁剂与消毒剂，推荐采用清洁-消毒“一步法”产品；未实施消毒措施的物品不得卸下车辆。

6. 如发生感染性标本车厢内渗漏等污染，有肉眼可见污染的环境表面，建议使用可吸附的材料或消毒干巾将污物清除，再使用2000～5000mg/L含氯消毒剂进行擦拭；使用过的卫生用品按感染性废物管理要求处置。

7. 采用相应的消毒剂对车辆外表面进行喷雾消毒，重点对门把手等触摸部位进行擦拭消毒；作用时间30分钟后用清水对整车进行冲洗，清除消毒剂残留。

第六节　实验人员的洗消

正常的人体皮肤是抵御病原微生物入侵的天然屏障，但由于正常人体表面温度在30℃左右，且湿度适中，因此，十分利于微生物长时间的存活，给机体感染带来极大的隐患。人们通常不经意地触摸自身的脸部、搓眼甚至抠鼻、剔牙等行为为病原微生物的入侵机体创造了便利条件。同时，人们的双手也会频繁接触周围环境表面与物品，造成其污染，使接触该表面的人们间接污染，造成污染的扩散。由此可见，实验人员在完成实验操作或处置生物安全事故等后均应立即实施手卫生，必要时进行全身洗消，以消除机体表面的微生物污染。

(一) 颜面部的洗消

几乎所有的实验操作均存在人员的颜面部暴露，如平皿划线接种、移液，振荡与离心，甚至开启培养箱与冰箱等。因此，实验人员进入实验室前，应充分做好感染风险评估，选择适当的个人防护用品，如口罩、眼罩或面罩，以最大限度减少颜面部，即眼部、鼻腔和口部的暴露。

各实验室应根据实验特点，在相应的实验部位安装或放置用于颜面部暴露后应急处置的设施、用品，如洗眼装置，用于化学试剂暴露的中和剂以及无菌生理盐水等，并粘贴简便易懂、图文并茂的使用方式、处置步骤和注意事项等。一旦发生颜面部，无论是生物类，还是化学类试剂的暴露，相关人员就能立即采取应急措施，通常眼部冲洗时间至少 2 分钟以上，鼻腔污染可以采用碘附棉签的擦拭，口部污染可以采用生理盐水漱口等。

上述暴露处置后，应立即向实验室主管或生物安全监督员报告，必要时须前往指定医院进一步诊疗。实验室应认真记录暴露事件，检查现有的生物安全措施，必要时修改现有的个人防护措施，增加生物安全应急设施，修改实验操作的 SOP 手册，以防止类似事件的发生。开展生物安全的教育培训，尤其是新进人员、进修实习生等；对于一些重要的实验岗位，新上岗人员应经生物安全培训，且须经考核合格方可上岗操作。

(二) 手部的洗消

任何有血液等体液污染的操作，均应佩戴手套，必要时可以戴双副手套，以减少可能发生锐器刺伤时的感染的血量，以及造成手部的暴露。佩戴手套时不得触摸其他环境表面与清洁物品，以避免污染物质的扩散。

实验结束或需要触摸其他清洁表面时应脱卸手套，实施洗手后方可执行下一个操作。不得简单采取手套外表面的消毒。戴手套不能替代手卫生。

手部有明显污染时，应采取肥皂或皂液加流水下的洗手，干手设施推荐采用擦手纸，严禁使用毛巾或白大衣干手。触摸无明显污染的环境表面与物品，可采用含醇手消毒剂擦手。污染性操作或工作结束须离开实验区域时，应采取肥皂或皂液加流水下的洗手，擦手纸干手，必要时采用含醇手消毒剂擦手。

(三) 人员的卫生洗消

人员的卫生洗消是指人体的全面而彻底的沐浴，必要时可以采用含抗菌剂的沐浴露。当发生严重的或较大面积人体感染性物质的暴露时，除暴露部位的及时处置外，应立即进行人体的卫生洗消。对于一些在二级及以上生物安全实验室开展高感染风险的操作的实验室人员，实验结束后应实施卫生洗消，以消除潜在的人体污染。推荐有条件的部门所有相关人员，实施卫生洗消后方可离开实验场所。

第七节 消毒效果的检测与评价

消毒效果监测与评价是提高实验室环境与物品消毒质量保障的重要手段，也是发生重大实验室生物安全事故，实施应急处置后实验室解除封锁的重要依据以及实验室环境与物品消毒质量持续改进的重要推手，从而为广大实验人员提供一个清洁而安全的实验环境。常用的检测技术与评价方法如下。

（一）细菌学检测与评价

采用5cm×5cm无菌规格板，放置被监测的环境和物品表面，用蘸有含相应中和剂的磷酸盐缓冲液(PBS)或生理盐水的采样棉签，在规格板内横竖往返各涂抹5次，涂抹中不断转动采样棉签，连续采集4个规格板面积，即为100cm²；如被检面积＜100cm²，则采用采样棉签全部涂抹，并估算该表面的实际面积。将采样完成的棉签头剪断或折断，丢入装有10ml的无菌相应中和剂的试管中，立即送检(4小时之内完成)。

经充分振荡后，取不同稀释度的采样液1.0ml至无菌平皿，将冷却至40℃～45℃的熔化琼脂培养基倾倒至上述平皿，边倒边晃动平皿，每皿倾倒的琼脂量为15～20ml，置37℃、48小时后计算菌落形成单位(cfu)在30～300cfu/皿的平皿上的菌落数。如目标细菌为明确的细菌，则可采用该菌的选择性培养基。

目前，尚无实验室环境表面细菌菌落数的合格参考值，为此，可以根据消毒前后2次采集环境表面样本，送检细菌菌落数，如消毒后较消毒前下降1个及以上对数值，即可以认为本次消毒效果有效。

（二）病毒学检测与评价

环境与物品表面是否有病毒颗粒，最常用的手段是检测目标病毒的核酸。一般选择市售试剂盒，采用无菌棉签蘸入细胞保存液数秒钟后，在被检的环境与物品表面横竖往返各涂抹5次，其面积可以根据监测的目的而定(如选择定性考核，还是定量考核)，将采样完成的棉签头剪断或折断，丢入装有细胞保存液的试管中，立即送检。实验室应按试剂盒说明书步骤，尽快提取模板，采用RT-PCR技术扩增目标病毒核酸，通过比对是否出现阳性峰值，来判断环境与物品表面是否存在病毒的污染。该技术快速简便、特异性与敏感性均较佳，但无法鉴别病毒是否存活。为此，有条件的实验室可以深入开展细胞或鸡胚培养。

（三）ATP检测与评价

三磷酸腺苷(ATP)检测是利用荧光素酶测定与发光测量计组合，检测环境与物品表面有机体的ATP值，以评价环境与物品的清洁质量。检测中采用特殊的棉签在表面采样后，插回试管中并插入测量计中分析读数。包含细菌与非细菌的ATP总值进行定量测定，其单位为相对光单位值(RLU)。

通常RLU值较低时可能与低浓度的细菌污染有关。而较高的RLU时，可能既有活的生物负荷，又包括死的细菌的有机体残骸，或两者兼有。另外ATP系统在测定有机体残骸时，除了能反映活的细菌存在外，其他环境因素也可以影响RLU值高低。环境表面污染的较大比例为非微生物来源，使用 ATP 工具与任何一种培养技术对比，可能 ATP 工具更多是作为是否达到质量标准的一种标记，反映了消毒的有效性和清洁质量。另外，高浓度的含氯消毒剂具有消除 ATP 生物荧光反应的潜在作用，导致光信号降低，因此，采用 ATP 考核含氯消毒剂消毒效果时应慎用。

目前，国际上尚无统一的 ATP 检测的评价体系，而各个厂家的产品所标定的合格基准值又是不一致的，因此限制了不同实验室之间的数据比对的可能性。但因 ATP 系统操作简便，检测快捷，不乏是一种清洁与消毒效果实时评价的工具。采用 ATP 技术用于环境与物品表面清洁与消毒效果评价，须在干预措施前后 2 次采样，以干预后的 RLU 值较干预前下降 1 个及以上对数值，即可判定为干预措施有效。

（金 慧 倪晓平）

参考文献

[1] CDC. Guidelines for safe work practices in human and animal medical diagnostic laboratories[J]. 2012, MMWR 61(supplement).

[2] CDC. Guideline for disinfection and sterilization in healthcare facilities[J]. 2008.

[3] 薛广波. 现代消毒学[M]. 北京：人民军医出版社，2002.

[4] 中华人民共和国国家卫生计生委. 消毒技术规范[M]. 2002.

[5] Willam AR, Matthew SW, Maria FG, et al. Bacterial contamination of keyboards: efficacy and functional impact of disinfectants[J]. Infect control Hosp Epidem. 2006, 27(4): 372-377.

[6] Timothy LW, Daniel RC, Emily BP, et al. The value of ready-to use disinfectant wipes: Compliance, employee time, and costs [J]. Am J Infect control, 2014, 42(3): 329-330.

[7] Rutala WA, Weber DJ. Are room decontamination units needed to prevent transmission of environmental pathogens[J]. Infect control Hosp Epidem, 2011, 32(8): 743-747.

第十二章

实验室意外事件流行病学调查

流行病学(epidemiology)主要研究人群中疾病与健康状况的分布及其影响因素,通过这些研究提出合理的预防保健对策和健康服务措施,并评价这些对策和措施的效果。它主要用于描述疾病与健康状况的分布,探讨疾病的病因和流行因素,揭示疾病的自然史、临床诊断、治疗与估计预后、预防与控制、卫生决策和评价等。意外事件的流行病学调查着眼于研究事件及其发生规律和应对措施,通过调查,了解事件的起因、发展及其后果等。

发生造成或可能造成人体健康损害的实验室感染性物质传播扩散、实验操作失误等意外事件时,要采用流行病学和其他学科的理论和方法,选择直接观察、访谈、问卷调查的形式,结合实验室基本情况,对实验室意外事件相关人员进行流行病学调查,了解意外事件发生的原因、发展规律及产生的后果,掌握有关人群的健康损害情况及其影响范围、相关流行病学特征,做出意外事件调查结论,提出预防和控制意外事件的建议和措施,为卫生计生行政部门判定意外事件性质,制定预防控制策略,采取预防控制措施提供科学依据。

第一节 调查准备及原则

一、调查准备

(一) 机构及人员

调查机构或部门应当设立意外事件调查领导小组,人员由应急管理、生物安全管理、流行病学调查、实验室检验等部门的负责人组成。意外事件调查领导小组负责意外事件调查的组织、协调和指导。设立意外事件调查协调小组,承担与意外事件调查相关的信息管理、意外事件流行病学调查员(以下简称调查员)组织管理以及协调相关部门等工作,建立并完善意外事件调查相关的工作机制。应考虑开展现场流行病学、生物安全、实验室管理、采样及检测等工作的需要,配备足够数量的调查人员。必要时设立意外事件调查专家组,可以聘任流行病学调查、医疗、卫生监督、实验室检验等相关机构技术人员作为意外事件调查技术支持专家。

(二) 物资储备和技术准备

开展调查时,应当按照生物安全、突发公共卫生事件应急处置等相关技术要求做好意外事件调查所需物资储备，由专人负责管理，保证储备物资安全有效，并可随时使用。提供意外事件调查所需要的交通、通信、办公、会议等条件，保证满足日常和应急工作的需要。消耗性物品应在完成一次调查后及时补充，无菌物品要保证在有效期内，确保随时可投入使用。做好对辖区或机构内常见意外事件的流行病学调查、实验室检验、应急处置等能力储备，对相关人员开展培训和指导，定期开展应急演练。

(三) 联络沟通机制

1. 调查机构应当收集、汇总意外事件调查相关人员的联络信息，包括单位办公电话、传真电话、手机号码、电子邮件等信息，并及时更新。

意外事件调查相关人员一般包括以下人员：

(1)调查机构领导小组成员、相关部门负责人、意外事件调查专家组成员及调查员；

(2)同级政府卫生计生行政部门和安全监管部门意外事件应急处置的联络人；

(3)上下一级调查机构意外事件调查联络人。

2. 信息管理　调查机构、调查组和调查员在意外事件调查期间，不得擅自对外披露调查信息，应在同级卫生计生行政部门的组织下对外发布调查工作有关信息。

二、调查原则

(一) 属地管理、依法有序

各级调查机构应当按照国家和地方政府规定的分级负责和属地管理规定承担实验室意外事件调查任务。调查机构应当根据意外事件的危害程度、波及范围，选派一定数量的调查员组成意外事件调查组，启动意外事件调查工作。调查组应当由 3 名以上调查员组成，并指定 1 名负责人。调查员与所调查的意外事件有利害关系的，应当回避。承担意外事件调查任务的调查机构现有技术与资源不能满足意外事件调查有关要求时，应当报请同级卫生计生行政部门协调解决。调查机构专家组成员应当为调查机构提出的有关技术问题提供咨询意见，并给予必要的指导帮助。

(二) 科学循证、效率优先

意外事件调查必须坚持实事求是、客观公正和科学循证的原则，调查过程中重视收集现场流行病学调查、生物安全、实验室检验等相关信息和数据，各项调查结果应当考虑相互联系和佐证。

1. 边调查边分析　现场流行病学调查初步结果可为开展实验室安全事件调查、采样和标本检验提供重要线索。现场调查人员应根据意外事件特点优先考虑调查内容、采集标本和样品。现场流行病学调查，实验室安全相关事件调查、采样和实验室检验均应尽早开展。

调查组在调查中应及时沟通分析工作进展情况，相互补充、验证调查结果。调查员调查中发现新的线索和重要情况，应及时向调查组负责人报告。调查组应每日汇总调查进展，及时汇报。

2. 边调查边报告　调查组调查过程中发现以下情况，应及时报告：①发现高危人群或患者人数有变化或分类(指疑似、可能、确诊)有变化的；②发现需要跨辖区联合调查的；③发现意外事件导致的致病因子可能存在人-人传播、水体污染传播、空气污染传播、职业接触等情况的；④有证据认为需要及时采取防控措施的；⑤卫生计生行政部门要求提交阶段性调查结果的；⑥其他需要及时报告的事项。

3. 边调查边控制　调查过程中，发现其他实验室意外事件，或其影响范围、人群等信息变化时，应及时提出采取控制措施和卫生处置措施的建议。同时视控制措施效果情况，突出重点，及时调整调查内容。

第二节　现场流行病学调查实施

发生实验室意外事件时，应进行及时的流行病学调查，并及时报告事件进展情况，采取有效的手段控制事件的蔓延。现场流行病学调查包括病例流行病学调查和实验室意外事件相关因素调查。

一、流行病学调查步骤、流程

流行病学调查步骤(图 12-1)一般包括核实诊断、制定病例定义、病例搜索、个案调查、流行病学分析等内容。实验室意外事件相关因素调查可通过查阅实验室工作相关记录、访谈相关人员、现场勘查、样本采集等形式进行，具体调查步骤和顺序由调查组结合实际情况确定。

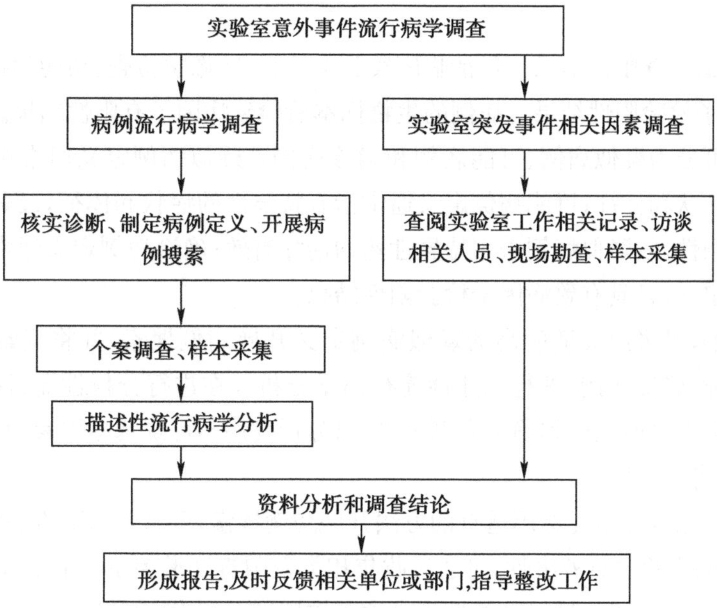

图 12-1　流行病学调查流程图

二、病例流行病学调查实施

(一) 核实诊断

调查组到达现场应核实实验室意外事件的原因、影响及范围，相关人群感染情况，标本采集检测情况等。

1. 核实感染情况 通过现场实地调查了解实验室意外事件的原因，造成的后果及范围，了解相关患者主要临床特征、诊治情况，查阅患者在接诊医疗机构的病历记录和临床实验室检验报告，摘录和复制相关资料。

2. 开展访谈 根据意外事件情况制定访谈提纲，确定访谈人数。访谈对象首选首例、末例等特殊病例。访谈内容主要包括人口统计学信息、发病和就诊情况以及发病前的流行病学史等。

3. 采集样本 调查员到达现场后应立即采集病例生物标本及环境标本。如未能采集到相关样本的，应做好记录，并在调查报告中说明相关原因。

(二) 制定病例定义

病例定义应当简洁，具有可操作性，可随调查进展进行调整。病例定义可包括以下内容：

1. 时间 限定意外事件时间范围。

2. 地区 限定意外事件地区范围。

3. 人群 限定意外事件人群范围。

4. 症状和体征 通常采用多数病例具有的或意外事件相关病例特有的症状和体征。症状如头晕、头痛、恶心、呕吐、腹泻、里急后重、乏力、肌肉酸痛等；体征如发热、盗汗、发绀、瞳孔缩小等。

5. 临床辅助检查阳性结果 包括临床实验室检验、影像学检查、功能学检查等。

6. 致病因子检验阳性结果 病例的生物标本检验致病因子有阳性结果。

病例定义可分为疑似病例、可能病例和确诊病例。疑似病例定义通常指有多数病例具有的非特异性症状和体征；可能病例定义通常指有特异性的症状和体征，或疑似病例的临床辅助检查结果阳性，或疑似病例采用特异性药物治疗有效；确诊病例定义通常指符合疑似病例或可能病例定义，且具有致病因子检验阳性结果。

在调查初期，可采用灵敏度高的疑似病例定义开展病例搜索，并将搜索到的所有病例(包括疑似、可能、确诊病例)进行描述性流行病学分析。在进行分析性流行病学研究时，应采用特异性较高的可能病例和确诊病例定义，以分析发病与可疑暴露因素的关联性。

(三) 开展病例搜索

调查组应根据具体情况选用适宜的方法开展病例搜索，可参考以下方法搜索病例。

1. 对明确的实验室意外事件，可通过收集相关及附近实验室的工作人员的名单来搜索全部病例；也可通过收集缺勤记录等搜索其他工作区域可能发病的人员。

2. 意外事件涉及范围较小或病例居住地相对集中，或有死亡或重症病例发生时，可采用入户搜索的方式。

3. 意外事件涉及范围较大，或病例人数较多，应建议卫生计生行政部门组织医疗机构查阅门诊就诊日志、出入院登记、检验报告登记等，搜索并报告符合病例定义者。

4. 意外事件涉及范围广或影响较大等，应通过疾病监测报告系统收集分析相关病例报告，或建议卫生计生行政部门向公众发布预警信息，设立咨询热线，通过督促类似患者就诊来搜索病例。

（四）个案调查

1. 调查方法　根据病例的文化水平及配合程度，并结合病例搜索的方法要求，可选择面访调查、电话调查或自填式问卷调查。个案调查可与病例搜索相结合，同时开展。个案调查应使用一览表或个案调查表，采用相同的调查方法进行。个案调查范围应结合意外事件调查需要和可利用调查资源等确定，避免因完成所有个案调查而延误后续调查的开展。

2. 调查内容个案调查应收集的信息主要包括以下方面。

（1）人口统计学信息：包括姓名、性别、年龄、民族、职业、住址、联系方式等。

（2）发病和诊疗情况：开始发病的症状，体征及发生、持续时间，随后的症状、体征及持续时间，诊疗情况及疾病预后，已进行的实验室检验项目及结果等。

（3）其他个人高危因素信息：实验室工作情况、危险因素接触情况，与类似病例的接触史、动物接触史、基础疾病史及过敏史等。

（4）其他需要收集的信息。

（五）描述性流行病学分析

个案调查结束后，应根据一览表或个案调查表建立数据库，及时录入收集的信息资料，对录入的数据核对后，按照以下内容进行描述性流行病学分析。

1. 临床特征　临床特征分析应统计病例中出现各种症状、体征等的人数和比例，并按比例的高低进行排序，初步分析致病因子影响的可能范围。

2. 时间分布　时间分布可采用流行曲线等描述，流行曲线可直观地显示发生实验室意外事件后所导致后果的阶段，并描述疾病的传播方式，推断可能的暴露时间，反映控制措施的效果。

3. 地区分布　通过地图软件等绘制标点地图或面积地图直观描述意外事件发病的地区分布。

（1）标点地图可清晰显示病例的聚集性以及相关因素对疾病分布的影响，适用于病例数较少的意外事件。将病例（或病例所在家庭）的位置，用点或序号等符号标注在手绘草图、平面地图或电子地图上，并分析病例分布的聚集性与环境因素的关系。

（2）面积地图适用于规模较大、跨区域发生的意外事件。利用不同区域（省、市、县/区、街道/乡镇、居委会/村）的罹患率，采用 EPI-Info、MapInfo、Arcgis 等地图软件进行绘制，并分析罹患率较高地区与较低地区或无病例地区相关因素的差异。

4. 人群分布　按病例的性别、年龄、职业等人群特征进行分组，分析各组人群的罹患率是否存在统计学差异，以推断高危人群，并比较有统计学差异的各组人群在意外事件暴露方面的异同，以寻找病因线索。

5. 描述性流行病学结果分析　根据访谈病例、临床特征和流行病学分布，应当提出描述性流行病学的结果分析，并由此对意外事件致病因子所影响的范围做出初步判断，用于指导临床救治、流行病学调查和实验室检验，提出预防控制措施建议。

三、实验室意外事件相关因素调查

意外事件调查不同于日常监督检查，应针对意外事件产生的原因、途径及其影响因素，以验证现场流行病学调查结果，为查明意外事件发生的原因，采取预防控制措施可提供依据。调查方法包括访谈相关人员，查阅相关记录，进行现场勘察、样本采集等。

（一）访谈相关人员

访谈对象包括单位负责人、实验室所属部门负责人、实验室安全管理负责人及其他知情人员等。访谈内容包括实验室安全管理及日常工作开展情况，意外事件发生后的应对处置情况。

（二）查阅相关记录

查阅实验室相关化学品、实验室器材、设备进货记录，实验室安全管理情况及流程，实验室设施设备运行情况，个人防护装备情况，设备维修维护、清洁、消毒记录，参加实验室活动人员的资质情况及出勤记录等。

（三）现场勘查

在访谈和查阅资料基础上，了解实验室基本情况及周边环境，描述楼层分布及功能分区，核查相关生物制剂存储管理情况、实验人员安全/规范操作情况、动物实验与实验动物规范管理情况等，绘制流程图，标出可能的危害环节和危害因素，初步分析实验室意外事件的发生原因和途径，便于进行现场勘查和采样。

四、采样和实验室检验

采样和实验室检验是意外事件调查的重要工作内容。实验室检验结果有助于确认致病因子、实验室意外事件性质和途径，有助于及时救治患者。

采样应本着及时性、针对性、适量性和不污染的原则进行，以尽可能采集到含有致病因子或其特异性检验指标的样本。

（一）及时性原则

考虑到意外事件发生后现场有意义的样本有可能不被保留或被人为处置，应尽早采样，提高实验室检出致病因子的概率。

（二）针对性原则

根据患者的临床表现和现场流行病学初步调查结果，采集最可能检出致病因子的样本。

（三）适量性原则

样本采集的份数应尽可能满足意外事件调查的需要；采样量应尽可能满足实验室检验和留样需求。

（四）不污染原则

样本的采集和保存过程应避免微生物、化学毒物或其他干扰检验物质的污染，防止样本之间的交叉污染。同时也要防止样本污染环境。

五、资料分析和调查结论

调查结论包括是否定性为实验室意外事件，意外事件范围、发病患者数、致病因子等。不能做出调查结论的事项应当说明原因。

（一）做出调查结论的依据

调查组应当在综合分析现场流行病学调查、实验室意外事件调查和实验室检验三方面结果基础上做出调查结论。卫生计生行政部门认为需要开展补充调查时，调查机构应当根据卫生计生行政部门通知开展补充调查，结合补充调查结果，再做出调查结论。

（二）撰写调查报告

按照先后次序介绍意外事件调查内容、结果汇总和分析等调查情况，并根据调查情况提出调查结论和建议，意外事件调查范围之外的事项一般不纳入报告内容。调查报告的内容必须客观、准确、科学，报告中有关事实的认定和证据要符合有关法律、标准和规范的要求，防止主观臆断。调查报告要客观反映调查过程中遇到的问题和困难，以及相关部门的支持配合情况和相关改进建议等。支持调查结论的分析汇总表格、病例名单、实验室检验报告等作为调查报告的附件。调查报告内容与初次报告、进程报告不一致的，应当在调查报告中予以说明。对于符合突发公共卫生事件报告要求的意外事件，应按相关规定进行网络直报。

（三）工作总结和评估

意外事件调查结束后，调查机构应对调查情况进行工作总结和自我评估，总结经验，分析不足，以便更好地应对类似意外事件的调查。总结评估的重点内容包括：

1. 调查实施情况　日常准备是否充分，调查是否及时、全面地开展，调查方法有哪些需要改进，调查资料是否完整，意外事件结论是否科学、合理。

2. 协调配合情况　调查是否得到有关部门的支持和配合，调查人员之间的沟通是否畅通，信息报告是否及时、准确。

3. 调查中的经验和不足，需要向有关部门反映的问题和意见等。

（四）案卷归档

调查机构应当将相关的文书、资料和表格原件整理、存档。

第三节　实验室意外事件调查处置及报告撰写范例

一、以一例实验室感染布鲁氏菌病病例的流行病学调查处置为例

（一）实验室意外事件响应

发生实验室意外事件，按照机构实验室管理及应急预案要求，立即组织相关人员组成调查组，进驻现场开展调查，调查人员应根据情况采取适当的个体防护措施。采用现场调查方法为主，针对出现的病例感染情况及可能感染来源、途径、方式等立即开展相关内容调查，直至感染或事故原因调查清楚为止。开展现场调查时，应同时由两名以上人员做好记录并

签名。

（二）流行病学调查实施

1. 核实诊断

（1）患者基本情况：了解患者性别、年龄、民族、工作单位及部门等情况（如：男，××岁，汉族，现住址：××市××区，工作单位：××医院××实验室）。

（2）主要患病及治疗经过：描写病例就诊的时间，就诊时的发病特征（如发热情况，治疗情况，既往史）等（如：患者于××年××月，出现低热，于××月××日出现反复发热，体温多在37℃以上，伴有盗汗，乏力，头痛及肌肉酸痛；××月××日出现高热，体温达到39.8℃）。

患者既往病史：无其他病史和家族遗传病及传染病史。

（3）临床表现：描述患者的临床症状及体征，热型等（如：反复发热、寒战、盗汗、乏力、头痛、肌肉酸痛，体温最高达39.8℃，热型呈波浪式起伏）。

（4）流行病学史：描述患者的流行病学接触史、工作时的防护情况（如：患者无流行地区居住史与病畜接触史，无进食未严格消毒的乳制品及未煮熟的畜肉史。患者为细菌实验室工作人员，主要负责菌种库管理工。××年××月曾为可疑布鲁氏菌病患者做血布鲁氏杆菌培养。接触菌种时防护包括：白大衣、手套和一次性口罩，有时使用生物安全柜）。

2. 制定病例定义、开展病例搜索　对明确的实验室意外事件，可通过收集相关及附近实验室的工作人员的名单来搜索可能的全部病例；也可通过收集缺勤记录等搜索其他工作区域可能发病的人员。

进一步查清患者同实验室的工作人员共××人，并进行健康状况追踪，血清学检测，××名工作人员无发病，检测结果为阴性。

3. 实验室检测　对采集的血标本开展血常规及血培养检测（如患者寒战后半小时血常规检测结果，白细胞：×××10^9/L；淋巴细胞百分比：××%，绝对值×××10^9/L；单核细胞百分比：××%，绝对值×××10^9/L；中性粒细胞百分比：××%；血小板计数：×××10^9/L；对患者静脉血做血培养：布鲁氏杆菌阳性，高度怀疑是羊种，马尔他布鲁氏杆菌；血清凝集试验：布鲁氏杆菌血清凝集试验阳性；经中国疾病预防控制中心布病室检测检测结果报告：血凝1∶800；血培养布鲁氏杆菌羊3型）。

（三）实验室意外事件相关因素调查

通过查阅实验室工作相关记录，访谈相关人员，现场勘查，样本采集，了解实验室的基本概况和工作开展情况。例如，基本情况：实验室位于医技楼6层，总面积一百余平方米，包括厌氧菌培养室××m^2、仪器室20m^2、无菌培养室15m^2、生活区50余平方米。生物安全柜2台、Bactaltert 3天血培养仪1台，冰箱数台。该细菌室为二级生物安全实验室。细菌室共有工作人员××名，主要承担检测工作有痰、血、杂项、仪器鉴定等工作。布鲁氏杆菌菌种的获得、保存和使用情况：患者为××医院实验室菌种保管人员，对可疑布鲁氏菌种转种后用牛奶冷冻，保留于菌种冰柜内（−30℃）。保存日期为××年××月××日（标准菌菌库登记册中有此登记）。患者于××年××月至××年××月间，购买试剂后，将冷冻菌种复苏（2～3周），进行血清凝集试验，用检定所的（牛型）布鲁氏杆菌诊断血清凝集布鲁氏杆菌纯培养物，结果阴性；使用诊断试剂中的阳性对照（相当于患者血清）来凝集活菌菌种，结果为阳性。患者在试验过程中接触活菌菌种，只有部分实验在生物安全柜中操作，多数在细菌室普通环境中进行操作，防护措施只有一次性口罩和普通白大衣。

（四）调查结论

根据患者临床表现、流行病学史和实验室检测结果提出传播途径和感染的病原体，及时向意外事件调查领导小组报告相关结果和调查结论。（如：根据患者临床表现、流行病学史和实验室检测结果，诊断该患者为布鲁氏杆菌病，高度怀疑感染途径为实验室感染。）

（五）建议

针对生物安全管理、消毒、菌毒种保存使用、培训等提出相关建议。如：①立即对本院实验室生物安全进行全面自查，彻底查找实验环节中存在的消毒隔离、防护问题，提出整改意措施，写出整改报告。②建议销毁全部布鲁氏杆菌菌种，做好销毁记录；进行全面消毒，做好消毒后效果评价，严格杜绝实验室感染病例的出现。③建议建立生物安全长效机制，成立生物安全领导小组，切实履行领导小组各项管理职能；建立和完善实验室操作规范和生物安全制度以及制度落实的监督机制；加强实验室生物安全自查和实验人员业务考核工作，组织所有实验室人员学习实验室生物安全相关知识、传染病学和流行病学知识。

二、实验室意外事件调查报告格式范例

重点介绍行政报告、业务报告类调查报告写作的格式及内容要求。

（一）行政报告

事件调查处置后，应迅速撰写行政调查报告并及时上报相关行政部门。行政报告提纲包括标题、前言（事件发生的简单经过）、事件概况、已采取的措施及效果评价、调查结论与趋势分析、下一步建议、报告单位和报告日期。

1. 标题　标题是报告的高度概括，包括时间、地点及主要内容，有时时间、地点也可省略。题目应简练、准确。其基本格式为："××关于××××的调查报告，关于××××的评价报告，××××调查"等。一般用"关于＋地点＋事件名＋的调查报告"表示。

2. 前言　说明事件发现的简单经过，该起事件发生的接报与上报情况，本级负责该事件应急处置人员的组成，并说明这是一项什么样的调查工作。

3. 事件概况　简单描述事件发生的经过，调查处置的经过（主要做了哪些事、工作进行的地点和日期等），工作的主要结果（少数主要的），总体评价，调查、采样与检测中获得的各项信息。

4. 已采取的措施效果评价　说明针对该起事件目前已采取的控制措施，并评价这些措施对控制事件发展的效果。

5. 调查结论与趋势分析　根据调查结果、流行因素分析及措施评价后得出的结论，分析预测该事件的发展趋势。

6. 下一步建议与要求　根据调查结论及措施评价，对已采取的措施进行进一步修正或补充，提出下一步工作建议，包括进一步调查研究的建议和尚需解决的问题的对策与方法。

7. 报告单位和报告日期　在整个报告的结尾，应写明报告单位的全称，加盖公章，并用汉字写上报告发文的具体时间。

（二）业务报告

一起公共卫生事件调查处置结束后，应迅速撰写全面的业务调查总结报告。业务报告提纲包括标题、前言，基本情况，核实诊断（临床特点、临床辅助检查信息），流行特点（流行强度、三间分布、相关图表），事件相关因素推测、验证（包括分析流行病学的应用、采样与实验室检测结果），防制措施与效果评价，建议，小结，报告单位和报告日期等。

1. 前言　主要简述发现意外事件的信息来源（包括接报与上报情况）、发生的经过，开展本次调查的性质和调查目的，简单描述现场工作的经过（包括听取汇报，核实诊断，现场调查内容，地点和日期等）。一般在200字左右。

2. 基本情况　简述事件发生地的地理位置、环境、气候条件，人口构成、社会经济状况等。重点说明与事件性质和原因相关的各种本底情况，如实验室位置、面积，相关仪器设备，内部人员情况等。

3. 临床特点

(1)主要诊断依据：如果疾病无公认的诊断标准（如新发传染病和不明原因的疾病），应列出病例定义和分级定义。

(2)临床表现：描述患者的临床症状和体征、临床上的分型及其特点。

(3)辅助检查：各种临床辅助检查的结果。

4. 流行特点描述

(1)流行强度：描述因为意外事件导致的总发病数、发病率、死亡数、死亡率和病死率等。

(2)事件的波及范围：描述三间分布，发病的时间分布、地点分布、人群分布，尤其要用相对数来进行描述，尽可能用图表来表示，以求简单明了。

5. 事件相关因素推测与验证　综合临床信息、流行特点，提出病因假设。验证假设，描述分析流行病学调查方法（病例对照研究和队列研究）、调查结果以及关联强度、剂量-反应关系等指标；事件相关因素调查分析，描述标本的采集和检测结果。对综合干预效应等进行病因推断以确定病因，对该事件作出可能的结论判断及排除其他理由。

6. 防制措施与效果评价　描述各种技术措施的落实情况，采取措施的时间、范围和对象等。选择过程性指标进行描述，如疫苗接种率、传染源的隔离率等。防制措施实施后，应对其效果作出评价，反过来也是验证了调查分析是否正确。如果效果不佳或发生续发病例，应说明原因。需要修正的控制措施，要分开描述已采取的防治措施和即将采取的防治措施。

7. 建议　综合各方面的情况，根据调查结果、流行因素分析及措施落实情况、事件的复杂程度，分析预测该事件的可能发展趋势，提出下一步工作建议，包括进一步调查研究的建议和尚需解决问题的对策与方法。根据该起事件的病因调查和控制实践经验，提出防止类似事件发生的建议。

8. 小结　如果整个调查控制比较复杂，可将主要情况进行摘要小结。

（蒋征刚）

参考文献

[1] 中华人民共和国主席令第 17 号. 中华人民共和国传染病防治法.
[2] 中华人民共和国国务院令第 376 号. 突发公共卫生事件应急条例.
[3] 张海艳，马立宪，周艳丽. 一例实验室感染布鲁氏菌病病例的流行病学调[J]. 首都公共卫生，2008，2(2)：38-39.
[4] 王陇德. 现场流行病学理论与实践[M]. 北京：人民卫生出版社，2004.

附件1：

心肺复苏术的操作方法

附图 1　判断病情

附图 2　呼叫

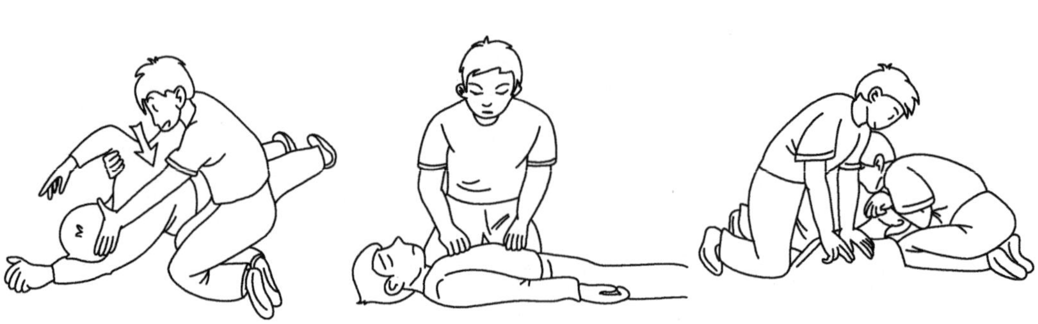

附图 3　体位

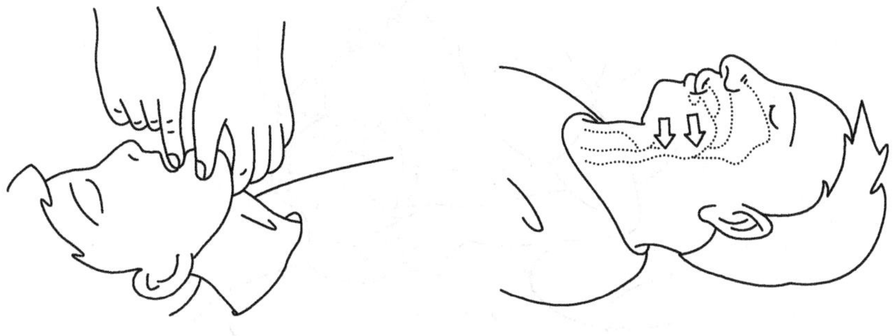

附图 4　开放气道

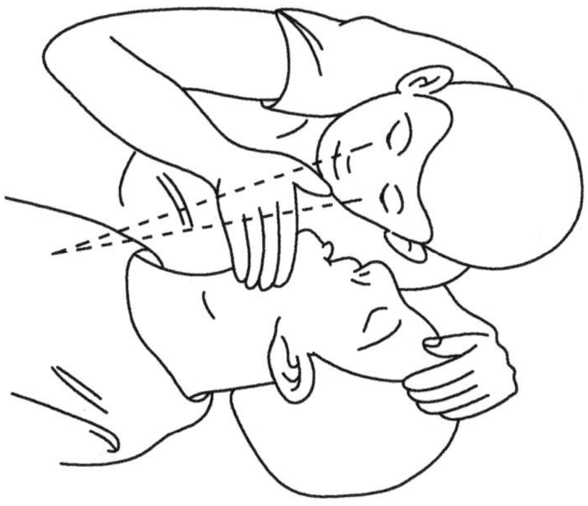

附图 5　判断呼吸

附图 6　人工呼吸(捏紧鼻翼,抢救者正常后吸气,口对口抱紧,快而深吹气,吹气量 800～1200ml;吹气频率 12～20 次/分)

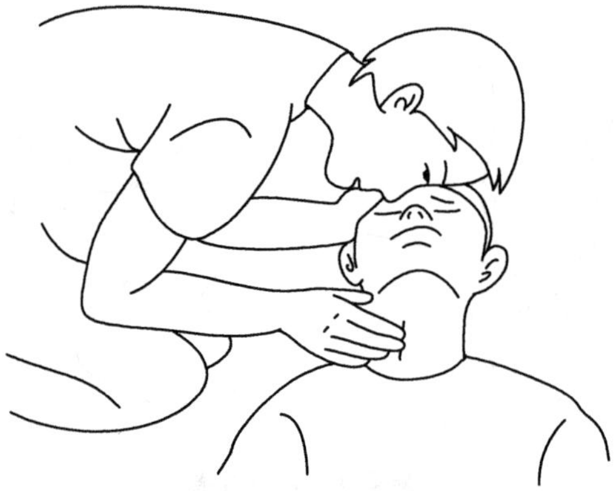

附图 7　判断循环(检查颈动脉,判定是否需要继续)

附件2：

应急处理记录表

年　月　日至　　　年　月　日

日期	影响报告发出的原因	采取的措施	记录人	负责人	科主任

附件3：

消防安全检查表

被查单位(部位)：　　　　　　　　　　　　　　　　　　　　　　　　年　　月　　日

序号	检查内容	检查的具体内容	检查结果	备注
一	消防安全制度建立健全	1. 是否制定了符合本单位、本岗位实际的消防安全制度和操作规程以及执行落实情况 2. 是否落实消防安全制度和操作规程	01 有 02 无 01 落实 02 未落实	
		3. 是否建立了每日防火巡查、检查制度	01 建立 02 未建立	
		4. 是否建立了义务消防队组织，职责明确，定期演练	01 建立 02 未建立	
二	消防安全管理	1. 消防安全责任是否明确，是否确定消防安全责任人和管理人	01 明确 02 未明确	
		2. 是否落实逐级消防安全责任制和岗位安全责任制，明确各岗位的消防安全职责	01 明确 02 未明确 01 落实 02 未落实	
		3. 是否建立了本单位消防安全重点单位的防火档案，对防火档案是否及时进行补充和完善	01 建立 02 未建立	
三	建筑物消防管理	1. 被检查单位的建筑物或者场所在施工、使用或者开业前，是否依法办理了有关审核、验收或者检查手续	01 办理 02 未办理	
		2. 建筑物管理单位与使用、承包、租赁等单位是否订立合同(或协议)，是否明确各自的消防安全责任	01 订立 02 未订立 01 明确 02 未明确	
		3. 建筑物管理单位与使用、承包、租赁等单位(或个体商户)是否履行各自的职责	01 履行 02 未履行	

续表

<table>
<tr><th>序号</th><th colspan="2">检查内容</th><th>检查的具体内容</th><th>检查结果</th><th>备注</th></tr>
<tr><td rowspan="5">四</td><td rowspan="5">建筑消防设施管理</td><td rowspan="5">火灾自动报警系统其他</td><td>1. 报警系统是否完好、正常</td><td>01 正常
02 不正常</td><td></td></tr>
<tr><td>2. 消防中心控制器是否完好正常</td><td>01 正常
02 不正常</td><td></td></tr>
<tr><td>3. 报警按钮是否正常</td><td>01 正常
02 不正常</td><td></td></tr>
<tr><td>4. 防、排烟系统是否完好、正常</td><td>01 正常
02 不正常</td><td></td></tr>
<tr><td>5. 其他消防设施、器材是否完好合格</td><td>01 合格
02 不合格</td><td></td></tr>
<tr><td rowspan="11">五</td><td colspan="2" rowspan="11">现场管理</td><td>1. 工作现场、岗位有无火灾隐患</td><td>01 有
02 无</td><td></td></tr>
<tr><td>2. 安全警示标志是否齐全、醒目</td><td>01 有
02 无</td><td></td></tr>
<tr><td>3. 岗位人员是否了解本岗位的火灾危险性及预防措施并且做到会报警、会使用消防器材、会扑救初起火灾、会组织人员疏散</td><td>01 熟悉
02 不熟悉</td><td></td></tr>
<tr><td>4. 职工对灭火疏散预案的掌握及熟练操作的能力</td><td>01 掌握
02 不掌握</td><td></td></tr>
<tr><td>5. 用电设备接地是否正确，接地电阻是否符合标准，测量有无记录</td><td>01 有
02 无</td><td></td></tr>
<tr><td>6. 消防器材是否配备到位，有无定期检查</td><td>01 有
02 无</td><td></td></tr>
<tr><td>7. 有无易燃、易爆危险物品的保管、贮存量及防火措施</td><td>01 有
02 无</td><td></td></tr>
<tr><td>8. 有无已经通过消防设计审核和消防验收合格的项目使用和改变情况</td><td>01 有
02 无</td><td></td></tr>
<tr><td>9. 电线、插座、开关、闸刀等是否正确安装、固定、绝缘</td><td>01 是
02 否</td><td></td></tr>
<tr><td>10. 有无漏电、过载保护开关</td><td>01 有
02 无</td><td></td></tr>
<tr><td>11. 有无临时乱拉乱接临时电线路、超负荷用电</td><td>01 有
02 无</td><td></td></tr>
</table>

续表

<table>
<tr><th>序号</th><th>检查内容</th><th>检查的具体内容</th><th>检查结果</th><th>备注</th></tr>
<tr><td rowspan="3"></td><td rowspan="3"></td><td>12. 安全出口、疏散通道是否畅通</td><td>01 畅通
02 不畅通</td><td></td></tr>
<tr><td>13. 应急照明是否完好</td><td>01 完好
02 不完好</td><td></td></tr>
<tr><td>14. 消防中心值班情况</td><td>01 有记录
02 无记录</td><td></td></tr>
<tr><td rowspan="2">六</td><td rowspan="2">火灾隐患整改情况</td><td>1. 火灾隐患的自查自改情况</td><td>01 整改
02 未整改</td><td></td></tr>
<tr><td>2. 消防部门查出的火灾隐患是否在规定期限内整改</td><td>01 整改
02 未整改</td><td></td></tr>
<tr><td>其他</td><td></td><td></td><td></td><td></td></tr>
<tr><td>整改要求</td><td colspan="4"></td></tr>
<tr><td>检查人员</td><td colspan="2"></td><td>被检查单位(部位)负责人</td><td></td></tr>
</table>

附件4：

抗洪抢险物资材料表

序号	名称	单位	数量	备注
1	水泵	台		
2	尖锹	把		
3	编织袋	只		
4	土篮	付		
5	水泥	吨		
6	铁铲	把		
7	雨裤	条		
8	雨靴	双		
9	乳胶手套	副		
10	平板车	台		
11	电风扇	台		
12	电吹风	个		
13	含氯消毒剂	桶		
14	急救箱	个		
15	救生衣	件		

说明：上表是某实验室为预防洪水所列出的应急物资清单，实验室可根据实际的需要列出适合本实验室的应急物资，根据气象预报提前做好准备。

附件5：

实验室预防台风检查表

项次	项目	检查项目	检查结果	处置责任人	处置说明
1	实验室	1. 各楼层门窗是否紧闭，有无漏水现象	是□ 否□		
		2. 各实验区域门窗是否紧密及破损，有无漏水可能	是□ 否□		
		3. 检查人员电梯及货物电梯间、通风井有无渗水	是□ 否□		
		4. 实验室外围区域门窗是否紧闭	是□ 否□		
		5. 气体钢瓶是否已固定且阀门关紧	是□ 否□		
		6. 易燃物是否妥善集中放置	是□ 否□		
		7. 试剂室菌（毒）种室外防护门是否关闭上锁，试剂柜和毒种保存冰箱是否上锁	是□ 否□		
		8. 菌（毒）种保藏区的报警与监控系统是否正常	是□ 否□		
		9. 松动的玻璃是否及时更换	是□ 否□		
2	实验办公区	1. 门窗是否紧闭，是否有漏水现象	是□ 否□		
		2. 电话、网络系统是否畅通	是□ 否□		
		3. 工作区域门窗是否紧密，有无破损	是□ 否□		
		4 走廊是否有物品堆放超过 2m 高	是□ 否□		

续表

项次	项目	检查项目	检查结果	处置责任人	处置说明
3	实验室建筑物外围	1. 四周排水渠道是否畅通，有无渗漏水及淹水现象	是□ 否□		
		2. 废溶剂储存区域是否倾倒，有无渗淹水现象	是□ 否□		
		3. 屋顶是否有积水	是□ 否□		
		4. 屋顶是否漏水	是□ 否□		
		5. 屋顶有无招牌、架子等易被大风刮落的物品，有无杂物	是□ 否□		
4	实验室废弃物	废弃物存放点是否有未转运的废弃物	是□ 否□		
5	排水	1. 实验室建筑物地下室入口处是否备妥沙包袋	是□ 否□		
		2. 实验室建筑物排水渠道是否疏通	是□ 否□		
		3. 单位外排水渠道是否疏通	是□ 否□		
		4. 抽水泵是否能正常运作	是□ 否□		
		5. 检查污水处置站设备及各污水井的水泵是否运行正常	是□ 否□		
6	发电机房	1. 蓄电池、发电机，是否能正常运作、发电机柴油是否充足	是□ 否□		
		2. 电气设备，电路是否有潮湿漏电短路现象	是□ 否□		
		3. 机房是否有漏水现象	是□ 否□		
7	应急物资	排水泵、应急照明灯、电缆、雨衣、胶鞋等应急物资是否备齐（按应急物资表逐条核对）	是□ 否□		
		急救箱是否备齐	是□ 否□		
		消毒药品是否备齐	是□ 否□		

实验室负责人：　　　　　　　　　　　　　　　　　　查　核　者：

附件6：

实验室常用消毒剂分类表

分类	消毒剂名称	使用浓度	使用对象	注意事项
醛类	甲醛	3%～8%	生物安全柜熏蒸消毒	消毒时需密闭，防止环境泄漏
过氧化物类	过氧乙酸	1000～10 000mg/L	环境表面擦拭消毒；污染物品浸泡消毒；环境空气消毒	对人体有较强的刺激作用，对金属类有较强腐蚀作用，对织物类有漂白作用。不稳定，极易分解
	过氧化氢	3%(30g/L)	环境空气消毒	对金属有腐蚀性，对织物有漂白作用
	二氧化氯	100～1000mg/L	环境表面擦拭消毒；污染物品浸泡消毒	对金属类有较强腐蚀作用，对织物类有漂白作用。二氧化氯活化液和稀释液不稳定，需即配即用
含氯消毒剂（无机类）	次氯酸钠	500～10 000mg/L	环境表面擦拭消毒；污染物品浸泡消毒	对人体有较强的刺激作用，对金属类有较强腐蚀作用，对织物类有漂白作用
含氯消毒剂（有机类）	二氯异氰尿酸钠	5 005 000mg/L	环境表面擦拭消毒；污染物品浸泡消毒	水中稳定性较差，即配即用。高浓度时对金属类有较强腐蚀作用，对织物类有漂白作用
	三氯异氰尿酸钠	500～5000mg/L	环境表面擦拭消毒；污染物品浸泡消毒	水中稳定性较差，即配即用。高浓度时对金属类有较强腐蚀作用，对织物类有漂白作用

续表

分类	消毒剂名称	使用浓度	使用对象	注意事项
含碘消毒剂	碘附	0.5%	皮肤消毒;试剂瓶瓶盖消毒	复配的碘类消毒剂浓度可适当调整
季铵盐类	单链季铵盐	1000～2000mg/L	皮肤黏膜消毒	按产品说明书使用
	双链季铵盐	1000～2000mg/L	环境表面擦拭消毒;污染物品浸泡消	按产品说明书使用,复配的双链季铵盐类消毒剂浓度可适当调整
醇类	乙醇	70%～80%	皮肤黏膜消毒;环境表面和物品擦拭消毒	不能大面积使用,皮肤使用需注意过敏反应。复配的乙醇浓度可适当调整
	异丙醇	50%～70%	皮肤黏膜消毒;环境表面和物品擦拭消毒	皮肤消毒慎用,复配的异丙醇浓度可适当调整

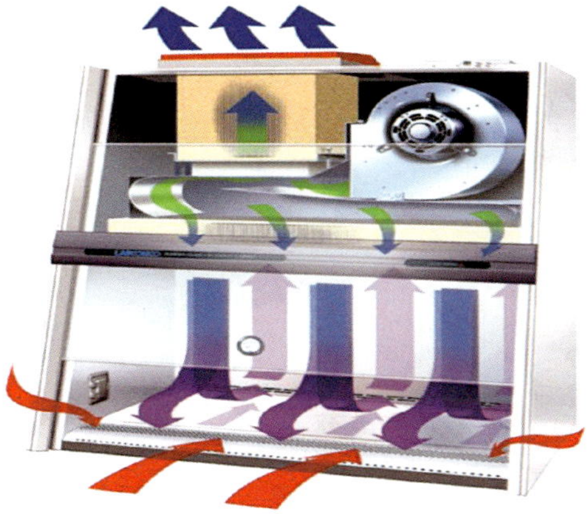

图 4-3　生物安全柜原理示意图

图 4-13　负压通风柜

图 4-16　落地式高速离心机

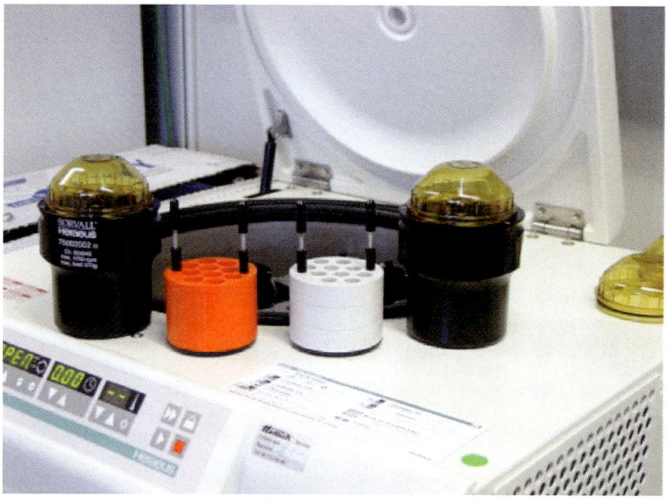

图 4-17　密闭型离心杯

图 4-21　二氧化碳培养箱

图 4-22　生化培养箱

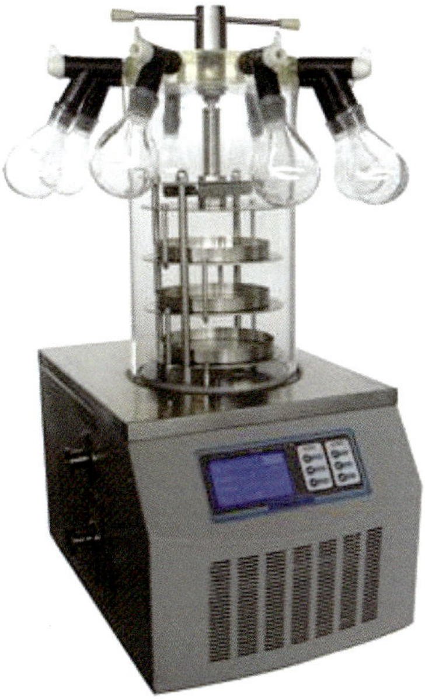

图 4-26　真空冷冻干燥机

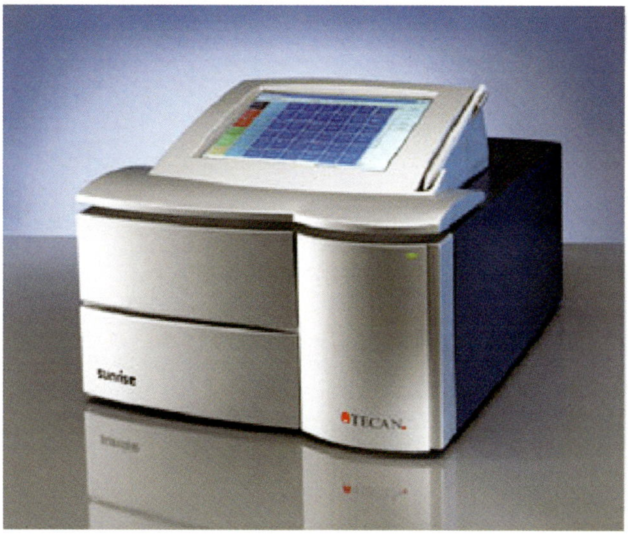

图 4-29　酶标仪

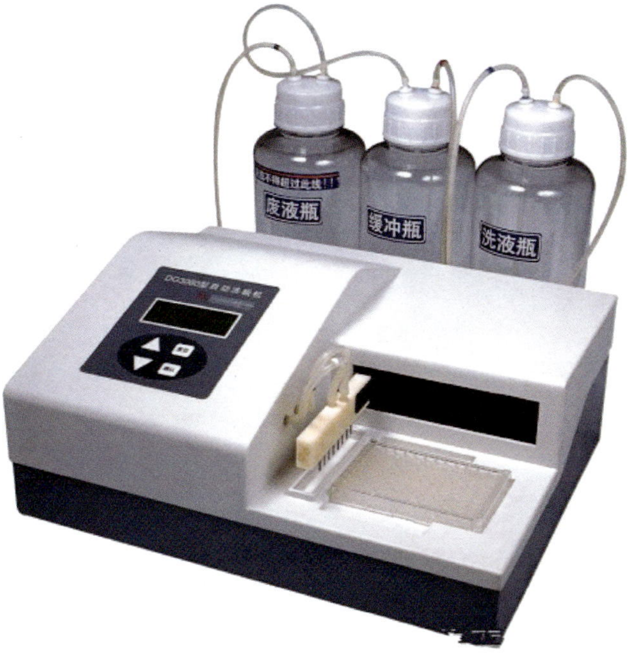

图 4-30　洗板机

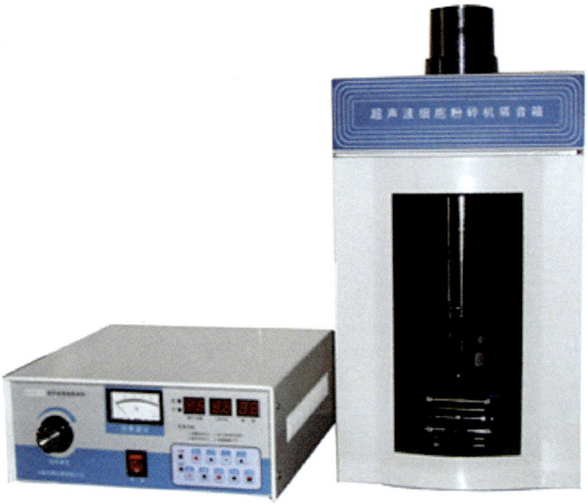

图 4-32　超声波粉碎仪

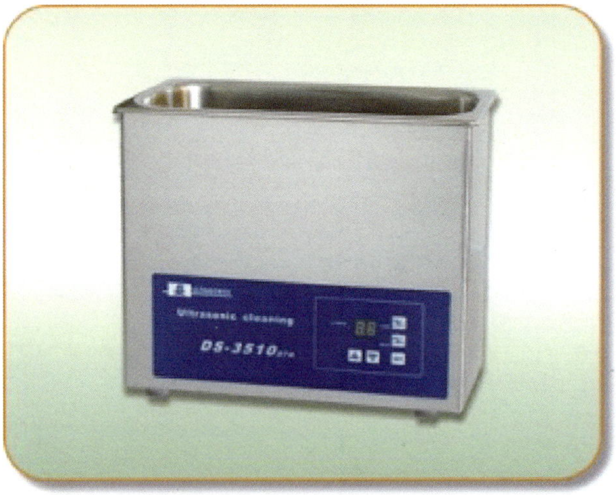

图 4-33　槽式超声波粉碎仪